생명공학의 윤리 2

나남
nanam

한국연구재단 학술명저번역총서
서양편 390

생명공학의 윤리 2

2016년 11월 15일 발행
2016년 11월 15일 1쇄

편저자_ 리처드 셔록 · 존 모레이
옮긴이_ 김동광
발행자_ 趙相浩
발행처_ (주) 나남
주소_ 10881 경기도 파주시 회동길 193
전화_ (031) 955-4601 (代)
FAX_ (031) 955-4555
등록_ 제 1-71호 (1979.5.12)
홈페이지_ http://www.nanam.net
전자우편_ post@nanam.net
인쇄인_ 유성근 (삼화인쇄주식회사)

ISBN 978-89-300-8893-0
ISBN 978-89-300-8215-0 (세트)
책값은 뒤표지에 있습니다.

'한국연구재단 학술명저번역총서'는 우리 시대 기초학문의 부흥을 위해
한국연구재단과 (주)나남이 공동으로 펼치는 서양명저 번역간행사업입니다.

생명공학의 윤리 2

리처드 셔록 · 존 모레이 편
김동광 옮김

나남
nanam

Ethical Issues in Biotechnology

Edited by Richard Sherlock and John D. Morrey

생명공학의 윤리 2

차 례

제 3부
식품생명공학

제 11장 유전자 변형식품의 과학적 · 보건적 측면들: 보고자 요약
이안 길리스피 · 피터 틴데만스 27

제 12장 생명공학으로 개발된 식품의 안전성
데이비드 케슬러 · 마이클 R. 테일러 ·
제임스 H. 마리안스키 · 에릭 플램 · 린다 S. 칼 47

제 13장 유전공학식품과 작물의 위해:
왜 전 세계적 일시중지가 필요한가? 로니 커민스 65

제 14장 유전자 변형식품의 표시제는 왜 필요한가?
진 핼로런 · 마이클 한센 81

제 15장 식품생명공학의 윤리적 문제들 폴 톰프슨 99

제 4부
동물생명공학

제 16장 농장동물의 유전자변형에 대한 비판적 견해
조이스 드실바 159

제 17장 프랑켄슈타인 괴물: 농장동물의 유전공학이 사회와 미래과학에 미치는 도덕적 영향 B. E. 롤린 177

제 18장 인간의 이익을 위한 동물이용의 윤리 R. G. 프레이 211

제 19장 생의학 연구에서의 동물이용에 대한 옹호 칼 코헨 235

제 20장 인공생명: 농장동물 생명공학의 철학적 차원들
앨런 홀랜드 255

제 21장 동물 노예제로서의 유전공학 앤드류 린지 285

제 22장 이종이식의 불확실성: 개인적 혜택 대 집단적 위험
F. H. 바흐 · J. A. 피시먼 · N. 다니엘스 · J. 프로이모스 · B. 앤더슨 · C. B. 카펜터 · L. 포로우 · H. V. 파인버그 319

제 23장 이종이식의 임상실험을 둘러싼 중요한 윤리적 문제들
해롤드 Y. 밴더풀 337

- 찾아보기 353
- 약력 359

제 3권 차 례. 생명공학의 윤리 3

제 5부

인체 유전자 검사와 치료

제 24장 유전자 검사의 사회적 · 법적 · 윤리적 함축

제 25장 유전적 연관, 가족의 유대, 사회적 연대:
유전 지식의 등장으로 인한 권리와 책임

제 26장 유전정보의 프라이버시와 통제

제 27장 체세포 유전자 치료의 윤리

제 28장 사람의 대물림 가능한 유전자 변형:
과학적 · 윤리적 · 종교적 · 정책적 쟁점에 대한 평가

제 29장 생식계열 유전공학과 도덕적 다양성:
기독교 이후 세계의 도덕 논쟁

제 6부

인간복제와 줄기세포 연구

제 30장 인간복제: 국가생명윤리 자문위원회의 보고와 권고사항

제 31장 불쾌감의 지혜

제 32장 유전적 앙코르: 인간복제의 윤리학

제 33장 줄기세포 연구와 그 응용: 발견과 권고사항

제 34장 인간배아와 줄기세포 연구에 대하여:
법률적 · 윤리적으로 책임 있는 과학과 공공정책에 대한 호소

* 옮긴이 해제

제 3부

식품생명공학

제 3부에서 논의되는 식품생명공학은 유전공학으로 만들어진 농산물을 지칭한다. 이 산물은 두 가지 범주로 나눌 수 있다. ① 유전자변형 생물체, ② 유전자변형 생물체에서 나온 재조합 DNA를 포함하지 않는 농산물이 그것이다.

유전자변형 생물체는 일반 언론에서 GMOs로 불린다. 소비되는 GMOs에는 유전자 변형 DNA와 재조합 단백질이 들어 있을 것이다. GMOs의 예로는 오래 저장해도 무르지 않는 토마토나 해충에 대해 저항성을 가지는 옥수수가 있다. 이 식물들은 모두 유전공학으로 변형된 DNA를 가지고 있다.

두 번째 범주의 좋은 예는 살아 있는 생물이 아니라 단백질 식품인 키모신이다. 키모신은 치즈를 만드는 데 사용되며, 공장에서 유전공학 효모로부터 분리되기 때문에 유전자 변형산물이라고 불린다. 그러나 키모신은 유전자변형 생물체가 아니며 유전자 변형된 DNA를 포함하지 않는다.

유전공학 산물의 여러 사례들

이러한 범주 구분은 이들 산물을 둘러싼 윤리적・환경적・사회적 문제들을 평가하는 데 유용하다. 단백질 산물은 스스로 복제하는 생물체가 아니다. 그것은, 그로부터 유래한, 실제 유전공학 DNA를 함유하지 않는다. 따라서 이런 산물을 먹어도 유전공학 DNA는 섭취되지 않는다. 단백질에는 그런 DNA가 없기 때문이다. 단백질 산물은 우연적으로나 통제할 수 없이 번식할 수 없다. 왜냐하면 그것은 생물이 아니기 때문이다. 키모신은 GMOs처럼 소비자 단체들로부터 큰 저항을 받지 않으면서 오랫동안 치즈 생산에 사용되었다.

'플레이버 세이버 토마토'는 첫 번째 범주, 즉 GMOs에 속하는 흥미로운 사례이다. 유전공학 단백질은 토마토에서 생성되지 않으며, 오히려 토마토에 있는 정상 유전자가 정상적인 단백질로 발현되지 못하도록 방해받는다. 정상 단백질 폴리갈락투로나아제는 과일이 성숙하는 과정에 관여한다. 이 단백질이 없으면 토마토는 쉽게 썩지 않기 때문에 상점에서 오랫동안 보관이 가능하다. 그러므로 사람들은 정상적 효소 또는 단백질이 빠진 토마토를 먹는 것이다.

폴리갈락투로나아제 효소를 만드는 암호를 가지고 있는 정상 RNA가 유전공학기법에 의해 파괴된다. 이 토마토는 유전공학을 통해 정상적인 폴리갈락투로나아제 RNA에 대해 상보적이거나 동족인 RNA를 만드는 유전자를 갖게 된다. 이것을 '안티센스'* RNA라고 부른다. 유전공학으로 처리된 RNA가 폴리갈락투로나아제 RNA와 잡종을 형성하거나 이중가닥 RNA를 형성하면, 토마토에 든 세포질 효소는 이 이중가닥 RNA를 비정상 구조로 간주하고 파괴한다. 그리고 이중가닥 RNA를 파괴하는 과정에서, 효소는 정상적인 폴리갈락투로나아제 RNA 분자도 파괴하기 때문에 폴리갈락투로나아제 단백질이 생성되지 못한다.

따라서 '플레이버 세이버 토마토'는 유전공학으로 처리된 DNA와 RNA를 포함하지만, 유전자 변형 단백질은 갖지 않는다. 이 토마토

---

* 〔역주〕 전령 RNA 염기서열은 단백질의 아미노산 서열이 되기 때문에, 이것을 센스(*sense*) 서열이라고 부르고, 이 서열과 결합하는 서열은 이와 상보적이기 때문에 안티센스(*antisense*)라고 부른다.

는 정상적인 폴리갈락투로나아제 효소가 제거된 것이다. 이런 설명은 식품에 재조합 단백질이 들어 있는 다른 GMOs와 비교해 이 토마토의 안전성 문제를 평가하는 데 중요하다.

유전공학 DNA, RNA, 그리고 단백질을 포함하는 GMOs의 예로는 Bt콘이 있다. 이 옥수수는 유전공학으로 Bt 단백질이라는 이종(異種) 단백질을 만드는 암호를 가진 유전자를 포함한다. Bt 단백질은 선택적인 살충제이다. 이 단백질은 Bt라는 박테리아에 의해 정상적으로 생성된다. 이 박테리아는 자신을 곤충들로부터 보호하기 위해 Bt 단백질을 생성한다. 이 단백질의 유전자를 옥수수에 넣으면, 이 단백질이 옥수수 속에서 생성된다. 그리고 이 단백질을 먹은 곤충은 죽는다. 이 옥수수는 많은 종류의 곤충에 대해 저항성을 가지기 때문에 화학살충제를 옥수수에 자주 뿌릴 필요가 없게 된다. 따라서 화학살충제 사용이 크게 줄어들기 때문에 환경에 이롭다. 또한 지하수 오염도 줄어든다.

Bt콘은 토마토와는 다른 문제를 일으킨다. 옥수수가 이종 재조합 단백질을 생성하는 반면 토마토는 그렇지 않기 때문이다. 옥수수에 들어 있는 Bt 단백질이 그 옥수수를 먹는 사람들에게 유해할 수 있다는 주장은 있을 법하다. 어떤 사람들은 이러한 이종 단백질에 대해 알레르기를 일으킬 수 있다. 재조합 단백질은 지금까지 예견할 수 없었던 유해한 생화학 반응을 일으킬 수 있다. '플레이버 세이버 토마토'는 이종 단백질이 없기 때문에 이런 종류의 문제를 일으키지 않는다. 연방 규정은 이러한 문제점을 반드시 검사해, 전체적인 안전성을 검증해야 한다고 명시한다. Bt 단백질을 대상으로 하는 포괄적 안전성에 대한 연구는 문제의 단백질이 사람의 섭취에는 안전하지만, 새로운 단백질도 이러한 안전 문제로 평가할 필요가 있다는 것을 보여 주었다.

Bt콘이 주는 예상치 못한 이익은 곤충으로부터 손상을 덜 입기 때문에 옥수수에서 균류의 성장이 억제된다는 점이다. 일반적으로 옥수수의 일정 부분에서는 균류가 발생하며, 그로 인해 마이코톡신*이라는 해로운 물질이 생성된다. 결과적으로 옥수수에 들어 있는 Bt는 마이코톡신 농도를 줄여줌으로써 옥수수를 섭취하는 동물과 인간에게 안전성을 높여 주는 효과가 있다.

면화(棉花)도 유전공학으로 일부 해충에 대해 저항성을 갖게 되었다. 1998년의 연구는 면화 생산 주요 6개국에서 솜벌레와 모충**에 대한 살충제 처치 횟수가 2분의 1에서 5분의 1로 줄었다는 사실을 보여 주었다. 심지어 일부 농민들은 더는 살충제 살포가 필요치 않으며 단지 습관이나 신중함의 차원일 뿐이라고 느끼기도 한다.

GMOs를 섭취하면 인체 내부로 GMOs의 DNA나 단백질이 전이되거나 몸속에서 생성될 수 있는지에 관해 묻는 사람도 있다. 그러나 DNA와 단백질은 모든 식물에 들어 있다. 그리고 우리는 이 화학물질을 자연적인 먹거리의 일부로서 식사할 때마다 섭취한다. 그러나 식물에서 오는 외래 DNA는 사람과 동물에서 관찰되지 않는다. 현재까지 유전자변형 식물의 DNA가 우유와 고기, 달걀에서 발견된 사례는 없다.

동물의 소화기는 효율적으로 DNA를 소화하고, 그것을 잘게 부

---

* 〔역주〕 곰팡이균류가 내는 독성물질로 세균전에 쓰이기도 한다.

** 〔역주〕 솜벌레와 모충은 새순을 갉아먹어 식물에 해를 주는 것으로 알려졌다.

수어 영양분으로 사용한다. 단백질은 소화관을 거쳐 인체를 통과할 수 있으므로 이 문제를 다룰 때에는 특별한 주의가 요구된다. 현재까지 유전자 변형식품의 단백질이 동물에게 전이된 경우는 없었다. 그럼에도 불구하고, 새로운 유전자 조작 단백질은 정부의 규제하에 철저한 검사가 이루어져야 한다.

정부 규제로 다루어지는 식품생명공학의 또 다른 안전 문제는 유전공학 유기체나 식물의 영양가가 변할 가능성이다. 즉, 영양분이 변화했는지 알아보기 위해 측정하는 것이다. 식품가공에 미치는 영향, 야생생물의 안전성, 질병 취약성, 그리고 알레르기를 일으킬 수 있는 잠재적 가능성도 측정된다. 미국 농무부와 식품의약품국이 이처럼 다양한 문제를 규율한다.

원래 의도했던 식물에 유전공학 DNA가 들어 있다는 것은 실제로 과학적 위험에 해당한다. 형질전환 DNA나 외래 DNA가 의도하지 않은 식물에 전이되는 것은 바람직하지 않으며, 환경에 위험을 야기할 수 있다. 많은 식물은 수분(受粉)에 의해 생식한다. 곤충이나 새에 의해 널리 확산되기 쉬운 꽃가루의 특성은 형질전환 유전자가 다른 식물로 확산되는 특성과 동일하다. 수분이 일어나고, 씨앗이 생성돼 그 결과로 태어나는 식물은, 가설적으로, 형질전환 유전자를 가질 수 있다. 수분이 동종 식물 사이에서 일어나는 것은 분명하다. 따라서 가령 옥수수의 형질전환 유전자가 다른 옥수수 작물로 확산되지 않도록 막으려는 시도는 어려울 수 있다. 그렇지만 의도했던 식품을 넘어선 형질전환 유전자에 대한 통제의 경우를 제외한다면, 그것이 반드시 나쁜 것은 아니다.

이화(異花) 수분은 종은 다르지만 유연관계가 있는 식물들 사이에서도 일어날 수 있다. 그러나 그 결과로 탄생하는 후손은 일반적으로 불임(不姙)이 된다. 밀의 경우, 밀과 마디가 있는 잡초인 염소풀 사이의 이종 수분은 비교적 자주 일어난다. 그러나 그 후손은 대개 불임이다. 그러나 일부 잡종 후손은 제한적이지만 자성(雌性) 식물이 수분 능력을 가지는 경우가 있다. 특히 원래의 염소풀과 다시 수분했을 경우 이런 현상이 나타난다.

오하이오 주립대학에서 진행된 최근 연구결과에 따르면, 반은 야생종이고 반은 재배종인 무의 이종 수분 후손들 중 60%가 생식력을 가진다는 것을 보여 주었다. 따라서 이화 수분을 막는 자연의 장벽이 존재한다. 그러나 생물 시스템은 복잡하며, 아직 충분한 연구가 진행되지 않았을 수도 있다. 연구자들은 형질전환 유전자의 우연한 확산을 방지하기 위한 방법을 고안하려고 노력하고 있다.

생산량을 늘리고 살충제와 제초제의 사용을 줄이려는 목적으로 많은 종류의 작물에 대해 유전자 변형이 이루어졌다(이하의 내용이 포함된 목록을 참조하라). 이러한 작물 중 극히 일부만이 규제승인과 생산을 위해 현장시험을 거쳤다. 현재 콩, 면화, 옥수수, 토마토, 키모신, 효소 산물 등의 유전자 조작상품들이 미국에서 판매되고 있다. 그러나 유전공학 동물들은 여러 가지 이유로 판매대에서 찾아볼 수 없다. 유전자변형 식물을 만들기 위한 기술이 개발된 이래, 식물을 대상으로 한 사용이 동물에 대한 사용을 수적으로 훨씬 능가했다. 그 이유는 식물의 생육이 훨씬 빠르고, 소비자들이 계통발생단계에서 더 낮은 지위를 차지하는 유전자변형 생물에 대해 문제를 덜 느끼며, 초기 비용이 낮기 때문이다.

지난 10년 동안 유전자 변형식품을 둘러싸고 격렬한 논쟁이 벌어졌다. 농업의 경우에서 볼 수 있듯이, '광우병'(狂牛病) 처럼 먹이에서 기인하는 신종이나 확장형 질병의 가능성과 점차 가속되는 세계화로 인해 이러한 우려는 한층 더 고조되었다. 그렇지만 광우병의 사례는 생명공학과 아무런 연관이 없다. 그럼에도 불구하고, 이러한 상황은 일반 대중의 우려에서 중요한 자리를 차지하고 있다. 우리 먹거리에 무슨 일이 벌어지고 있는가? 아직 안전한가? 모든 정보가 공개되고 있는가?

식품, 특히 유전자 변형식품과 연관된 첫 번째 우려는 안전의 문제이다. 사람이 유전자 변형식품을 먹었을 때 인체에 아무런 해는 없는가? 이 물음에 대해, 아래에 재수록되었고 2001년에 재확인된, 미국 식품의약품국의 함축적인 답변은 대체로 '그렇다'이다. FDA는 유전자 변형식품이 이론상 '전통적 식물육종 방법'에 따라 만들어진 식품과 다르지 않다고 주장한다. 생명공학의 발전으로 변화가 점차 빨리 진행되기는 하지만, 근본적으로는 똑같은 일을 하고 있다는 것이다. FDA는 몇 가지 예외를 언급했지만, 그것은 기본적으로 '실질적 동등성'* 이라는 개념과 연관된다. 이러한 관점에서 유전자 변형식품은 자연적으로 만들어진 식품과 '실질적으로 동등'하며, 따라서 표시제를 도입하거나 시장에 가기 전에 미리 안전성 검사를 할 필요가 없다.

한 가지 예를 들면, 이 점을 쉽게 이해할 수 있을 것이다. 몬산토

---

* 〔역주〕 1993년 OECD는 유전자 변형식품에 대해 기존의 법칙과 근본적 변화를 가질 필요가 없고 안전 기준의 별도 기준을 요구하지 않는다고 발표했다. 이것은 물리화학적 검사를 통한 '실질적 동등성'(*substantial equivalence*) 이 유사성과 안전성을 증명할 수 있다는 가정을 기초로 한 것이다.

사는 '라운드업 레디'라는 상표의 콩을 개발했다. 그 의미는 몬산토가 제조하는 유명한 농업용 제초제인 '라운드업'이 이 품종의 콩을 죽이지 않을 것이란 뜻이다. 농부들은 자신이 키우는 라운드업 레디 콩을 해치지 않는다는 사실을 알고 있으므로 마음 놓고 자신의 콩에 라운드업을 살포할 수 있게 된다. 이로 인해 제초제 사용 증가가 조장된다는 논쟁이 있지만, 그 문제는 지금 우리의 연구주제가 아니다. FDA는 실제 식품인 콩이 일반 콩과 다르지 않기 때문에(두 경우 모두, 적절하게 제초제를 제거했다는 점에서 동일하다), GM 품종도 안전성 검사를 하거나 따로 표시를 할 필요가 없다고 주장한다. 콩의 안전성은 이미 알려져 있으므로 새로운 품종도 같다는 것이다. 따라서 새로운 데이터가 요구되지 않는다.

이 생물학적 동등성 개념은 FDA의 유전자 변형식품에 대한 접근방식에 내재한다. 그렇지만 예외가 있다. 식품이 새로운 영양소나 해당 식품의 이용이나 소화에 영향을 주는 성분을 포함하여 실질적으로 동등하지 않은 경우, 검사가 요구될 수 있으며 최소한의 표시제를 지시할 수 있다. 나아가 식품이 너무 크게 변형되어 공통된 이름으로는 더는 그 특성을 반영할 수 없는 경우에는 최소한의 표시가 필요할 것이다.

일반적으로 FDA는 유전자 변형식품이 사람의 섭취에 안전하다고 믿는다. 식품의 핵심 특성에 영향을 줄 정도로 변형이 이루어지는 경우에만 안전이나 표시와 연관된 우려가 발생할 수 있다는 것이다. 예를 들어, 1990년대에 유명했던 소 성장호르몬(BGH) 사건을 살펴보자. BGH는 소의 우유 생산량을 늘리기 위해 젖소에게 투여되었다. BGH 제조업체인 몬산토가 제공한 시험 데이터의 분석을 토대로 FDA는 BGH를 투여한 젖소에서 생산된 우유가 합성 BGH 없이 생산된 우유와 실질적으로 동등하기 때문에 안전하다는 판결을 내렸다. BGH는 소에서 자연적으로 생성되며, 과거에는 암소의 뇌하수체에서 추출되었다. 이후 재조합 기술 덕분에 낙농가, 특히 대규모 낙농기업들이 사용할 수 있을 정도로 낮은 가격으로 생산이 가능해졌다.

당시 FDA의 판단은 BGH 우유가 BGH와 연관된 어떤 화학물질 수준도 증가시키지 않았다는 것이다. 따라서 FDA의 판결은 완벽했다. 해당 물질은 자연상태에서도 생성되며, 따라서 일반적으로 안전하다고 가정되었다. 우유에서 아무런 변화도 발견되지 않았으며, 따라서 어떤 표시도 필요하지 않다는 것이었다.

그렇다면 FDA의 분석에서 빠진 부분이 무엇이었는지 살펴보자. FDA는 동물권을 주장하는 사람들이 우려할 수 있는 문제, 즉 젖소에게 일어날 수 있는 영향을 전혀 고려하지 않았다. 또한 BGH가 농업의 사회적 구조를 변화시키고, 대규모 낙농업자와 영세 낙농가 또는 부자 나라와 가난한 나라 간의 격차를 더욱 벌어지게 만들 수 있다는 점도 고려하지 않았다. 이러한 문제들은 FDA에 위임된 권한을 넘어서는 것이었고, 반드시 고려해야 할 사항도 아니었다.

커민스와 같은 비판적 입장의 학자들은 (제 13장을 참조하라) 유전자 변형식품에 대해 적대적이다. 그들은 이러한 식품에 대해 충분한 안전성 검사가 이루어지지 않았다고 믿는다. 그들은 유전자 변형식품이나 식품첨가물이 사람에게 해를 미친 극단적 사례들을 지적한다. 일부 사례는 규제기관들이 아무런 통제도 하지 않는 식품첨가물이었다. 그 밖의 문제는 이론적일 뿐 입증되지 않은 위험이다. 그러한 위해(危害) 중 일부는 환경에 대한 것이고, 다른 것들은 유전자변형 작물을 재배하는 인근 경작지에서 날아온 꽃가루가 유기적 농부들에게 미치는 손해로 알려졌다.

커민스는 이러한 문제점들을 근거로 일시중지를 요구한다. 그러나 그는 모든 생명공학에 극도로 비판적이며, 특히 생명공학은 불필요하고 비자연적이며 그 자체로 유해하다는 사실이 입증되었다고 믿는다. 그에 비해 FDA는 적절한 규제 관리가 이루어진다면 유전자 변형식품이 인류에게 유용하고 중요하다고 믿는다.

유전자변형 작물에는 다음 식물들이 포함된다.

알팔파, 사과, 살구, 애기장대, 아스파라거스, 양배추, 카놀라, 카네이션, 당근, 콜리플라워, 셀러리, 국화, 옥수수, 면화, 크랜베리, 오이, 가지, 아마, 디기탈리스, 포도, 고추냉이, 키위, 양상추, 감초, 연꽃, 나팔꽃, 머스크멜론, 유채유, 오리새, 파파야, 서양배, 완두콩, 피튜니아, 포플러, 감자, 쌀, 호밀, 콩, 딸기, 사탕무, 해바라기, 고구마, 담배, 토마토, 튤립, 호두, 밀, 화이트 스프루스.

표 시

상품에 대한 표시를 위해 유전자변형 작물을 해충이나 제초제 저항성 또는 영양분 강화 등의 몇 가지 범주로 분류하면 유용할 것이다. 영양분 강화의 한 가지 예는 비타민을 생성하도록 합성 경로가 변형된 효소를 포함하는 쌀이다. 이것은 쌀을 주식으로 삼는 사람들을 위해 비타민 A가 강화된 쌀을 만들면 필요한 영양분을 제공해 줄 수 있다는 것이다. 그러나 이 방법으로 쌀의 영양가는 높일 수는 있어도 여전히 판매상의 문제를 가지고 있다.

최근 미국 식품의약품국은 ① 영양분이나 조성이 변화된 경우, ② 알레르기 효과처럼 안전상의 문제가 있는 경우, ③ 정체성이 바뀌어 그 식물의 원래 이름을 적용할 수 없는 경우에 해당 상품에 표시를 해야 한다고 정했기 때문이다. 특정 작물에 표시를 해야 하는 경우, 생산자는 대량으로 처리되는 다른 작물들과 분리하기 힘들다. 특별하게 표시된 작물을 가공하기 위해서는 독립적인 처리공장이 필요할 것이다. 따라서 상업적 관점에서 본다면, 표시가 필요한 작물을 다루는 것은 바람직하지 않다. 이런 식의 사업상 결정으로 인해, 규제가 변화하고, 수요가 증가하며, 해당 작물이 이러한 규제가 필요하지 않은 나라에서 판매될 때까지 유전자변형 작물의 유용성은 제한을 받게 된다.

표시제가 가지는 또 하나의 사업적 문제점은 어떤 정보를 딱지에 붙일 것인가이다. 완전히 정확한 표시를 하려면 딱지에 가능한 모든 과학 정보를 적어야 할 것이다. 예를 들어, 무르지 않는 토마토에는 '안티센스 폴리갈락투로나아제 RNA를 만드는 DNA 암호'라는 딱지를 붙여야 할 것이다. 그러나 대부분 사람들은 그 뜻을 알지 못하기 때문에 이런 설명은 소비자에게 그다지 유용하지 않다.

반대 극단에 해당하는 또 하나의 혼란스러운 표시는 'GMOs'와 같은 단순한 두문자만을 적는 것이다. 이 표시는 그 작물이 어떤 식으로 유전자 변형되었다는 사실 외에 어떤 정보도 사람들에게 주지 않는다. 또한 그 식품의 안전에 대해서도 아무런 내용을 전달하지 않는다. 단지 GMOs라는 사실을 확인시키는 것만으로는 그것이 주는 이익이나 잠재적 위해와 관계없이 무조건적으로 유전자 변형식품에 반대하는 사람들에게만 도움이 될 뿐이다. 이런 방식의 표시는 극단적 반대자들이 모든 GMOs를 해로운 것으로 선전하고 일반화하기 위해 잠재적으로 해로운 유전자 변형의 사례로 이용할 수 있게 하며, 결국 농부와 생산자에게 큰 손해를 입힐 것이다. 유전자 변형식품의 표시제는 분명 흥미로운 주제들을 포함하고 있다. 그리고 인체와 환경에 대한 안전을 결정하는 규제기관들을 신뢰하는 대중들이 이런 주제를 다룰 수 있을 것이다.

유전자 변형식품에 대해 가장 큰 우려를 낳았던 주제 중 하나는 식품의 유전자가 변형되었는지에 대한 '알 권리'라 불리는 것이다. 식품첨가물과 마찬가지로, 그것이 유해하든 그렇지 않든 간에, 정부는 식품에 첨가된 모든 물질을 표시할 것을 요구한다. 이러한 요구는 자율권이라는 기본권을 기반으로 한다. 이것은 자유를 가진다는 것 그리고 우리가 원하는 대로 삶을 영위한다는 것이 의미하는 바의 일부이다. 그것은 유전자 변형식품을 포함해 우리가 구매하는 물건에 대한 완전한 지식을 추구한다.

제 14장에서 소비자 연합의 과학자인 핼러론과 한센은 이런 입장을 취한다. 그들은 유전자 변형식품이 보통 식품과 다르며(이것은 FDA의 입장과 충돌하는 지점이다), 어떤 경우에는 해로울 수 있다고(이것은 FDA도 인정한다) 주장한다. 소비자들은 자신들이 구매하거나 구매하지 않는 식품에 대해 알아야 한다는 것이다. 그리고 그들은 개인이 유전자 변형식품의 소비에 대해 도덕적으로나 종교적으로 반대를 할 수 있다고 덧붙인다. 개인의 선호는 의무표시제에 의해서만 존중될 수 있다는 것이다.

이러한 표시제를 비판하는 사람들은 그것이 실제로 가능한지 그리고 도덕적으로 그런 방식이 요구되는지에 관해 확신하지 못한다. 실질적인 이유들로 인해 표시제가 불가능할 수도 있다. 상점 진열대에 놓인 약 70%의 식품이 유전자 변형과 어떤 식으로든 연관된다. 예를 들어, 밀가루와 같은 곡분은 유전자 변형 옥수수나 밀로 만들어질 수 있고, 이것을 재료로 빵이나 케이크를 구울 수 있다. 낙농제품도 부분적으로 성장호르몬을 맞은 젖소로부터 나온 재료를 사용했을 수 있다.

그렇다면 표시는 어떻게 작용하고 어떤 결과를 초래할 수 있는가? 전문가들은 성장호르몬이 우유의 조성에는 아무런 영향도 주지 않는다고 믿는다. 어떤 사람들이 동물의 고통을 우려한다는 이유로 우유에 표시를 해야 할 필요가 있는가? 기업형 농업을 좋아하지 않는 사람들이 자신들이 사회정치적 우려를 반영하는 제품을 소비한다는 이유로 표시제를 요구할 것인가? 생명공학에 대한 모든 연관성을 반영하는 표시제를 요구하는 것이 비현실적이라는 것은 분명하다.

톰슨(제 15장)은 적극적인 표시제가 필요하다고 생각하지 않으며, 도덕적으로 해로울 수 있다고 주장한다. 표시에는 많은 비용이 따르고, 대다수가 표시제를 원하지 않는 경우에도 그 비용은 모든 소비자에게 전가된다. 연구결과, 소수의 사람만이 모든 경우에 대해 표시제를 원한다는 사실이 밝혀졌기 때문에, 다수가 소수를 위해 비용을 치르는 셈이 된다.

톰슨은 유전자 변형식품이 안전하다는 FDA의 입장에 동의한다. 따라서 우리는 모든 사람이 인체에 대한 안전성에 대해 암묵적으로 우려하고 있으므로 표시가 모두에게 이롭다는 주장을 할 수 없다는 것이다. 그러나 인체에 대한 안전만이 개인이 합리적으로 품을 수 있는 우려는 아니다. 개인은 형질전환 농업의 정치적·사회적 영향에 대해서도 우려할 수 있다. 또한 식품의 문화적·종교적 순수성이나 그 식품이 유대교나 이슬람교의 율법과 같은 종교적 식사법에 부합하는지에 대한 우려도 있을 수 있다. 사람들은 유전자 변형식품에 대한 개인적인 불호(不好)를 가질 수 있다. 가령 일부 사람들이 날고기나 생선회에 대해 혐오감을 품는 경우처럼 '웩' 요인(*yuk factor*)이라 불리는 효과가 그런 예에 해당한다.

이런 것은 비합리적 선호가 아니며, 사람들이 그런 느낌을 가지는 것은 잘못이 아니다. 그러나 이것은 소수의 선호이다. 유대 율법의 기준에 부합하기 위해 표시제를 적용한 식품은 좀더 비쌀 것이다. 종교적인 순수성의 확인을 원하는 사람들은 그 정도의 추가 비용을 기꺼이 지급할 것이다. 그렇다면 같은 원리를 유전자 변형에도 적용해야 하는가?

톰슨이 선호하는 해결책은 '자발적인 소극적 표시제'이다. 그것은 현재 유기농 제품임을 알리는 표시를 붙이는 것과 같은 방식이다. 즉, 'GMOs가 들어 있지 않음'(*GMOs free*)이라는 균일한 표시를 하는 것이다. 그런 제품은 좀 비쌀 수는 있지만, 독특한 정치적·도덕적·종교적 관심을 가지는 사람들이라면 자신들의 비표준적인 선호에 대해 기꺼이 비용을 지급할 것이다.

점차 더 많은 동물과 작물의 유전자가 더 다양한 목적으로 변형되고 있으므로, 유전자 변형식품을 둘러싼 주제들은 점차 그 중요성이 높아지고 있다. 현재 진행 중인 논쟁들은 향후 줄어들기보다는 늘어날 가능성이 높다. 쉬운 해결책을 찾으려는 유혹에 저항할 수 있다면, 우리는 ① 유용한 새로운 식품, ② 소비자들의 자율권, ③ 절대적으로 필요하거나 자발적인 경우에만 다른 사람에게 비용을 부과하는 정의를 증진시킬 수 있는 실질적인 해결책을 찾을 수 있을 것이다.

제 11 장

유전자 변형식품의 과학적 · 보건적 측면들●

보고자 요약

이안 길리스피 · 피터 틴데만스*

이 요약문은 에든버러 학술대회 기간에 마련된 공통의 근거를 토대로 두 명의 보고자의 관점을 보여 주고 있다. 그것은 주요 내용과 어떻게 논쟁을 진행시킬 것인가 하는 문제를 모두 다루고 있다.

에든버러 학술대회에는 다양한 학문적 배경을 가진 400명의 학자들이 함께 모였다. 목표는 식품과 작물 부문에서 유전자변형 기술이 사회적 요구에 기여하는지와 만약 기여한다면 그 방식이 무엇인지를 밝히는 것이었다. 이 보고서는 이러한 공통의 근거를 마련하는 데 집중한다.

현재 초점은 식품에 이용되는 10가지 유전자변형 작물의 안전성

● 경제개발협력기구의 허락으로 재수록하였다.

* 〔역주〕 Ian Gillespie. OECD 생명공학 분과 책임자.
Peter Tindemans. 네덜란드의 과학 분과 정부 자문위원.

에 맞추어졌다. 환경적 영향, 교역과 개발이 미치는 영향, 그리고 윤리적·사회적 우려 등은 충분히 다루어지지 않았지만 이런 문제들이 완전히 분리되거나 위계적으로 배열될 수는 없다. 그러나 이러한 다양한 이슈들을 쉽게 분석하기 위해서는 각기 독립적으로 다루어질 필요가 있다.

학술대회는 유전자변형 식품의 위험과 이로움을 평가하기 위해 서로 다른 접근방식을 — 다양한 관점을 기초로 — 비판적으로 검토했다. 이 과정에서 다양한 부문들, 특히 정부, 기업, 과학자, 규제기관, 대중 사이에 신뢰를 재구축하기 위한 단계들을 밟을 필요가 있다는 공감이 형성되었다.

상당수의 지점에서 참가자 전원은 아니었지만 대다수 사람들 간에 일반적 합의가 이루어졌다. 그렇지만 반대 견해가 나타난 주제들도 많았다는 것은 놀라운 일이 아니다. 일부 경우는 가용한 근거들을 기반으로 하지만 해석이 다르기 때문에 나타난 결과이고, 다른 경우는 더 근본적인 문제들로 인해 불일치가 발생했다. 마지막으로 명확한 합의도, 불일치도 아닌 지점도 있었다. 그것은 아직 해당 주제에 대한 지식이 부족했기 때문에 나타난 현상이었다.

합의점

사회가 유전자변형 식품을 어떻게 다룰 것인가를 고려하기 위해서는 실험실, 공장, 농장 등의 노동자들까지 포괄하도록 논의영역을 확장할 필요가 있다. 논의는 더욱 개방적이고, 투명하며, 포괄적이어야 한다. 개방성과 투명성은 정책과정에서도 요구된다. 일반 대중은 — 소비자와 시민 — 알 권리를 가질 뿐 아니라 타당한 관점을 가진다. 이러한 대중들의 관점은 효과적으로 표출되고, 이해되며, 정책과정과 의사결정에서 적절한 비중으로 고려되어야 한다.

많은 소비자가 이미 유전자변형 식품을 먹고 있지만, 정작 본인들은 유전자변형 식품을 먹는다는 사실을 모르는 경우가 있다. 동료심사를 거친 과학 논문 중에서는 아직 유전자변형 식품을 먹은 결과, 사람의 건강에 부정적 결과가 나타났다는 보고는 없다.

위험평가의 개념과 실행은 — 실질적 동등성 개념의 사용과 사전예방원칙의 한 형태에 대한 일관된 국제적 접근방식을 포함해서 — 가치 있는 도구로 활용되었고, 앞으로도 — 정기적으로 평가 받는 한에서 — 지속될 것이다.

유전자변형 식품이 주는 위험뿐 아니라 이익도 반드시 평가되어야 한다. 유전자변형 식품이 개발도상국에 실질적 혜택을 줄 수 있는 잠재력은 매우 분명하다. 그러나 그 잠재적 가능성은 아직 충분히 실현되지 않았고, 그 기술이 적절한 조건에서 사용될 때에만 현실화될 것이다. 인구 증가와 빈곤은 식량의 질과 양이라는 두 측면에서 전 지구적 식량생산에 실질적 위협으로 작용하고 있다. 그러나 유전자변형 생명공학이 날로 증대하는 식량 수요에 대한 모든 답이 되지는 않을 것이다.

선진국의 소비자들은 지금까지 1세대 유전자변형 식품에서 얻은 혜택을 고맙게 여겨야 한다. 그중에는 식료품 가격 하락, 그리고 일부 경우에 건강상의 이익이 포함된다. 가령 농부들이 농약이나 발암성 화학물질을 덜 사용함으로써 얻을 수 있는 혜택이 그런 경우이다. 그러나 아직 소비자들이 얻은 실질적 혜택을 정량화한 경우는 없다. 이른바 2세대 유전자변형 식품은 더욱 분명한 보건상의 잠재적 혜택을 제공할 것이다. 과거의 경험은 미래에 이 논쟁을 어떻게 진행시켜야 할 것인지를 알려 준다.

유전자변형 식량작물에서 항생물질 저항성 표지 유전자를 지속적으로 사용하는 것은 적절한 대체물이 있으므로 불필요하며, 단계적으로 제거해야 한다. 농부들이 어떤 품종의 종자를 사용할 수 있는지에 대해 현실적인 선택권을 갖지 않는 한, 고의적으로 종자를 불임(不姙)으로 만드는 기술을 사용하지 말아야 한다는 것에 폭넓은 합의가 이루어졌다. 그러나 유전적 봉쇄를 위한 목적으로 '터미네이터' 유전자를 사용하는 것은 유용한 안전 조치로 널리 인정되고 있다.

유전자변형 식품의 잠재적 이익이 가장 필요한 사람들에게 돌아가려면 공적 부문과 사적 부문 간의 협력관계가 좀더 진전되어야 한다. 공적·사적 투자, 기술 노하우, 기술 이전과 토착 지식의 결합을 추구해야 한다.

소비자는 선택권을 행사할 수 있어야 한다. 때문에 소비자는 상품이 생산되는 방식에 대한 정보를 요구한다. 거의 모든 학회 참가자들은 소비자의 선택을 가능하게 하기 위해서 표시제의 가치를 인정했다.

의견이 불일치한 지점들

일부 참가자들은 유전자변형 식품이 사람의 건강에 미치는 문제를 보다 폭넓은 문제와 분리할 수 없는 것으로 간주했다. 환경에 대한 영향, 교역과 사회경제적 요인들, 그리고 사람들의 신념 체계 등이 그런 문제에 해당한다. 다른 사람들은 다양한 잠재적 영향을 평가하기 위한 보다 분명하고 구체적인 방법들을 선호했다.

일부는 유전자 변형을 식물육종수단 개발이라는 연속성의 일부로 간주했다. 그들에게 유전자 변형은 강력하기는 하지만 그 과정의 또 다른 단계에 불과하다. 다른 사람들은 유전자 변형이 새로운 작물을 생산하는 방식에서 근본적인 변화를 일으켰다고 간주했다. 그들은 이러한 근본적인 차이 때문에 안전성을 평가할 새로운 방법을 요구한다.

가축 사료에 포함된 유전자변형 식품이 동물이나 사람의 건강에 문제를 일으킬 수 있는지에 대해서도 의견이 일치하지 않는다.

유전자변형 식품의 이익과 위험을 결정할 수 있는 기관의 수준에 대해서도 아직 합의에 도달하지 못하고 있다. 일부 학자들은 개발, 마케팅, 유전자변형 기술과 그 기술을 기반으로 한 상품의 이용에 대한 전 지구적 틀을 선호하는 반면, 다른 사람들은 국가가 위험과 이익에 대해 독자적 판단을 내릴 주권을 가진다는 주장을 강하게 고수한다. 그밖에도 유전자변형 작물이 장기적으로 전 세계의 농업에 어떤 역할을 하는지에 대해서도 합의가 이루어지지 않고 있다.

그리고 유전자변형 식품에 대한 소비자 우려를 평가하는 세밀한 과정에 대한 합의 역시 아직 없는 실정이다.

유전자변형 물질의 추적가능성이 확보될 필요가 있는지에 대해서는 논쟁이 계속되고 있다. 일부는 사전 위험영향평가에 대한 보완이 반드시 필요하다고 생각한다. 반면 다른 일부에서는 위험영향평가를 개선하는 것만으로 충분하며, 시장출하 후의 모니터링(그 실효성은 불확실하다)은 불필요하다고 생각한다.

현재의 지식 부족

위험관리의 사회적 과정은 '개방적이고, 투명하며, 포괄적'이어야 하고, 과학적 불확실성을 인정해야 하며, 사회적 우려의 타당성을 고려해야 한다는 것에 합의가 이루어진 것으로 보이지만, 이러한 내용이 실제로 어떻게 실행될 수 있는지에 대한 합의는 없는 형편이다.

유전자변형 식품이 사람의 건강과 노동자의 안전에 미치는 (생산과정에서 이 상품에 노출되는 결과) 장기적인 잠재적 효과에 대해서는 불확실성이 남아 있다.

현재의 독성 및 알레르기성 (예를 들어, 유전자 변형과정에서 알려지지 않은 알레르기 유발물질이 종간 전이될 가능성) 검사법에는 어느 정도의 불확실성의 여지가 있으며 개선될 필요가 있다.

또한 장기간의 환경 영향, 잠재적인 복합생태적 상호관계와 생물다양성에 대한 영향 역시 아직 명확하게 밝혀지지 않은 상황이다. 열대지역에 대한 영향은 특히 불확실하다. 그 까닭은 대부분의 현장시험이 온대 지역에서 이루어졌기 때문이다.

동물 대상 시험은 일부 경우 보완적 안전보장을 제공할 수도 있지만, 유전자변형 식품에도 이 방법을 적용할 수 있는지, 유용성은 있는지에 관해서는 확실하지 않다.

향후 가능한 방법

이러한 문제들을 분리하여 명확한 형태로 제기하기 위해서는 다음과 같은 항목으로 핵심적인 지점을 논의할 필요가 있다.

- 이익 대 위험:
  학술대회에서 이루어진 합의에 해당하며, 유전자변형 식품의 위험뿐 아니라 이익도 고려해야 한다는 의미이다.
- 유전자변형 기술의 관리:
  유전자변형 식품의 위험을 관리하는 문제에 대한 참가자들의 견해를 종합한 것이다.
- 이해당사자의 역할:
  이해당사자들이 어떻게 함께 노력해 나갈 수 있는지를 기술한 것이다.
- 향후 가능한 방법으로의 국제적 프로그램

이익 대 위험: 첫 번째 균형

유전자변형 식품의 위험과 이익 사이의 타협은 지역이나 경제 수준에 따라 — 가령 저개발국, 개발도상국, 중간 과도기 국가, 그리고 고도 산업화 국가 등의 — 다를 수 있다. 그리고 같은 지역에서는 집단에 따라 그 선택이 달라질 수 있다. 특히 개발도상국에서는 계속 인구가 증가하기 때문에 영양분의 질이 향상된 더 많은 식량이 필요하게 된다. 수확 이후에 발생하는 손실처럼, 분배의 문제도 존재한다. 그러나 소비자를 위해 값싼 식량의 지역 생산증대를 포괄하지 않는 전략이 작동할 것이라는 가정은 현실적이지 못하다.

신기술평가에서 반드시 염두에 두어야 할 것은 현재의 농업 잠재력이 미래 수요를 충족시켜야 하는 큰 부담을 안고 있다는 사실이다. 도시 개발로 경작 가능한 면적은 점차 줄어들고, 생산성 증가는 제자리걸음을 하고 있다(그 부분적 이유는 '전통적' 육종기술의 잠재력이 점차 줄어들었기 때문이다). 적절한 조건으로 개발된다면, 유전자변형 기술이 해결책을 제공할 가능성이 있다. 그러나 유전자변형 기술과 생명공학은 개발도상국에 필수 영양소를 갖춘 충분한 양의 식량을 제공하는 문제에 대한 여러 가지 해답 중 일부에 불과하다는 점을 분명히 할 필요가 있다. 이 문제들의 전체 범위를 포괄하기 위한 정책수단이 필요하다. 유전자변형 기술이 빈곤의 근원을 제거하려는 노력을 대체해서는 절대 안 된다.

유전자변형 식품을 기반으로 한 경구 백신과 영양 첨가제는 잠재적으로 큰 이익을 줄 것이다. 다른 기술도 사용할 수 있지만, 생명공학은 개발도상국을 위해 중단기적으로 보다 실용적이고 감당할 수 있는 선택지를 제공할 가능성이 높다. 이러한 목표를 위해서는 연구와 개발을 위한 노력의 방향을 재정립하여 개발도상국의 요구에 보다 높은 우선순위를 둘 필요가 있다. 그렇다고 '수용가능한' 위험을 이루는 것이 무엇인가에 대한 판단이 개인이나 사회 수준에 따라 달라질 필요가 있다는 뜻은 아니다. 만약 개발도상국들이 유전자변형 기술을 채택한다면, 선진국과 마찬가지로 모든 측면에서 엄격한 안전 절차를 따라야 한다. 또한 유전자변형 생산물을 이용하는 국가들의 맥락에서 위험 분석이 진행될 수 있는 능력을 확보하려는 특별한 노력이 요구될 것이다. 그러나 결국 이익과 위험의 균형은 다양한 사회에서 서로 다른 결정으로 귀결할 수 있다.

고도 산업화 국가에서는 해결해야 할 핵심적 문제가 다르다. 생산자들은 효율성과 기업 이익에 관심을 갖지만, 환경에 대한 부담을 줄이는 데에도 신경을 쓴다. 반면 가격 인하, 보건상의 위험 감소(화학 제초제나 살충제에 대한 노출 감소로 인한), 그리고 건강 증진 등을 통해 실현해야 하는 소비자들의 실질적 이익은 일반적으로 사소하게 인식한다.

그러나 유전자변형 식품이 전체 인구 중 일부 집단의 특수식품 문제와 연관되는 경우는 예외일 것이다. 예를 들어, 노령층의 감염성 질환에 대한 저항력을 높이기 위한 양분강화 식품 및 경구용 백신의 개발 가능성이 그 예이다. 그러나 여기에도 이러한 상품들의(가령, 뉴트라수티컬*) 안전성을 어떻게 평가할 것인지는 — 특히 이러한 제품은 새로운 식품이라기보다 의약품에 더 가까운 것으로 평가되어야 할지의 여부 — 아직 해결되지 않은 의문으로 남아 있다.

전 세계의 (가능하면 모든 지역에서) 모든 소비자가 유전자변형 식품 소비에 대해 선택권을 행사할 기회를 가져야 한다는 데에는 거의 완전한 합의가 이루어졌다. 의무표시제는 이러한 합의 달성을 돕기

---

* 〔역주〕 영양(*nutrition*)과 의약품(*pharmaceutical*)의 합성어로 의약품과 식품을 하나로 결합한 새로운 개념이다. 여러 의미로 혼용되고 있지만 '의약품에 필적할 만큼 치료효능을 가진 식품군'이라는 의미가 적합할 것이다.

위한 수단으로, 전폭적으로는 아니지만, 폭넓게 지지되었다.

표시제가 소비자의 선택을 가능하게 하지만, 그것만으로는 유전자변형 식품이 사람의 건강에 장기적으로 어떤 영향을 미치는지에 대해서는 — 유익한지, 해로운지 — 답을 얻을 수 없다. 그 답을 얻기 위해서는 적절한 검사와 모니터링 수단이 필요하다. 유전자변형 식품 산물이 먹이사슬에 미치는 영향을 추적하기 위해, 그리고 그러한 추적을 실질적으로 가능하도록 하기 위해 더욱 진전된 조사가 요구된다.

또한 유전자변형 식품과 작물이 사회와 경제 전반에 대해서뿐만 아니라 생태계의 지속가능성에 미칠 수 있는 모든 영향을 (가령, 농업과 미래의 농경 지역의 구조, 생명공학 산업에 대한 시장 집중 등의 문제도 포함된다) 철저히 밝히기 위해서는 차별화된 접근법이 필요하다. 특히, 생태계의 지속가능성은 지금 당장은 알 수 없으며, 평가를 위해서는 장기적인 데이터 수집이 필요하다. 의미 있는 비교를 위해서는 전통적 작물 품종과 비교해야 한다. 자명한 일이지만, 그 영향은 나라나 지역에 따라 달라질 것이다. 이 주제는 앞으로 좀더 심도 있는 연구가 필요하며, 장기적 연구 프로그램에서 도움을 얻게 될 것이다.

유전자변형 기술의 관리

우리는 모든 영역의 인간활동에서 모든 위험을 영원히 배제할 수는 없다. 중요한 것은 앞으로 일어날 수 있는 위험을 과학적으로 조사하기 위해 충분한 사전예방적 접근방식을 취하는 것이다. 이러한 평가에 대해 우리 사회에서 효과적으로 의사소통을 할 필요가 있다. 또한 수용가능성을 어떻게 결정할 것인지 분명히 할 필요가 있다. 그리고 수용가능성에 대한 결정이 내려진 후에는 효과적인 조치를 포함한 위험관리를 위해 시민들이 신뢰하는 적절한 시스템이 필요하다.

그런 다음에도 경계심을 늦추지 말아야 하는 것은 물론이다. 기본적으로 모든 신기술은 다양한 조합을 통해 자연의 여러 측면을 이용하기 때문에, 시험 기술이나 규약을 정기적으로 점검하고 한층 더 발전시키기 위한 노력이 요구된다. 그러나 위험과 이익에 대한 평가 과정에서 새로운 산물과 생산기술은 단지 절대적 관점에서만 평가되어서는 안 되며, 반드시 기존의 기술과 비교 평가되어야 한다.

현재 상황은 다음과 같이 요약할 수 있다. 보건 문제와 관련하여 독성과 알레르기성 검사가 수행되었고, 지금도 진행 중이다. 현재까지는 주요한 독성이나 알레르기성 위해가 나타나지 않았다. 인체 건강에 대한 해로운 영향을 보고한 역학적 연구나 임상실험 결과로 동료평가를 거친 논문은 아직 발표되지 않았다. 잠재적으로 수용이 어려운 결과를 보이는 징후는 있었지만, 현재의 메커니즘으로 우리는 그러한 문제점을 찾을 수 있고 그 상품이 시장에 나오지 못하도록 막을 수 있다. 그러나 유전자 조작이 지금까지 알려지지 않은 알레르기 원인물질의 전파로 이어질 수 있는지에 대한 불확실성은, 현존하는 사례를 보건대 경계를 늦추지 않고 규약을 계속 갱신할 필요가 있음을 증명한다.

유전자변형 작물에 대한 많은 현장시험이 두드러진 악영향 없이 이루어졌다는 것은 주지의 사실이며, 이는 우리가 최소한 특정 조건에서 위험을 관리할 수 있다는 가능성을 시사한다. 그러나 이러한 시험의 대부분이 최소한 안전성이라는 측면에서 어느 정도 평가를 받았다 해도, 그 평가는 동일한 규약을 따르지 않았으며 대부분 온대 지방에서 실시되었다. 현장시험에 대한 모니터링을 개선하고, 새로운 작물뿐 아니라 기존 작물에 대해서도 방출 전 평가에 대해 연구가 더 많이 진행될 필요가 있다. 또한 이러한 연구는 유전자변형 작물이 재배되는 환경에서 실시되어야 한다.

오늘날의 유전자변형 기술이 유전자 전이를 위한 가용한 접근방식의 발전에서 또 하나의 단계에 불과한지에 대해서는 이견이 있다. 일부는 유전자변형 기술이 아득한 과거의 육종(育種) 기술이 세포 기술에 의해 지원받는 육종을 거쳐 오늘날 분자적 수준의 개입에 이르는 연속선상에서 가장 최근의 지점에 해당한다고 주장한다. 반면 다른 일부에서는 유전자변형 기술을 과거와는 근본적으로 다른 무엇으로 간주한다. 그러나 공개적이고 투명하며 포괄적인 위험평가 및 관리, 그리고 커뮤니케이션이 필수적이라는 데에는 모두 동의한다.

최근, 식품 일반의 안전 문제를 다루기 위해 여러 나라가 개발한 위험평가 및 관리, 그리고 커뮤니케이션 체계와 그 체계를 어떻게 적용할 것인가의 문제에 대한 재검토가 늘고 있다. 왜냐하면 기존의 체계는 유전자변형 문제에 초점을 둔 것이 아니었고, 그동안 환경 및 사회경제적·윤리적 고려사항에서 비롯된 건강과 안전 문제에 집중되어온 대중의 우려를 해소시키기에는 산적한 난제들로 인해 문제가 더 복잡해졌기 때문이다.

따라서 유전자변형 식품과 작물에 적용된 구체적인 평가 방법과 전반적인 위험평가, 관리, 커뮤니케이션 체계의 설계 자체에 비판이 쇄도했다. 그러나 위험관리 체계를 개선해야 할 필요성에 대해 합의가 있다고 해도, 현장시험이나 그 밖의 실험에서 나타난 예상치 못한 결과를 다루기 위해 취해진 대응과정에서 지금까지 밝혀진 증거들은 실제 위험 수준이 증가하지 않았다는 것을 보여 준다. 전반적으로 실험을 수행한 연구자들은 위험에 더욱 능숙하게 대처하는 방법을 배웠다. 그리고 새롭게 출현하는 예기치 못한 사건들을 처리하고 그러한 문제들을 다룰 책임을 할당할 수 있는 것처럼 보이는 — 현재 우리가 이야기할 수 있는 한 — 메커니즘들이 개발되었다. 그런 대응에는 다시 과학자에게 문제를 회부하고, 심층적 검사를 요구하며, 규제 기관에 더욱 철저한 조치를 촉구하는 내용이 포함된다. 그 좋은 예로 최근 항생물질 저항성을 가지는 표지 유전자의 사용을 점차적으로 폐지하자는 전반적인 합의를 들 수 있다.

현재 당면한 과제는, 위험관리 체계가 예상치 못한 사건들에 계속 대응하고 과학적 불확실성을 다루는 데 그치지 않고, 규제체제에 대한 신뢰를 회복시키기 위해 유전자변형 식품 및 작물과 관련하여 사회에서 새롭게 제기되는 폭넓은 문제들을 다룰 수 있도록, 위험관리 체계를 모니터링하고 적응하게 하는 것이다.

이것이 가능하려면 그동안 인체와 환경에 악영향을 미칠 수 있는 요인을 식별하는 데 사용된 방법들을 정기적으로 재평가하고, 원래 의도된 목적에 적합한지에 대해 판단해야 한다. 학술회의에서 구체적인 행동을 위한 몇 가지 제안이 이루어졌다.

- 현재 이루어지고 있는 유전자변형 식품에 대한 알레르기성과 독성 실험의 상당 부분은 대상인 작물이 아니라 재조합 미생물에서 발현되는 유전자 산물을 기반으로 하고 있다. 이러한 관행을 평가하고, 예측 도구로써 동물실험의 적용가능성과 유용성을 고찰한 사례가 있다.
- 알레르기성 조사에 (유전자변형 식품에만 국한되지는 않는다) 사용되고 있는 의사결정 분지도*에 생체 및 시험관 시험이 포괄되도록 즉각적인 개선이 가능할 뿐 아니라 반드시 이루어져야 한다.
- 실질적 동등성 원리를 재평가할 필요가 있다. OECD는 지난 5년간 사용되어온 이 개념에 대해 지속적인 평가를 수행했다. 그러나 학술대회는 좀더 근본적인 재평가가 필요하다는 견해에 도달했다. 투명한 평가를 수행하는 방법은 — 다양한 이해관계 집단을 포함할 필요성을 인정해야 한다 — 이 분야에서 활동하는 다양한 국제기구들(가령, 새로운 유엔식품규격위원회, OECD, WHO와 같은)에서 마련되어야 한다.
- 바이오 안정성 의정서에서 채택된 위험평가에 대한 사전예방 개념은 위험평가와 관리 체계에서 제기되는 요구에 대응해, 이러한 새로운 접근방식을 소비자, 일반 대중, 특정 이해관계 집단, 그리고 과학자에게 적응시킬 수 있는 실질적인 방안을 마련할 가능성을 가지고 있다.

위험 분석체계를 개발할 때, 발생할 가능성의 측면에서 위험을 범수화하는 편이 유용할 것이다. 예를 들어, 위험에 확률을 부여하거나(경험적 증거를 토대로 이러한 추정이 가능하다), 가설적이라는 꼬리표를 달거나(즉, 이론상으로는 가능하지만 그 확률을 평가할 수 있는 자료가 없는 경우) 공상의 영역으로 분류할 수 있다(확실한 이론적

* 〔역주〕 의사결정을 위한 여러 가지 전략과 방법을 나뭇가지 모양으로 그린 것이다.

근거는 없지만, 향후 R&D를 통해 밝혀질 수 있는).

안전성 평가에서 사용되는 방법과 원리를 검토한다고 해서 자동으로 더 철저하거나 엄격한 규제를 함축하는 것은 결코 아니다. 참가자들은 마찬가지로 이익에 대한 평가도 최종 결정을 내리는 데 필요하다는 결론을 폭넓게 지지했다. 규제는 그 기술이 사용되는 국가나 지역의 일반적 조건에서 해당 기술의 잠재적 이익과 위험의 수지 균형을 맞추어야 한다. 그것은 규제 비용 역시 계산에 포함되어야 하는 정책 과정이다.

건강 위험평가에서 나타나는 편차는 환경의 경우에 비하면 훨씬 작을 수 있다. 환경에 대한 위험/이익 평가는 항상 강한 지역적 또는 국소적 요인을 포함한다. 따라서 하나의 결과를 다른 환경에 그대로 적용할 수 없다. 건강 위험평가는 그보다는 일반적이며, 의약품 규제에 대한 국제적 대응에서도 다른 나라에서 얻은 결과를 공유하거나 일률적으로 적용하는 관행이 더 많이 허용되고 있다. 소비 패턴은 상당히 다를 수 있고, 기본적인 건강과 영양 수준도 천차만별이지만, 일반적으로 같은 음식은 지역과 상관없이 사람들에게 비슷한 영향을 준다.

마지막으로 이 주제에 대해서, 학술대회는 위험 분석체계가 투명성, 정보 제공(가령 모니터링과 연구결과 등에 대한), 그리고 다양한 이해당사자의 보다 넓은 참여를 기반으로 할 때에만 대중의 신뢰를 얻을 수 있다는 결론을 내렸다. 그리고 어떻게 이해당사자들의 관점이 정책 과정에서 고려되었는지를 분명히 할 필요가 있다.

이해당사자의 역할

앞에서 언급된 문제들을 해결하려면 각국 정부의 많은 노력이 요구된다. 국제 및 국내의 장기적인 농업적 요구에 연구개발의 우선권을 집중하는 것이 특히 중요하다.

또한 새로운 유전자변형 식품의 이익과 위험에 대한 포괄적 대중 논쟁을 조직하는 것도 필요하다. 학술대회는 독립적인 과학 조언이 — 설령 그것이 일반적으로 받아들여진 관점과 상반되는 것이라 하더라도 — 완전히 공개된 과정에서 비로소 제 역할을 할 수 있다는 점을 분명히 했다.

정부와 과학자 모두 대중에게 명확하고 이해 가능하며 의미 있는 정보를 제공하기 위해 더 많은 노력을 기울여야 할 것이다. 그렇다고 해서 최종 결정을 내릴 때, 반드시 과학자들의 말을 액면 그대로 받아들여야 한다거나 과학적 주장을 유일한 주장으로 고려해야 한다는 뜻은 아니다. 그러나 대개 정치가들의 몫인 최종 결정은, 얻을 수 있는 한 최선의, 과학적 자문을 기반으로 이루어져야 한다. 또한 불확실성의 영역을 밝히고, 그것을 줄일 목적으로 과학지식의 상태를 정기적으로 재검토하기 위해, 과학자들이 과학자 사회의 내부 메커니즘과 폭넓은 대중에 접촉하는 메커니즘에까지 연결되어야 한다는 것도 중요하다.

우려하는 소비자들에게 유전자변형 식품의 안전성 평가에서 숨길 것이 아무것도 없다는 것을 확신시키려면 정보에 대한 좀더 개방적인 접근이 필수적이다. 안전성 평가, 현장시험 모니터링, 그리고 출하 후 평가에 대한 자료들이 지금보다 훨씬 쉽게 그리고 폭넓게 이용가능해야 한다. 그러기 위해서는 사적 부문이 가지고 있는 광범위한 데이터를 가능한 한 많이 포함할 필요가 있다. 이것은 기업, 학계, 그리고 정부가 해결해야 할 중요한 과제이다.

여러 나라와 지역에서 어떻게 대중을 포괄할 것인지에 대한 — 이익 집단을 통해서든 독립적으로든 — 여러 가지 좋은 사례들이 발표되었다. 이러한 실질적 경험들은 사회과학자와 자연과학자들이 함께 협력해서 대중의 신뢰를 회복할 수 있는, 개방적이고 포괄적이면서 투명한 분석과 의사결정 과정을 설계할 수 있는 토대를 제공한다. 많은 집단이 — 예를 들어, 농부들로부터 얻은 경험과 정당한 관점들을 가지며 — 저마다 다른 세계 경제 속에서 다양한 접근방식과 우려를 가지고 있다.

공공선(公共善)을 증진하는 과정에서, 정부는 일상적으로 기업들과 함께 노력한다. 농업 분야의 유전자변형 기술은 공사(公私) 협력 증진이 이루어질 여지가 많은 영역으로 인식된다. 사적 부문은 유전자변형 기술의 개발과 마케팅에서 중요한 역할을 하므로 논쟁에 참여할 필요가 있다. 그러나 생명공학을 포함하여 모든 기술 개발과 확산이 상업적 이윤의 조건에서 이루어질 수는 없으며 그래서도 안 되기 때문에, 사적 부문에만 의존하는 방식으로는 유전자변형 식품의 가능성을 모두 활용하기에 충분하지 않을 것이다. 따라서 공사 협력관계를 한층 더 진전시킬 가능성이 매우 크다.

위험평가의 경우도 마찬가지이다. 데이터와 위험평가의 보다 진전된 공유 그리고 국제 협력에 의해 공적으로 지원되는 연구는 효율적인 위험 분석에 들어가는 전반적 비용 부담을 줄이는 데 기여할 수 있다. 날로 치솟는 비용은 기업을 결집시키는 몰이꾼 역할을 할 수 있다.

당면한 여러 가지 이해관계에 효율적으로 기여하기 위한 공적 부문과 사적 부문의 협력관계에서는 소유권 문제를 풀 수 있는 좀더 창의적인 접근방식의 개발이 중요할 것이다. 예를 들어, 특허권과 식물품종 보호권 사이에서 최적의 균형을 유지하려면 끊임없는 신중한 평가와 고려가 필요하다. 공사 협력을 위한 모험적 시도의 일부로 농부들과 개발도상국 정부가 많이 사용하는 작물에 대한 지적 재산권을 특별히 면제해주거나 유전자변형 기술을 공유하는 좀더 일반적인 정책이 제안되었다.

이러한 우려에 대한 공정한 해결책을 개발하기 위해 현재의 상황을 재검토하려면 해당 기구들이 지속하고 있는 노력은 훨씬 더 강화되어야 한다. 그러한 노력들은 유전자변형 식품과 작물을 둘러싼 논쟁을 줄이는 데 필수적이다. 마찬가지로 기업, 농부, 그리고 육종가들 간의 책임 문제도 해결되어야 한다.

현재 추진 중인 국제 프로그램

이 분야에서는 이미 식량농업기구, 세계보건기구, 경제협력개발기구, 국제농업개발연구 자문기구, 국제식품생명공학 연구소, 그리고 그 밖의 여러 기구가 다양한 활동을 하고 있다. 올해 초, 바이오안전성 의정서가 몬트리올에서 채택되었다. 새로운 국제적 제안들은, 기존 당사국 간의 논의틀에 의해 효과적으로 수행되고 있고, 그럴 가능성들에 대해, 부가가치와 상호보완성을 높여 주어야 한다.

좀더 상세한 수준에서, 세 갈래로 추진되고 있는 국제 프로그램이 행동에 대한 집단적 관여를 보여줄 수 있을 것이다.

- 점차 경작면적이 줄어드는 반면 늘어나는 인구를 위해 식량을 생산해야 한다는 요구가 급박하다는 견지에서 많은 참가자는 재래식 농업 연구의 쇠퇴를 경고했다.
  따라서 유전자변형 작물의 가능성을 활용하기 위한 모든 노력에는 기존의 국제적 틀을 통해 농업 연구에 지원하는 연구비 수준을 각국 정부가 근본적으로 재고하는 작업이 반드시 포함되어야 한다.
- 유전자변형 기술의 건강과 환경문제를 협력적이고 비교적인 관점에서 시험하는 — 적절한 조건으로, 농부를 비롯해 모든 당사자를 포함하는 — 프로그램은 국제적 가시성을 통해 실행가능한 접근방식 마련에 이바지할 것이다.
  이러한 접근방식은 자율성의 양도 없이 국가별 실행계획으로 전환될 것이다. 건강영향평가에 사용되는 일반적인 틀에 대해 대체로 합의가 이루어지고 있는 점을 고려하면, 이러한 프로그램은 국제적으로 합의된 과학 규약을 토대로 시작할 필요가 있고, 실제로 실행가능하다. 지리적으로 다른 여러 지역에서 환경위험평가를 위한 기준 마련을 위한 노력이 진행 중이다.
- 이러한 프로그램에 참여하는 것은 개발도상국 과학자 및 전문가 훈련에 연결될 수 있다. 그 필요성은 대회 기간 내내 반복적으로 강조되었다.

그러나 이 기술의 세계적 이익을 극대화하고 위험을 최소화하려면, 이러한 개별적인 노력의 가닥들을 — 현재 진행 중이든 계획된 것이든 — 한데 엮어 짤 수 있는, 모든 것에 우선하는 국제적 발의가 필요하다는 요구가 계속되고 있다.

최소한 이 대회에서 시작된 국제적 논쟁은 세계적 정책 형성에 도움을 주기 위한 시도로서 지속되고 더욱 확장되어야 한다. 본질적인 과학의 불확실성 그리고 함께 방안을 모색하는 다양한 분과들의 행위자들을 포괄해야 한다는 요구는 오늘날 기후변화를 둘러싼 논쟁과 매우 흡사하다. 그런 면에서 기후변화에 대한 정부 간 패널(IPCC)은 가능한 모델을 제공할 수 있다.

다음 단계로, 정치적 의지가 있다면, 유전자변형 식품을 둘러싼 문제들에 대해 논쟁을 벌이는 상설 전문가 포럼의 설치 가능성에 대한 연구가 다양한 국제기구와 이 분야의 선진국들에 의해 조속히 시작될 수 있을 것이다.

제12장

생명공학으로 개발된 식품의 안전성●

데이비드 케슬러 · 마이클 R. 테일러
제임스 H. 마리안스키 · 에릭 플램 · 린다 S. 칼*

새로운 생명공학의 놀라운 산물들이 시장에 공개되면서 미국 식품의약품국은 안전과 공중보건에 미치는 영향을 적절하게 다룰 수 있도록 노력을 기울이고 있다. 그것은 이 기구가 식품, 의약품, 생물학과 의학 장비 등에 대한 포괄적 규제 권한을 가지고 있기 때문이다. 이미 FDA는 최근 생물과학의 계속되는 혁명으로 개발된 재조합 DNA 기술과 그 밖의 도구로 만들어진, 사람을 대상으로 한 약품

● 미국과학진흥협회(26 June 1992, 1747-1750)의 허락으로 재수록하였다.

* 〔역주〕 David Kessler. 소아과 의사이자 변호사 및 행정가로 1990~1997년간 FDA 국장을 역임했다.
Michal R. Taylor. 변호사이자 FDA 부국장.
James H. Maryanski. 생물학자이자 FDA 생명공학자문위원.
Eric Flamm. 생명공학자이자 FDA 선임정책자문위원.
Linda S. Kahl. 생명공학자이자 FDA 선임정책자문위원.

과 백신, 진단장치, 그리고 식품가공용 효소들을 승인했다.

오늘날 재조합 기술은 과일, 채소, 작물, 그리고 그 부산물과 같은 식품의 원천이 될 수 있는 새로운 식물종을 개발하는 데 이용되고 있다. 이 기술은 개발자들에게 식물의 특정 유전자를 변형할 수 있게 해주며, 전통적 방법으로는 불가능했던 물질을 식물에 삽입한다. 그 결과로 생산되는 식품의 안전을 확보하고 혁신을 촉진하기 위해, FDA는 이런 식물을 재료로 한 식품이 시장에 출하되기 전에 새로운 식물 품종에서 유래한 식품과 동물사료 전체의 안전성을 평가하기 위한 과학적 근거에 대한 합의가 있는지 조사하기 위한 계획을 세웠다. 이 글에서 우리는 규제의 틀과 안전성 평가에 대한 우리의 접근방식을 개괄하고, 그 과학적 근거에 대해 논할 것이다.[1)]

안전성 평가에 대한 우리의 접근방식은 유전자 변형의 전통적 방법과 최근 기법 양자에 의해 개발된 새로운 식량작물 품종들을 중점적으로 다루고, 어떻게 안전성 문제를 다루어야 하는지에 대한 지침을 제공하는 것이다. 이 접근방식은 개발자들이 FDA에 자문을 구하는 과학적 주제와 규제 문제들이 무엇인지 식별하는 것이다. 이러한 접근방식을 개발하는 과정에서, 우리는 오늘날 식물육종가들이 사용할 수 있는 많은 기법과 그 기술의 결과로 발생할 수 있는 식품안전성 문제의 유형을 검토했다.[2)]

---

1) 이 문제에 대한 충분한 논의는 다음 문헌을 참조하라. FDA's "Statement of Policy: Foods Derived from New Plant Varieties", *Fed. Regist.* 57, May 29, 1992.

2) International Food Biotechnology Council, *Regul. Toxicol. Pharmacol.* 12, no. 3(1990): pt. 2; Nordic Council of Ministers and the Nordic

그러나 이 글에서는 일차적으로 재조합 DNA 기술로 개발된 새로운 식물 품종에서 유래한 식품과 연관된 쟁점들에 초점을 맞추고자 한다. 현재 이러한 식품들은 상업적 도입을 목전에 두고 있다.

우리는 음식을 통해 다양한 화학물질을 섭취한다. 일부 경우, 이 물질은 감자녹말이나 밀의 글루텐처럼 매일 먹는 음식의 보통량 성분이다. 다른 물질은 대부분 조미료, 효소, 비타민, 무기물과 같은 미량 성분*이다. 식품 성분의 주된 종류는 탄수화물(대부분 단당류, 이당류, 올리고당류, 다당류이며, 그 외에도 고무질, 녹말, 그리고 섬유소가 포함된다), 지방(대부분 사슬의 길이와 포화도가 다양한 지방산을 포함하는 트리글리세라이드), 효소, 그리고 그 밖의 단백질과 펩타이드, 무기물, DNA와 RNA, 필수 기름, 밀랍, 비타민, 색소, 그리고 알칼로이드 등이 있다.[3]

Council, *Food and New Biotechnology* (Scantryk, Copenhagen, 1991); *Approaches to Assessing the Safety of Crops Developed through Wide-Cross Hybridization Techniques* (proceedings of a Food Directorate Symposium, November 22, 1989, Ottawa, Canada) (Ottawa: Food Directorate, Health Protection Branch, Health and Welfare Canada, 1990); "Strategies for Assessing the Safety of Foods Produced by Biotechnology" (Geneva: World Health Organization, 1991); *Report on Food Safety and Biotechnology* (Paris: Group of National Experts on Safety in Biotechnology, Organization for Economic Cooperation and Development, Paris, in press); D. D. Hopkins, R. J. Goldburg, S. A. Hirsch, *A Mutable Feast: Assuring Food Safety in the Era of Genetic Engineering* (New York: Environmental Defense Fund, 1991).

* 〔역주〕 음식물에 포함되어 있는 원소는 그 함량에 따라 보통량 성분과 미량 성분으로 구분된다.

3) International Food Biotechnology Council, *Regul. Toxicol. Pharmacol.* 12, no. 3(1990): pt. 2.

개발자들은 매년 수백 종류의 새로운 식품 식물종을 시장에 도입한다. 그 대부분은, 높은 소출을 얻는 방법처럼, 농경법의 특성을 향상시켰다. 또한 영양가나 가공상의 특성을 향상시키는 식의 품종 개량도 이루어진다. 새로운 종류를 만들어내기 위해 육종가들은 점점 더 과감하게 여러 가지 유전적 특성을 자유자재로 조합한다. 이러한 육종 기술에는 같은 종(種) 식물 간의 교잡, 다른 종 식물 간의 교잡, 다른 속(屬)의 식물 간의 교잡, 화학적·물리적 돌연변이, 종간 또는 속간 원형질 융합, 조직 배양을 통한 식물 재생으로 인한 체세포 변이, 그리고 시험관 유전자 전이 기법 등이 포함된다.

일부 주곡(主穀)을 대상으로 한 재래식 식물육종법은 식품 소비에 극적인 변화를 야기했다. 그런 변화에는 주요 식품 성분의 증가가 포함된다. 예를 들어, 전통 육종은 아시아 원산의 작은 딸기류를 키위 과일로 변화시켰고, 그 결과 식료품 가게에 놀랄 만큼 다양한 품종의 과일이 등장할 수 있었다. 농경과 식품가공 또는 작물의 특성을 대상으로 이와 비슷하거나 좀더 파악하기 힘든 향상이 이루어졌지만, 식품안전성에 큰 악영향을 미치지는 않았다.4)

전통적 기법과 같은 유형의 목적을 얻기 위해 사용되는 재조합 DNA 기법은 식물 육종가들에게 여러 유용한 특성을 제공한다.

---

4) International Food Biotechnology Council, *Regul. Toxicol. Pharmacol.* 12, no. 3(1990): pt. 2; Nordic Council of Ministers and the Nordic Council, *Food and New Biotechnology* (Scantryk, Copenhagen, 1991); *Approaches to Assessing the Safety of Crops Developed through Wide-Cross Hybridization Techniques* (proceedings of a Food Directorate Symposium, November 22, 1989, Ottawa, Canada) (Ottawa: Food Directorate, Health Protection Branch, Health and Welfare Canada, 1990).

첫째, 염색체상의 위치와 그 분자의 정체가 밝혀진 모든 단일 유전자의 특성은 (그리고 잠재적으로는 다유전자의 특성도) 교배 장벽과 무관하게 모든 생물로 전이될 수 있다. 둘째, 이러한 전이는 공여생물체에 들어 있는 바람직한 특성과 염색체상에 연결되어 있는 바람직하지 않은 특성들을 동시에 도입하지 않고도 이루어질 수 있다. 따라서 이러한 기술은 매우 강력하고 정확하다.

최근 들어 재조합 DNA 기술로 개발된 30개 이상의 작물이 현장시험을 거치고 있다. 이 기술로 병충해 및 불리한 기후조건과 화학 제초제에 대해 저항력이 높고, 가공과정과 영양분의 측면에서 향상된 특성을 가진 작물들이 개발되고 있다. 이러한 특성을 전달하는 유전자들은 대개 직간접적으로 식물에 들어 있는 지방이나 탄수화물을 변형시키거나 바람직한 특성을 발현시키는 데 관여하는 단백질을 합성하는 암호를 가지고 있다. 또한 유전자 발현을 감소시키고 그 결과 바람직한 새로운 표현형을 얻기 위해 안티센스 전령 RNA의 암호를 가지고 있는 유전자들이 삽입되었다.

FDA의 규제방식

오늘날 미국은 전 세계의 다른 나라들과 마찬가지로 안전한 식품을 공급하고 있다. 대부분의 식품은 국가의 식품 관련 법률들보다 먼저 형성된다. 그리고 이들 식품의 안전은 수년 혹은 수세기에 걸친 폭넓은 이용과 경험을 기반으로 수용된다. 새로운 식물 품종에서 유래한 식품들에 대해 정기적으로 과학적인 안전성 검사가 이루어지는 것은 아니다. 그러나 몇 가지 예외는 있다. 예를 들어, 감자에 대해서는 일반적으로 글리코알칼로이드 솔라닌(*glycoalkaloid solanine*)* 검사를 한다. 화학분석, 미각과 육안을 이용한 분석 등 식물 육종가들이 새로운 식물 품종을 선별하고 개발하는 데 사용하는, 이미 정착된 방법들은 주로 품질, 유익함, 그리고 농경적 특성 등에 의존한다. 역사적으로 이러한 관행이 식품의 안전성을 확보하는 신뢰할 만한 수단들이었다.[5]

연방 식품 의약품 화장품 법안[6]은 FDA 관계자들에게 식품 전반의 안전성을 보장할 의무와 권한을 주었다. 이 법안은 식품을 개발하거나 판매하는 사람들에게 소비자에게 제공하는 상품의 안전성을 보장할 법적 의무를 부여했고, FDA에는 이 의무를 강제할 수 있는 일정한 범위의 법률적 도구를 제공했다.

FDA는 사람의 개입으로 첨가된 물질이 안전하지 않을 가능성이 있을 때, 그 식품을 불허할 수 있다(8조 402a1조항). 또한 FDA는 안전에 문제가 있는 경우〔즉, 어떤 물질이 일반적으로 안전하다고 인

---

* 〔역주〕 가지과 채소에 분포하는 글리코알칼로이드의 일종으로, 토마토에 함유된 인체에 해로운 물질이다. 감자를 보관하는 과정에서 나는 싹에도 솔라닌이 함유돼 있다.

5) International Food Biotechnology Council, *Regul. Toxicol. Pharmacol.* 12, no. 3(1990) : pt. 2; Nordic Council of Ministers and the Nordic Council, *Food and New Biotechnology* (Scantryk, Copenhagen, 1991); *Approaches to Assessing the Safety of Crops Developed through Wide-Cross Hybridization Techniques* (proceedings of a Food Directorate Symposium, November 22, 1989, Ottawa, Canada) (Ottawa: Food Directorate, Health Protection Branch, Health and Welfare Canada, 1990).

6) 21 U.S.C §321 et seq.

정되지(Generally Recognized As Safe: GRAS) 않은 경우], 식품에 의도적으로 첨가된 물질의 승인과 시판 전 조사를 공식적으로 요청할 권한이 있다.

도입 가능성이 있는 대부분의 변형이 제한적 특성을 갖기 때문에, FDA가 새로운 식물 품종 전체에 대해 정기적으로 공식적인 시판 전 검사를 하는 것은 자원 낭비이며 공중보건을 증진시키지 못할 것이다. 또한 FDA는 공식적인 FDA 평가와 승인이 요구되는지와 관계없이, 식물의 신품종으로 제조된 식품의 안전성을 평가하는 방법에 대한 과학적 지침을 제공할 책무가 있다.

안전성 평가: 과학적 근거

다른 기관들과 마찬가지로, FDA의 안전평가방식은 숙주(宿主) 식물, 공여생물, 그리고 식품에 도입된 신물질과 관계된 중요한 식품 안전 문제를 다룬다. 숙주식물은 새로운 품종으로 제조된 식품의 안전성에 영향을 줄 수 있는 변형 여부를 판단하는 기준에 해당한다. 이 안전성 평가에서 검토될 수 있는 신물질에는 단백질, 탄수화물, 그리고 지방과 기름 등이 포함된다. 왜냐하면 이것들은 재조합 DNA 기술에 의해 개발된 첫 번째 식물 품종에 삽입되거나 변형될 물질이기 때문이다.

숙주식물

숙주식물이란 유전자가 변형되어 새롭게 도입된 특성을 받아들이는 식물이다. 일반적으로 식품원으로 사용되는 품종이 여기에 속한다. 우리는 개발자가 식물의 변화된 신진대사 경로로 인한 잠재적 악영향이나 단일한 멘델의 특성으로 삽입된 유전물질의 유전, 그리고 새로운 식물 품종의 유전적 안정성처럼, 현재 인정되고 있는 과학적 실행과 일치하는 정보를 고려할 것으로 예상한다.

이론상, 안전성에 도움이 되고 이후의 유전자 변형을 용이하게 하는 요인들은 도입된 유전물질의 복제를 최소한의 숫자로 포함하며, 삽입 장소도 한 곳이다. 그러나 이러한 요인들이 안정성을 유지하는 데 얼마나 중요한지는 불확실하다. 왜냐하면 실질적으로 모든 식물이 다유전자군을 가지고 있기 때문이다.

개발자는 식품이 널리 소비되는 목적인 주요 영양분 함량이나 생물학적 이용효능의 변화를 반드시 고려해야 한다. 예를 들어, 새로운 토마토 품종이 비타민 C를 포함하지 않는다면, 적절한 표시를 통해 (가령, 상품명을 바꾸는 식으로) 소비자에게 그 사실을 알릴 필요가 있다. 대부분의 식물은 프로테아제 억제인자, 용혈성 인자, 신경독과 같은 독성물질이나 항(抗) 영양인자를 여러 종류로 생성한다. 필경 자연의 포식자로부터 자신을 지키기 위한 수단일 것이다.

대부분의 경작 식물종에 (가령, 옥수수나 밀과 같은) 들어 있는 독성물질의 농도는 건강상의 우려를 초래하지 않을 정도로 낮다. 다른 식물들의 경우(예를 들어, 감자나 유채), 육종가들은 새로운 품종의 독성물질 함유도가 허용 수준을 초과하지 않는지 정기적으로 검사한다. 일부의 경우(가령, 카사바와 강낭콩), 안전하게 먹기 위해서는 물에 불리거나 가열하는 등의 적절한 조리가 필요하다.[7]

다른 생물과 마찬가지로, 식물에도 돌연변이로 인해 진화과정에서 기능을 잃어버린 대사경로가 있다. 이러한 경로 중 일부에 의해 생성되거나 매개되는 물질 중에 독성물질이 포함된다. 이렇게 변화된 경로 가운데 일부는 독성물질을 직접 생성하거나 간접적으로 합성을 매개할 수 있다. 드물지만 조절인자의 도입이나 재배열 또는 점 돌연변이(*point mutation*),* 삽입 돌연변이(*insertional mutation*),** 염색체 재배열 등에 의해 억제유전자가 비활성화되면서 이러한 비활성 경로가 다시 활성화될 수 있다. 마찬가지로, 식물에서 매우 적은 양만 생성되던 독성물질이 이러한 변화로 인해 새로운 품종에서는 고농도로 생성될 수 있다.

식물 육종으로 독소를 합성하는 경로를 활성화하거나 상향 조절할 가능성은 건전한 농경법으로 효율적으로 관리되었다. 지금까지 고농도의 독소를 가진 품종이 시장에 출하된 경우가 거의 없다는 사

7) International Food Biotechnology Council, *Regul. Toxicol. Pharmacol.* 12, no. 3(1990): pt. 2; Nordic Council of Ministers and the Nordic Council, *Food and New Biotechnology* (Scantryk, Copenhagen, 1991); *Approaches to Assessing the Safety of Crops Developed through Wide-Cross Hybridization Techniques* (proceedings of a Food Directorate Symposium, November 22, 1989, Ottawa, Canada) (Ottawa: Food Directorate, Health Protection Branch, Health and Welfare Canada, 1990).

* 〔역주〕 DNA는 4개의 염기로 이루어져, 3개의 염기로 하나의 아미노산을 만든다. 그런데 여기서 하나의 염기만 바뀌어도 다른 아미노산이 만들어진다. 이처럼 염기 하나에 돌연변이가 발생하는 것을 '점 돌연변이'라고 한다.

** 〔역주〕 외래성 DNA의 삽입으로 발생하는 DNA 염기쌍의 변화.

실이 그것을 입증한다.[8)]

따라서 특정 종(種)에서 우려되는 독성물질들은 해당 품종이나 친척종의 일부 계통에서 위험한 수준으로 발견된 물질이다. 많은 경우, 독특한 특성(알칼로이드와 연관된 쓴맛)은 특정한 천연 독성물질의 수준 증가를 수반하는 것으로 알려졌다. 따라서 쓴맛이 없으면 이러한 독성물질이 위험 수준까지 증가하지 않음을 보증해 주는 셈이다. 그 밖의 경우에는 분석 검사나 독성 검사가 필요할 수 있다.

공여생물

공여생물(식물, 미생물 또는 동물)은 새로운 특성의 원천이 되는 생물이다. 우리는 의도하지 않은 독소의 존재와 연관될 수 있는, 현재 받아들이고 있는 과학적 실행과 일치하는 정보들을 생산자들이 고려할 것으로 예상한다. 분자 구성물의 역사와 유래(예를 들어, 미생물 숙주생물을 통한 경로), 삽입된 조절 염기서열의 알려진 작용(예를 들어, 프로모터에 대한 환경적·발생적·조직-특정적 영향), 그리고 바람직하지 않은 물질의(예를 들어, 외부의 열린 해독틀*의 발현

---

8) International Food Biotechnology Council, *Regul. Toxicol. Pharmacol.* 12, no. 3(1990): pt. 2; Nordic Council of Ministers and the Nordic Council, *Food and New Biotechnology* (Scantryk, Copenhagen, 1991); *Approaches to Assessing the Safety of Crops Developed through Wide-Cross Hybridization Techniques* (proceedings of a Food Directorate Symposium, November 22, 1989, Ottawa, Canada) (Ottawa: Food Directorate, Health Protection Branch, Health and Welfare Canada, 1990).

* 〔역주〕 정지 코돈에 의해 방해받지 않는 해독틀로, 기능이 알려지지 않은 해독틀에 해당한다.

에 기인한) 의도하지 않은 도입 가능성 등이 그런 정보에 해당한다.

공여생물, 유연종 또는 선조 계통에 존재하는 것으로 알려진 독성물질은, 예를 들어, 재배종이 야생종이나 유해한 유연종과 교잡하는 과정에서, 새로운 식물품종으로 전이될 수 있다. 공여생물에서 유래한 독성물질이 유전자변형 식물을 원료로 삼은 식품에서 나타날 가능성은 반드시 고려되어야 한다. 향상된 식량작물 생산에 이용되는 재조합 DNA 기술에 대해 가장 빈번하게 제기되는 물음들 중 하나는 과일, 작물, 채소, 그리고 그 부산물 등 식품에 들어가게 될 물질들(오늘날에는 주로 단백질, 탄수화물, 지방과 기름이다)의 섭취가 안전한지에 관한 것이다.

다음에서 우리는 새로운 식물 품종에서 유래한 식품에 포함된 물질에 대한 과학적 주제들을 다룰 것이다.

단백질

단백질은 (천연 단백질의 발현을 조절하는 안티센스 변형을 포함해서) 재조합 DNA 기술을 통해 식품에 포함되는 물질 중에서 가장 큰 부분을 차지한다. 단백질과 연관된 불확실성 평가에 대해서 우리는 우선 다음과 같은 물음을 제기한다.

"역사적으로 이 단백질이 식품으로 사용되면서 안전했는가? 또는 이러한 식품 구성성분과 실질적으로 유사한가?"

다른 식품원에서 유래한 단백질이나 식품원에서 유래한 단백질과 실질적으로 유사한 단백질과 연관된 과학적 쟁점들은 독성, 알레르기성, 그리고 식품을 통한 노출이다. 사람들은 음식을 통해 수천 종류의 단백질을 안전하게 섭취했다. 실제로, 진핵세포는 5천 개 또는 그 이상의 종류의 폴리펩티드(아미노산 다중 결합물)를 가지고 있다.

한 유전자에 하나 이상의 대립 유전자가 발생하는 유전적 다형성도 식품에 들어 있는 단백질의 다양성에 기여한다. 예를 들어, 베타-갈락토시다아제의 6개 대립 유전자가 널리 사용되는 옥수수의 39개 동종에서 확인되었다.[9] 또한 이러한 변이는 식품가공에 이용되는 미생물에서 유래한 효소에서도 나타날 수 있다.

근본적으로 똑같은 촉매활동을 하는 효소들도 DNA 염기서열, 단백질 구조, 그리고 기능적 특성 등에서 다를 수 있다.[10] 예를 들어, 서로 다른 유기체에서 온 알파-아밀라아제여도 온도, 수소이온농도(pH), 기질 친화력 등 최적 이용조건이 저마다 다를 수 있다.

일반적으로 안전하게 소화된다고 알려진 효소들, 그리고 그와 실질적으로 비슷한 (구조와 기능에서 작은 편차가 있는) 효소들은 안전에 대한 우려를 낳지 않을 것이다.[11] 예를 들어, 식량작물의 경우, 그 촉매 활동으로 제초제 저항성을 주는 효소를 암호화하는 유전자

---

9) D. B. Berkowitz, *Biotechnology* 8 (1990): 819.

10) M. Vihinen and P. Mantsala, *Crit. Rev. Biochem. Mot. Biol.* 24 (1989): 329.

11) "Strategies for Assessing the Safety of Foods Produced by Biotechnology" (Geneva: World Health Organization, 1991); *Report on Food Safety and Biotechnology* (Paris: Group of National Experts on Safety in Biotechnology, Organization for Economic Cooperation and Development, Paris, in press); M. W. Pariza and E. M. Foster, *J. Food Prot.* 46 (1983): 453.

를 식물이나 박테리아에서 분리하여 제초제 저항성을 향상하도록 특정부위에 돌연변이를 유발한다. 그런 다음 형질을 전환시키려는 숙주식물에 삽입해 제초제에 민감한 식물 효소의 생화학적 활동을 대체한다. 그러나 일부 효소는 안전 문제를 일으킬 수 있는 유독 물질을 (예를 들어, 청산글리코시드를 맹독성의 청산칼리로 바꾸는 효소) 생성한다.

앞에서 언급했듯이, 우리가 먹는 음식에는 다양한 단백질이 들어 있고, 우리는 역사적으로 안전하게 단백질을 섭취했다. 현재 소비되고 있거나 이미 식품에 들어 있는 단백질과 실질적으로 유사한 단백질들은 대개 특별한 안전문제를 일으키지 않는다. 예를 들어, 종자 저장 단백질은 한 식물종에서 다른 종으로 전이되어 영양가의 질을 향상할 수 있다. 그러나 일반적인 식품원에 공통으로 들어 있는 많은 단백질은 유독하거나 항영양인자로 알려져 있다(가령 생체반응을 조절하는 렉틴과 단백질 분해효소인 프로테아제 억제제가 그런 예이다). 식품가공과정에서 (물에 불리거나 열을 가하는 식의) 이러한 단백질의 독성 효과를 줄이거나 제거할 수 있으므로, 이러한 유독 물질을 포함한 많은 식품은 날로 먹으면 유해하지만 적절한 조리과정을 거치면 안전하다. 올바른 과학적 실행은 이러한 독성 단백질이 식품이나 동물사료의 새로운 식물 품종 구성요소로 도입하지 말 것을 지시한다.

많은 식품이 일부 개인에게 알레르기 반응을 유발한다. 일반적으로 알레르기 반응을 일으키는 식품에는 우유, 달걀, 생선, 갑각류, 연체동물, 견과류, 밀, 그리고 콩과 식물이 있다. 식품에 들어 있는 수천 가지 단백질 중 극히 일부만이 알레르기원으로 밝혀졌지만,

지금까지 알려진 모든 알레르기 원인물질, 즉 알레르기 유발물질은 단백질이다. 따라서 한 식품원에서 다른 식품원으로 단백질이 전이되는 것은 공여식물에서 숙주식물로 알레르기 유발특성이 전이되는 것을 뜻할 수 있다. 예를 들어, 땅콩의 알레르기 유발물질이 옥수수로 전이되는 것은 지금까지 땅콩에 알레르기를 일으키던 사람들이 새로운 여러 품종의 옥수수에 대해서도 알레르기를 일으키게 됨을 의미한다.

일부 식품의 경우, 알레르기의 원인이 되는 단백질이 밝혀졌다(가령, 밀에 포함된 단백질인 글루텐이 그 예이다). 이 경우 개발자들은 재조합 DNA와 같은 정확한 기법을 통해 알레르기 결정인자가 공여생물에서 새로운 품종으로 전이되었는지를 판단할 수 있다. 그러나 많은 식품에서 아직 알레르기의 원인이 되는 단백질이 밝혀지지 않았다. 이 경우에, 혈청검사처럼, 잘 설계된 시험관 실험으로 의심되는 알레르기 유발물질이 전이되지 않았거나 신품종에서 알레르기 원인물질이 아니라는 증거를 제공할 수 있을 것이다.

그 밖의 주제로는 식품 속에 들어 있는 새로운 단백질이 일부 집단에 알레르기를 일으킬 수 있는 잠재력을 갖는지에 관한 문제가 있다. 이 경우에는 새로운 단백질이 알레르기성을 유발할 것인지 평가하거나 예측할 실질적인 방법이 없다. 과거에 식품의 구성 성분이 아니었던 (또는 안전성을 비교할 근거가 될 식품의 대응물을 갖지 않는) 단백질 소비의 안전성 여부는 불확실할 수 있다. 이러한 새로운 단백질의 검사 수준은 이 단백질의 객관적 특성으로 제기된 안전성 우려의 정도와 상응되어야 한다.

일반적으로 재조합 DNA 기술로 식품에 도입된 단백질의 기능은 잘 알려져 있고, 이 단백질들이 척추동물에 해로운 영향을 준 사례는 알려져 있지 않다. 이처럼 충분히 확인된 단백질이 특이한 기능을 나타내지 않을 경우, 안전성 검사는 대체로 불필요할 것이다.

그러나 특정 단백질군이 척추동물에 해롭다는 사실이 알려졌다. 그중에는 박테리아와 동물의 독소, 적혈구 응집소, 효소 저해인자, 비타민 결합 단백질(아비딘), 비타민 파괴 단백질, 독성 화합물을 방출하는 효소, 그리고 셀레늄 함유 단백질 등이 있다.[12] 이러한 물질에 대해서는 검사만이 안전성을 확보할 수 있는 유일한 수단일 것이다.

탄수화물

탄수화물에 영향을 주는 개발은 흔히 식품에 포함된 전분(녹말)에 변형을 일으키는 것이다. 이것은 아밀로오스와 아밀로펙틴의 함량뿐 아니라 아밀로펙틴의 분지형성(*branching*)*에도 영향을 줄 것으로 예상된다. 이처럼 변형된 녹말은 그 기능이나 생리적 측면에서 일반 식품에 들어 있는 녹말과 같을 가능성이 높으며, 따라서 특별히 안전에 대한 우려를 낳지 않는다. 그러나 채소나 과일이 변형되어, 일반적으로는 낮은 농도로 생성되는, 소화되지 않는 탄수화물을 높은 농도로 만들거나 소화 가능한 탄수화물을 소화 불가능한 형

12) W. G. Jaffe, *Toxicants Occurring Naturally in Foods* (Washington, D. C.: National Academy of Sciences, 1973), pp. 10, 128.

* 〔역주〕 탄수화물 형성에 관여하는 분지효소가 아밀로펙틴을 합성하면서 분지구조를 형성한다.

태로 전환할 경우, 영양과 관련된 문제를 일으킬 수 있다.

지방과 기름

포화지방산과 불포화지방산 비율의 변화처럼 지방과 오일의 조성과 구조에서 발생하는 일부 변화는 영양 측면에서 중요한 영향을 주거나 소화능력에 큰 변화를 일으킬 수 있다. 이러한 변화는 식품의 새로운 조성을 표기하는 표시제를 정당화한다.

덧붙여 고리형 치환기를 가지는 지방산이나 일반적으로 식품에 함유된 지방이나 오일에 들어 있지 않은 기능을 가지는 지방산, 그리고 에루크산처럼 유독한 것으로 알려진 지방산보다 사슬의 길이가 긴 지방산이 있는 경우에도 안전 문제가 발생할 수 있다.

비임상적 안전검사

새로운 식물 품종에서 유래한 식품을 동물에게 먹이는 동물실험은 정기적으로 실시되지 않는다. 그러나 일부 경우에는 안전성을 확인하기 위한 검사가 필요할 수 있다. 예를 들어, 특이한 기능을 갖거나 식품의 새로운 보통량 성분이 될 물질은 검사가 필요할 정도로 큰 우려를 낳을 수 있다. 이런 검사에는 상황에 따라 신진대사, 독성이나 소화 능력에 대한 연구 등이 포함될 수 있다.

개발자들은 식품이 예상치 못한 심각한 독성물질을 높은 수준으로 포함하지 않는지 확인하기 위해 새로운 식물 품종에서 기인한 식품의 '건전성을 검사해야 할 수도 있다. 이러한 검사는 소비자에게 신기술로 개발된 식품이 이미 식료품점에 나와 있는 품종에서 기인한 식품만큼 안전하다는 것을 추가로 보증해 줄 수 있다. 그러나 복합적인 조성을 가진 모든 식품에 대해 동물실험을 하는 것은 단일 화학물질의 안전성을 평가하기 위해 설계된 전통적인 동물 독성실험과 연관되지 않은 문제들을 야기한다.

잠재적 독성물질은 모든 식품에서 낮은 농도로 발생할 가능성이 있다. 따라서 재래식 검사는 독성물질을 검출할 수 있을 만큼 충분히 민감하지 않을 수 있다. 민감도를 높이고 (예를 들어, 안전성 계수를 100배로 높이는 방식으로) 전통적 안전성의 한도를 설정하기 위해 실험동물에게 섭취시키는 전체 식품의 양을 늘리려는 노력이 항상 가능하지 않을 수 있다. 시험을 계획할 때에는 시험 프로토콜에 신중히 주의를 기울여야 하고, 영양 균형 및 민감성과 같은 문제를 고려해야 할 것이다.

새로운 식물 품종에서 유래한 식품의 안전성을 확보하기 위한 FDA의 과학기반 접근방식은 식품의 객관적 특성들에 대한 안전성 평가에 초점을 맞춘다. 새로 도입된 모든 물질과 의도치 않게 증가돼 허용 기준을 넘은 독성물질, 그리고 유전자 변형으로 인해 발생한 주요 영양분 변화 등이 평가의 대상이다. 그동안 식품으로 안전하게 이용된 이력을 가진 물질 그리고 이러한 물질과 실질적으로 비슷한 물질은 대개 포괄적인 시판 전 안전성 검사가 필요 없다. 안전성에 대해 우려를 낳는 물질들은 반드시 철저한 검사를 거쳐야 한다. 이러한 접근방식은 과학적인 동시에 법률적으로 적법하고, 혁신을 가로막지 않으면서 공중보건을 충분히 지키기에 적합해야 한다.

제13장

유전공학식품과 작물의 위해•

왜 전 세계적 일시중지가 필요한가?

로니 커민스*

몬산토, 노바티스와 같은 초국적 기업들이 사용하는 유전공학 기술은 살아 있는 생물체의 — 식물, 동물, 인간, 미생물 등 — 유전자 청사진을 변화시키거나 교란시켜 특허를 얻고, 그 결과로 탄생한 유전자 식품과 종자, 그리고 그 밖의 산물을 이윤을 목적으로 판매하는 행위이다. 생명과학 기업들은 자사 신제품이 농업을 지속가능하게 하고, 전 세계에서 기아를 몰아내며, 질병을 치료하고, 공중보건을 크게 향상시킬 것이라고 과장한다. 그러나 실제로 사업 관행과 정치 로비를 통해 유전공학자들은 자신들의 의도가 유전공학

• 이 글은 저자의 허락을 얻어 재수록하였다.

* 〔역주〕 Ronnie Cummins. 유기농소비자 연합(Organic Consumers Association) 회장으로, 공저로 *Genetically-Engineered Foods: A Self-Defense Guide for Consumers*가 있다.

으로 전 세계의 종자, 식량, 섬유, 의약품 시장을 지배하고 독점하려는 것임을 분명히 했다.

유전공학은 아직도 개발 초기의 실험단계에 있는, 혁명적으로 새로운 기술이다. 이 기술은 종(種) 사이에서뿐 아니라 인간과 동물, 그리고 식물 사이의 궁극적인 유전적 장벽을 파괴하는 힘을 가지고 있다. 서로 유연관계가 없는 종들의 유전자를 임의로 삽입하고 — 벡터나 표지 유전자 또는 프로모터로 바이러스, 항생물질 저항성 유전자, 그리고 박테리아를 사용하면서 — 그 유전자 암호를 항구적으로 변화시켜 탄생한 유전자변형 생물체는 이러한 유전자 변화를 자손에게 전달하게 된다.

현재 전 세계의 유전공학자들은 유전물질을 절단, 삽입, 재조합, 재배열, 편집 및 프로그래밍 하고 있다. 동물 유전자, 심지어는 사람의 유전자까지 식물과 물고기, 그리고 동물의 염색체에 임의로 삽입하여 지금까지 상상도 할 수 없었던, 형질전환 생물형을 창조했다. 초국적 생명공학 회사들은 역사상 최초로 생명의 설계자이자 '소유자'가 되고 있는 것이다.

규제, 표시제에 대한 요구나 과학적 규약이 거의 또는 전혀 없는 상황에서, 생명공학자들은 수백 종류의 새로운 GE '프랑켄푸드'(*frankenfood*)* 와 작물을 만들었다. 그들에게 사람이나 환경에 미치는 위해 또는 전 세계 수십억에 달하는 농부와 시골 사람들에게 미치는 부정적인 사회경제적 영향은 안중에도 없다. 현재의 유전자접

* 〔역주〕 유전자 변형식품에 반대하는 영국을 비롯한 유럽의 활동가들이 '프랑켄슈타인'과 '음식'을 합쳐 만든 조어이다.

합 기술은 조잡하고, 부정확하며, 결과 예측이 불가능하기 때문에 본질적으로 위험하다고 경고하는 과학자들의 수가 날로 증가하고 있음에도 불구하고, 미국이 주도하는 생명공학 규제기구들은 GE 식품과 작물이 재래식 식품과 '실질적으로 동등'하며, 따라서 의무 표시제나 시판 전 안전성 검사는 전혀 필요하지 않다고 주장한다. 프랑켄푸드의 멋진 신세계는 경악스럽다.

현재 미국에서 판매되거나 재배 중인 유전공학 식품이나 작물의 종류는 40개 이상이다. 이 식품과 작물은 먹이사슬과 환경 속으로 광범위하게 퍼져 나갔다. 현재 미국에서 7천만 에이커의 면적에 GE 작물이 재배되고 있으며, 50만에 달하는 젖소들에 몬산토의 재조합 소 성장호르몬이 주기적으로 주사되고 있다. 대부분의 슈퍼마켓이 GE 원료 포함에 대한 검사결과 '양성' 판정을 받은 식품 항목들을 판매하고 있다. 게다가 20여 종 이상의 GE 작물들이 최종 개발단계에 있으며, 곧 환경에 방출되고 시장에서 판매될 예정이다. 생명공학 기업들에 따르면, 앞으로 5~10년 이내에 미국의 식품과 섬유의 거의 100%가 유전공학의 산물이 될 것이라고 한다. 이처럼 표시되지 않은 유전공학식품과 식품 구성요소의 '숨겨진 메뉴'에는 콩, 콩기름, 옥수수, 감자, 호박, 카놀라 기름, 목화씨 기름, 파파야, 토마토, 그리고 그 밖의 낙농제품들이 포함된다.

식품과 섬유제품의 유전공학은 사람, 동물, 환경, 그리고 지속가능한 유기 농업의 미래에 대해 본질적으로 예측 불가능하며 위험하다. 영국의 분자과학자인 안토니오우(Michael Antoniou)가 지적했듯이, 유전자 접합은 이미 '유전자 변형된 박테리아, 효모, 식물, 그리고 동물에서 … 예측 불가능한 독성물질을 생성하고 있고, 그 문제는 건강상의 심각한 위해가 발생할 때까지 밝혀지지 않은 채 계속될' 것이다.

GE 식품과 작물의 위해(危害)는 기본적으로 인체에 미치는 위해, 환경 위해, 그리고 사회경제적 위해의 3개 범주로 나누어진다. 이미 입증되었고 발생가능성이 높은 GE 산물의 위해를 간략히 개괄하면, 왜 우리가 전 세계적으로 모든 GE 식품과 작물에 대해 일시중지를 선언해야 하는지 확실한 논증을 제시할 수 있을 것이다.

독성과 해독

유전공학의 산물이 사람의 건강에 해롭거나 건강을 위협할 가능성은 명백하다. 1989년에 FDA가 전 제품 회수 결정을 내리기까지 유전공학식품 보조제인 'L-트립토판' 때문에 37명의 미국인이 사망했고, 5천 명 이상이 고통스럽고 치명적일 수 있는 혈액 질환인 EMS에 시달리거나 영구히 불구가 되었다. 제조사는 일본에서 세 번째로 큰 화학기업인 쇼와덴코(Showa Denko)사로, 1988~1989년에 처음으로 GE 박테리아를 이용하여 장외거래* 식품 보조제를 생산했다. 그 원인은 DNA 재조합 과정에서 발생했을 박테리아 오염 때문으로 생각된다. 쇼와덴코 사는 이미 EMS 피해자들에게 20억 달러의 보상금을 지급했다.

1999년에 영국 신문의 1면 머리기사들은 로웨트 연구소(Rowett

* 〔역주〕 의사 처방 없이 판매할 수 있는 약품과 상품.

Institute) 소속의 푸스타이(Arpad Pusztai) 박사의 놀라운 연구결과를 보도했다. 그는 스노드롭과 일반적으로 사용하는 바이러스 프로모터인 콜리플라워 모자이크 바이러스(CaMv)에서 추출한 DNA로 접합된 GE 감자가 보통 감자에서 나타나는 화학적 조성과 크게 다르며, 실험실에서 GE 감자를 먹은 쥐의 면역체계에 치명적인 손상이 일어났다고 말했다. 무엇보다 가장 심각한 것은 쥐의 위장 안벽에 나타난 손상이 — 명백하게 심각한 바이러스 감염 — 모자이크 바이러스 프로모터에 의해 일어났을 가능성이 가장 높다는 사실이다. 이 프로모터는 거의 모든 GE 식품과 작물에 접합되어 있다.

안타깝게도 푸스타이 박사의 개척적인 연구는 미완으로 남아 있다(정부의 연구비 지원이 중단되었고, 언론에 연구결과를 발표한 직후 해고되었다). 그러나 전 세계에서 점점 많은 수의 과학자들이 유전자 변형이 독을 생성하는 유전자를 작동시켜, 전혀 예상하지 못한 방식으로 식품에 천연식물 독성수준을 증가시킬 (또는 완전히 새로운 독성물질을 만들어낼) 수 있다는 사실을 경고한다. 그리고 현재 규제 당국이 푸스타이 박사가 했던 종류의 철저한 화학시험이나 동물시험을 요구하지 않고 있으므로 소비자들은 자신도 모르는 사이에 방대한 유전실험용 쥐가 되고 있는 셈이다. 푸스타이 박사는 이렇게 경고한다.

"표적에 화살을 쏜 윌리엄 텔을 상기하라. 눈가리개를 하고 화살을 쏘는 것, 그것이 유전공학자들이 하고 있는 유전자 삽입의 실상이다."

증가하는 암의 위험

성장호르몬을 주사한 소에서 얻은 우유와 낙농제품에서 잠재적인 화학 호르몬, 인슐린-유사 성장인자* 수준이 급격히 증가하여(400~500% 또는 그 이상) 사람에게 유방암, 전립선암, 대장암 등의 심각한 위험을 초래할 수 있다는 과학자들의 경고에도 불구하고, 1994년에 FDA는 몬산토의 GE 재조합 소 성장호르몬의 — 젖소에게 주사해 더 많은 우유를 생산하게 만드는 호르몬 — 판매를 허용했다.

많은 연구결과가 인체에 성장인자 농도가 높아지면 암에 걸릴 가능성이 크게 높아진다는 것을 보여 주었다. 미국 의회 산하의 감시기구인 국가책임처는 rBGH를 주사한 젖소의 우유에 남아 있는 항생물질 잔류물이 (항생제 처치가 필요할 정도로 심한 유방 감염의 높은 비율로 인해) 공중보건에 용납하기 힘든 위험을 초래한다고 주장하면서 FDA에 rBGH를 승인하지 말 것을 촉구했다.

1998년에 당시까지 발표되지 않았던 몬산토/FDA의 문서가 캐나다 정부기관 소속 과학자에 의해 폭로되었다. 그 문서는 많은 양의 rBGH를 투여 받은 실험실 쥐들에게 나타난 심각한 손상을 보여 주었다. rBGH가 쥐의 전립선뿐 아니라 갑상선 낭포에까지 침투했다는 사실은 이 약으로 인해 암이 발생할 수 있음을 시사한 것이다.

그 후 캐나다 정부는 1999년 초에 rBGH의 사용을 금지했다. EU

---

* 〔역주〕 체내에서 정상적으로 만들어지는 중요한 성장발달 호르몬으로 신체에 필수적이지만, 그 농도가 암 발생과 연관성을 가지는 것으로 알려졌다.

는 1994년 이후 rBGH 사용을 금지했다. 미국은 전체 젖소 4~5%에 계속 rBGH를 주사하고 있지만, 다른 어떤 선진국도 그 사용을 합법적으로 인정하지 않았다. 심지어는 UN의 식품 표준기구인 국제식품규격위원회도 rBGH의 안전성 확인을 거부했다.

식품 알레르기

1995년에 네브래스카 주의 연구자들이 브라질 견과에 접합된 견과 유전자가 브라질 견과에 민감한 사람들에게 치명적일 수 있는 알레르기를 유발한다는 사실을 알게 되면서, 주요 GE 식품 재해를 좁은 범위로 막을 수 있게 되었다. 브라질의 견과 접합 콩에 대한 동물실험결과는 음성으로 판명되었다. 가벼운 불쾌감에서 돌연사에 이르기까지 다양한 증상을 수반하는 식품 알레르기가 있는 사람들은 (현재 전체 미국 어린이의 8%가 알레르기로 고통받고 있다) 일반적인 식품에 접합된 이종 단백질에 노출될 경우 위해를 입을 수 있다. 인류는 현재 식품에 유전자 접합된 이종 단백질 대다수를 한 번도 먹은 적이 없기 때문에 미래에 벌어질 수 있는 공중보건의 재앙을 예방하기 위해서는 엄격한 시판 전 안전성 검사가 (장기적인 동물 식이 실험과 자원자를 대상으로 한 식이 연구를 포함해서) 반드시 필요하다. 의무표시제도 식품 알레르기로 고통받는 사람들이 위험한 GE 식품을 선택하지 않도록 하고, GE로 인한 식품 알레르기가 발생했을 때 공중보건 관계자들이 알레르기 원인물질을 추적할 수 있도록 한다는 점에서 필수적이다.

그런데 안타깝게도, FDA와 여타 전 세계의 규제 기관은 새로운 알레르기원이나 독성 또는 우리가 이미 알고 있는 알레르기원이나 독성의 증가된 수준을 확인하기 위해 시판 전에 동물과 인체 연구를 정기적으로 요구하지 않고 있다. 영국의 과학자 매완 호 박사는 이렇게 지적한다.

> GE 식품이 알레르기를 일으킬 가능성이 있는지 예측할 수 있는 방법은 지금까지 알려지지 않았다. 일반적으로 알레르기 반응은 피실험자가 알레르기 원인물질에 처음 노출돼 민감해진 후의 어느 시점에서만 나타난다.

식품 품질과 영양의 손상

1999년에 〈저널 오브 메디컬 푸드〉(*Journal of Medicinal Food*)에 실린 마크 래프 박사의 연구는 심장질환과 암을 억제한다고 알려진 이로운 피토에스트로겐(*phytoestrogen*) 화합물 농도가 재래종에 비해 유전자 변형 콩에서 낮게 나타난다는 사실을 발견했다. 푸스타이 박사의 연구를 비롯한 여러 연구결과는 유전자 변형식품에서 품질과 영양가의 저하가 나타날 가능성이 있음을 시사했다. 예를 들어, rBGH를 주입한 젖소에게 얻은 우유에는 고름, 박테리아, 그리고 지방이 많이 들어 있다.

항생제 저항성

유전공학자들은 식물이나 미생물에 외래 유전자를 접합할 때, 흔히 항생제 저항성 표지 유전자(Antibiotic Resistance Marker gene: ARM)라 불리는 다른 유전자에 연결한다. 그것은 첫 번째 유전자가 숙주생물에 성공적으로 접합되었는지 판단하는 데 도움을 준다. 그런데 일부 연구자들은 이 ARM 유전자가 GE 식품을 섭취하는 동물이나 사람의 장 또는 주변 환경의 질병 유발 박테리아 또는 미생물에 재조합할 가능성에 대해 우려한다. 그들은 그로 인해 살모넬라, 대장균, 캄필로박터,* 장구균 등의 새로운 계통처럼 재래식 항생제로는 치료할 수 없는 질병에 대한 항생제 저항성을 높여 공중보건을 위협하는 예상치 못한 결과를 낳을 수 있다고 경고한다.

토양과 작물의 살충제 잔류물 증가

생명공학 기업들의 선전과는 반대로, 최근 연구에 의하면 GE 작물을 재배하는 미국 농부들이 전통적 방법을 사용하는 농부들만큼이나 많은 독성 제초제와 살충제를 사용하며 일부는 사용량이 더 많다는 사실이 밝혀졌다. 제초제 내성을 가지는 유전자변형 작물은 1998년에 전체 GE 작물의 70%에 달했다. 이른바 제초제 내성 작물의 장

* 〔역주〕 설사병의 대표적 원인균으로 오염된 식품을 섭취하면 평균 2~5일의 잠복기를 거친 후 설사, 복통, 발열 등을 일으킨다.

점은 농부가 자신이 경작하는 작물에 특정 제초제를 마음대로 뿌려도 작물에는 손상을 주지 않고 잡초만 없앨 수 있다는 점이다. 과학자들은 제초제 내성작물이 전 세계로 확산됨에 따라 농업에 사용되는 광역 제초제 총량이 3배로 늘어날 것으로 추정하고 있다.

'광역 제초제'란 말 그대로 녹색 식물은 모두 죽도록 만들어졌다. 오늘날 생명공학의 선두 주자인 몬산토, 듀퐁, 아그레보, 노바티스, 롱 프랑(Rhone-Poulenc)과 같은 거대 기업들은 모두 유독성 제초제를 판매하고 있다. 이 기업들은 유전공학으로 식물들이 자사 제품인 제초제에 내성을 갖게 하기 때문에, 잡초를 죽이기 위해 작물에 더 많은 유독성 제초제를 뿌리는 농부들에게 더 많은 제초제를 판매할 수 있는 셈이다.

유전자 오염

'유전자 오염'(*genetic pollution*) 그리고 GE 작물로 인한 2차적 손상은 이미 환경의 황폐화를 가져오기 시작했다. 수분을 도와주는 바람, 비, 새, 벌, 곤충 등은 이미 유전적으로 변형된 꽃가루를 인근 들판으로 옮기기 시작했다. 그 결과, 유기농과 비유전자 변형 농부들의 작물 DNA까지 오염되고 있다. 텍사스의 한 유기농장은 가까운 농장에 심어진 GE 작물에서 기인한 유전적 부동(*genetic drift*)* 으로 오염되었다.

* 〔역주〕 한 개체군에서 유전자의 질적·양적 빈도가 무작위적 요인에 의해

EU 규제 당국은 비유전자 변형식품의 유전자 오염의 '허용 기준'을 설정하는 문제를 고려하고 있다. 그 이유는 당국이 유전자 오염의 통제가능성을 믿지 않기 때문이다. 오염된 유전자는 살아 있고, 유전자가 변화된 작물은 본질적으로 화학적 오염물질보다 훨씬 더 예측할 수 없다 — 그것들은 재생산, 이동, 돌연변이가 가능하다. 일반 환경으로 방출되면 유전공학으로 만들어진 생물체를 다시 실험실이나 재배지로 되돌리기는 사실상 불가능하다.

익충과 토양 비옥도에 미치는 손상

올해 초에 코넬대학의 연구자들은 놀라운 발견을 했다. 그들은 유전자 변형 Bt콘의 꽃가루가 '모나크 나비'에 해를 미친다는 사실을 발견했다. 이 연구는 GE 작물이 많은 익충(益蟲)에 나쁜 영향을 준다는, 날로 늘어나는 증거들에 또 하나의 근거를 더해 주었다. 그 영향은 무당벌레, 풀잠자리뿐 아니라 이로운 토양 미생물과 벌 그리고 새에도 영향을 미치는 것으로 알려졌다.

변화되는 것을 의미한다.

GE '슈퍼 잡초'와 '슈퍼 해충'의 탄생

제초제 내성을 갖거나 스스로 살충제를 분비하는 유전자변형 작물은 위험한 문제를 야기한다. 그 결과, 불가피하게 살충제와 제초제에 내성을 가진 해충과 잡초가 출현할 수밖에 없다는 것이다. 이것은 해충을 구제하기 위해 더욱 강력하고 독성이 강한 화학물질이 필요하게 된다는 뜻이다. 카놀라와 같은 GE 제초제 내성 작물이 제초제 내성의 특성을 야생 겨자와 같은 근연종 잡초에 확산한다. 따라서 우리는 이미 최초의 슈퍼 잡초의 출현을 목격했다.

실험실과 현장실험 결과는 GE 작물로부터 일정한 압력을 받으며 살고 있는 목화씨벌레*처럼 평범한 해충도 Bt 제초제와 환경적으로 지속가능한 여타의 농약에 완전히 면역력을 갖춘 슈퍼 해충으로 진화할 것임을 보여 준다. 이 현상은 유기농과 지속가능한 농업에 심각한 위험으로 다가올 것이다. 그들의 생물학적 해충방제로는 날로 늘어나는 슈퍼 잡초와 슈퍼 해충을 감당할 수 없기 때문이다.

신종 바이러스와 박테리아의 탄생

유전자 접합은 불가피하게 식물과 환경에 손상을 입히는 예상치 못한 결과와 위험한 영향을 초래한다. 미시간 주립대학에서 실험하는 연구자들은 수년 전에 바이러스에 저항성을 가지도록 유전자 변형

* 〔역주〕 면화에 해를 주는 곤충.

된 식물이 그 바이러스에 새롭고 더욱 해로운 종류의 돌연변이를 유발할 수 있다는 사실을 발견했다. 오리건주의 과학자들은 유전자 변형된 토양 미생물인 클렙시엘라 플란티콜라(*klebsiella planticola*)가 필수 토양 영양분을 완전히 없앤다는 사실을 밝혀냈다. 환경보호국의 내부 고발자들도 1997년에 리조비움 멜리톨리(*rhizobium melitoli*)라는 GE 토양 박테리아에 대한 정부 승인에 반대하면서 비슷한 경고를 했다.

유전적 '생물 침해'

일부 유전자변형 식물과 동물은, 그 '우월한' 유전자로, 북아메리카에서 문제를 일으켰던 칡덩굴이나 네덜란드 느릅나무병*과 같은 외래종과 비슷한 방식으로 행패를 부리며 야생종을 압도할 것이다. 과학자들이 야생종에 비해 크기가 2배나 되고 먹이도 2배로 먹는 잉어, 연어, 송어를 환경에 풀어준다면 야생 물고기와 해양종에 어떤 일이 일어나겠는가?

---

* 〔역주〕 세균성 느릅나무 마름병으로 북아메리카 동부 지역 산림과 그 인접 지역에 큰 피해를 줬다. 이 병은 1930년대에 클리블랜드 주에서 시작하여 1960년대까지 미국의 가장 흔한 활엽수였던 느릅나무를 사라지게 했다.

사회경제적 위해

유전자 변형식품의 특허와 확산되는 생명공학식품 생산은 지난 1만 2천 년 동안 이루어진 농업의 뿌리를 송두리째 뽑아버릴 위협을 가하고 있다. 터미네이터 기술과 같은 GE 특허는 종자를 불임으로 만들어, 씨앗을 저장해 공유해온 수억 명의 농부들에게 소수 생명공학/종자 기업들로부터 값비싼 GE 종자와 화학비료를 더 많이 구입하도록 만든다.

이런 추세가 계속된다면 얼마 지나지 않아 형질전환 식물과 식품-생산 동물에 대한 특허는 총괄적인 '생물 농노화'(*bioserfdom*)*로 귀결하여, 농부들이 몬산토와 같은 거대 생명공학 복합기업에서 식물과 동물을 임대하고, 종자와 소출에 대한 사용료를 지급하는 지경에 다다르게 될 것이다. 그렇게 되면 토착 농부와 그 가족들은 땅에서 쫓겨나고, 소비자들의 식품 선택은 초국적 기업 카르텔의 지시를 받게 될 것이다. 농촌 공동체는 황폐화되고, 수억 명의 농부와 농업 노동자들이 생계수단을 잃게 될 것이다.

---

* 〔역주〕 생명공학의 발달이 초국적 생명공학 기업들의 농업 지배력을 강화하는 결과만 초래해, 이미 녹색혁명을 통해 농업과정에 대한 통제력을 상당 부분 잃게 된 농민들이 완전히 통제력을 상실해 생물 농노의 지위로 전락하게 되는 상황을 뜻한다.

윤리적 위해

동물에 대한 유전자 변형과 특허는 생물의 지위를 제조된 상품으로 격하시키고, 동물에게 큰 고통을 줄 것이다. 1994년 1월, 미국 농무부는 과학자들이 소와 돼지에 대한 유전자 '로드 맵'을 완성했다고 발표했다. 이것은 살아 있는 동물에 대한 보다 폭넓은 실험의 예고였다. 이러한 실험은 그 속성상 잔인할(이 과정에서 빚어지는 '실수'는 고통스러운 기형, 불구, 시각장애 등으로 귀결한다) 뿐만 아니라, 이렇게 '제조된' 생물들은 그 '창조자'들에게 기계적 발명품 정도의 가치밖에 없다. 후속 세대에 이어질 사람의 암 유발 유전자를 가지고 있던 악명 높은 '하버드 쥐'* 의 경우처럼, 실험실에서 사용할 목적으로 유전자 변형된 동물들은 태어나면서부터 고통에 시달렸다.

완전히 환원주의적인 과학인 생명공학은 모든 생물을 마음대로 배열하고, 재배열이 가능한 몇 조각의 정보로(유전암호) 환원시킨다. 그 온전성과 신성불가침한 본성이 벗겨진 동물들은 그 '발명자'들에게 단지 대상으로 간주될 뿐이다. 최근 수백에 달하는 유전공학 '기형' 동물들이 연방정부의 특허 승인을 기다리고 있다. 우리는 이런 의문을 품게 된다. 동물에 대한 총체적인 유전자 변형과 특허 다음, 과연 그다음 차례는 유전공학으로 '설계된 아기'가 될 것인가?

---

* 〔역주〕 하버드대학의 필립 레더(Philip Leder)가 이끄는 연구진은 암 연구를 위해 일부러 유방암에 잘 걸리는 쥐를 만들었다. 이것이 온코 마우스이다. 대학 측은 이 쥐에 특허를 신청했고, 암을 일으키기 쉽도록 의도적으로 조작된 모든 쥐를 대상으로 이른바 포괄적인 특허를 신청했다. 이후 이 쥐들은 '하버드 쥐'라고 불리게 되었다.

제14장

유전자 변형식품의 표시제는 왜 필요한가?•

진 핼로런 · 마이클 한센*

개괄

식품은 소비자들이 구매하는 다른 상품과는 다르다. 식품은 문자 그대로 우리가 몸속으로 섭취하는 것이며, 건강과 생명을 유지하기 위해 매일같이 필요하고, 우리 문화 및 전통과 긴밀하게 연관된다. 그 때문에 우리는 식품에 많은 관심을 가진다. 그러므로 소비자들은 자신들이 먹고 있는 것이 무엇이고 안전한지에 대해 알 근본적인

- 국제소비자기구의 허락으로 재수록하였다.

* 〔역주〕 Jean Halloran, 미국 소비자 연맹 산하조직인 식품정책 이니셔티브(Food Policy Initiatives) 소장을 맡고 있다.
Michael Hansen. 1982년부터 소비자 정책연구소 소장을 맡고 있다.
두 사람은 공동으로 미국의 GMOs 공급의 문제점을 국제적으로 비판했다.

권리가 있다. 대부분의 선진국은 이러한 관점을 반영하는 법률을 채택하고, 그 성분(브로콜리, 쇠고기 등), 처리과정〔냉동, 균질화, 방사선 조사(照射) 등〕, 동일성 기준 적합성(예를 들어, 땅콩버터는 반드시 땅콩으로 만들어져야 한다), 그리고 첨가물(아황산염, 방부제 등) 등을 밝히는 표시제를 요구한다. 일부 국가들은 지방, 단백질, 탄수화물과 비타민의 함량까지 표시할 것을 요구한다.

이 모든 표시제는 소비자들의 알 권리에 기여하며, 그밖에도 유해한 살충제 잔류물과 첨가물, 그리고 질병 유발 박테리아 등으로부터 식품의 안전성을 보증하기 위한 국가 프로그램의 기초가 되고 있다.

소비자들은 맛이나 선호, 그리고 여러 가지 건강 관련 이유로 자신들이 먹고 있는 것에 대해 알기를 원한다. 사람들은 심장질환을 예방하기 위해서 생선을 먹기를 원할 수 있지만, 바다에서 특정 종이 고갈되는 문제를 우려하거나 수은 중독을 걱정해 생선을 기피할 수도 있다.

사람들은 마라톤 훈련을 위해서나 체중을 줄이려는 목적으로 탄수화물을 멀리할 수 있다. 소비자들은 칼륨을 섭취하기 위해 바나나를 먹을 수 있으며, 바나나를 한 입만 먹어도 과민증 충격을 일으키기 때문에 바나나를 멀리하는 사람도 있다(일부 사람들에게 이 과민증이 식품 알레르기를 일으킨다).

보디빌딩을 하는 사람들은 붉은 고기를 좋아할 수 있지만, 채식주의자들은 고기를 피할 것이다. 그리고 이슬람교도들은 돼지고기는 멀리하지만 양고기는 먹는다.

어떤 어머니는 천연 음료라서 아이들이 사과주스를 먹기를 바라지만, 다른 어머니는 아이가 위통을 일으킬 수 있으므로 사과주스를 먹이는 것을 피한다. 매일같이 전 세계의 수백만 소비자가 수없이 많은 식품 표시를 읽고 자신과 가족들을 위해 이와 비슷한 결정을 내린다.

또한 소비자들은 해당 식품이 유전공학의 산물인지 아닌지 알 권리가 있다. 이 경우에도, 그 이유가 기호나 선호에서 기인할 수 있고, 중요한 건강상의 이유일 수도 있다.

일부 식품 생산자는 유전공학식품이 본질적으로 전통적인 방식으로 만들어진 식품과 동일하다는 (이것을 흔히 '실질적 동등성'이라고 한다) 주장을 하곤 한다. 그러나 그것은 사실이 아니다.

일부 개인들은 중증 알레르기 반응에도 예기치 않은 가벼운 증상을 보일 수 있으며, 예상치 못한 해로운 영향을 줄 수 있다. 그리고 식품 영양가도 변화시킬 수 있다. 게다가 소비자들은 식품 선택에서 무척 다양한 종교적·윤리적·환경적 선호를 나타낼 수 있다. 따라서 포괄적 표시제가 아니면 이러한 선호 표현이 불가능하다.

EU 국가들은 이 점을 인식했고, 모든 유전자 변형식품의 표시제를 요구하는 규제를 도입했다. 유전자 변형 옥수수, 콩, 감자가 상업 재배되고 있는 미국의 경우, 여러 차례 반복된 여론조사결과는 소비자들이 압도적으로 표시제를 원하고 있다는 사실을 입증했다. 그러나 지금까지 미국 정부는 생산자들에게 표시제를 요구하는 데 실패했다.

1997년에 노바티스 사가 후원한 한 조사결과는 미국인의 90% 이상이 표시제를 원한다는 것을 보여 주었다(Feder, 1997). 대부분의 나라는 아직 이 문제를 고려하지 않고 있다. 이러한 식품들을 개발하는 화학-생명공학 대기업들 중에서 노바티스와 같은 일부 기업만 이 표시제를 지지하며, 몬산토를 비롯한 그 밖의 대규모 개발 업체들은 반대하고 있다.

WHO와 FAO 산하 위원회인 국제식품규격위원회(CAC)는 모든 나라에 유전공학식품 표시제 시행을 권고하는 가이드라인을 채택하는 문제를 검토했다. 이 가이드라인은 구속력은 없지만 종종 개발도상국에 의해 채택되며, 무역 분쟁을 해결하는 데 사용될 수 있다(어떤 나라가 이 기준을 채택하면, 다른 나라가 그 기준을 보호무역이라고 비난할 수 없다).* 국제소비자기구는 CAC에 모든 유전공학식품에 대한 완전 의무표시제를 권고할 것을 촉구했다. 이 논문은 그 이유에 해당하는 여덟 가지 근거를 논할 것이다.

유전자 변형식품은 다르다

딸기에 넙치의 유전자를 넣어 서리에 대한 저항성을 갖게 할 수 있다. 또한 항생제 내성을 주는 박테리아의 유전자나 추가된 다른 유전자의 '스위치를 켜는' 바이러스 유전자를 삽입하는 것도 가능하다. 정상적 조건에서, 딸기는 다른 딸기로부터만 — 즉, 같은 종이거나 근연종인 식물로부터만 — 유전물질을 얻을 수 있다. 그러나

* 〔역주〕 CAC가 1990년부터 유기농산물을 비롯한 유기식품의 생산, 가공, 저장, 운송, 판매 등에 대해 마련한 국제기준으로, 이는 우리나라를 포함한 170여 개 회원국에 식품관리지침으로 권장하는 기준이며 의무적인 강제력은 없다.

유전공학을 통해 과학자들은 원하기만 하면 딸기에 나무, 박테리아, 물고기, 돼지, 심지어는 사람의 유전물질까지 넣을 수 있다. 국제소비자기구는 해당 식품이 속한 생물종이 아닌 다른 종에서 온 유전자가 부가된 모든 식물이나 동물성 식품에 표시를 해서 소비자에게 그 사실을 알려야 한다고 주장한다.

일부 사람들, 즉 대부분의 과학자와 유전공학식품을 개발하는 기업 관계자들은 외래 유전자를 포함하는 딸기가 실제로는 다르지 않고, 국제식품규격위원회의 용어에 따르면, '실질적으로 동등'하기 때문에 표시가 필요하지 않다고 주장한다.

그러나 소비자들은 자신들의 조직과 규제기관에 대한 비평 및 여론조사를 통해, 이 딸기를 비롯한 그 밖의 모든 유전자 변형식품이 '실질적으로 동등'하지 않으며, 방사선에 쬐인 식품이나 첨가물이 포함된 식품과 마찬가지로 상당히 다르기 때문에, 반드시 표시해야 한다는 견해를 계속 표명했다. 표시제는 소비자들의 요구를 충족시키기 위해 만들어진 제도이기 때문에 소비자들의 견해는 존중되어야 한다.

유전자 변형식품은 해로운 영향을 줄 수 있다

유전공학이 심각한 잘못을 저지를 수 있다는 사실은 시장에 가장 처음 등장한 최초의 산물 중 하나에서 잘 나타난다. 트립토판이라는 아미노산(단백질을 만드는 구성단위)은 미국을 비롯한 여러 나라에서 식품 보조제로 판매되었다. 1980년대 말, 일본의 쇼와덴코 사는 유전자 변형된 박테리아를 이용하는 새로운 공정으로 트립토판을 제조해 미국에 판매했다.

그 후 몇 달 동안 이 보조제를 복용한 수천 명의 사람들이 EMS(호산구 증가 근육통 증후군)로 고통받았다. 이 증상에는 신경학적 문제까지 포함되었고, 최소한 1,500명이 영구 불구가 되었으며, 37명이 사망했다(Mayeno and Gleich, 1994).

의사들이 이 증상을 발견하면서, 그들은 점차 이 증후군이 쇼와덴코 사에서 제조한 트립토판을 먹은 환자들과 연관돼 있다는 사실을 알아차렸다. 그러나 문제의 제품이 시장에서 수거되기까지는 그 후로도 수개월이 걸렸다. 만약 '유전자 변형'이라는 사실이 표시되었다면, 문제의 원인을 훨씬 빨리 식별할 수 있었을 것이다.

쇼와덴코 사는 문제의 원인을 찾기 위해 미국 정부와 협력하기를 거부했다. 그러나 문제를 일으켰던 트립토판은 유전자 변형된 박테리아의 트립토판 산물이 증가하면서 나타난 부산물로 보이는 독성 오염물질을 포함하는 것으로 밝혀졌다(Mayeno and Gleich, 1994).

이외에도 유전공학은 여러 가지 방식으로 나쁜 영향을 초래하며 식품에 해로운 독성을 유발할 수 있다. 가령 토마토나 감자와 같은 일상적인 식물성 식품들 중 상당수는 잎에서 독성이 높은 화학물질을 생성한다. 이러한 식물을 원료로 사용하는 책임 있는 기업들은 모두 독성 수준의 변화를 점검할 것이다. 그러나 모든 기업이 그렇게 책임감이 높은 것은 아니다. 쇼와덴코 사의 사례가 잘 보여 주듯, 심각한 위해가 간과될 수 있다.

정부기관들이 예상치 못한 문제점들을 사전에 예방할 수 있으리라고 생각해서는 안 된다. 세계적으로 유전자 변형식품에 대한 시판 전 안전성 검사는 유럽의 경우처럼 상대적으로 철저한 곳도 있지만, 대다수의 나라들은 전혀 그렇지 않다. 미국의 경우, 시판 전 안전성 검사는 의무사항이 아니다.

미래에 많은 나라가 시판 전 안전성 검사를 전혀 하지 않은 채 유전자 변형식품을 개발할 것이라고 예상할 수 있다. 이 모든 상품에 표시제가 적용되지 않는다면, 식품에 독성을 일으키는 원인을 식별하기 어려울 것이다.

유전자 변형식품은 알레르기 반응을 일으킬 수 있다

미국에서 전 국민의 4분의 1이 일부 식품에 대해 부작용을 겪은 적이 있다고 답했다(Sloan and Powers, 1986). 연구결과는 2%의 성인과 8%의 아동이 면역 글로불린 E(IgE)에 의해 매개되는 진성 식품 알레르기를 가지고 있다는 것을 보여 주었다(Bock, 1987; Sampson et al., 1992).

면역 글로불린 E가 매개하는 알레르기에 반응하는 사람들은 특정 단백질에 대해 즉각적으로 반응을 일으킨다. 그 반응은 가려움증에서 치명적인 과민성 쇼크까지 다양하다. 가장 흔한 알레르기는 땅콩, 견과류, 그리고 조개 등에 대한 것이다.

유전공학은 사람들이 자신이 가지고 있다고 알고 있는 식품 알레르기를, 안전하다고 생각하는 다른 식품으로 전이할 수 있다. 1996년 3월, 미국 네브래스카대학의 연구자들은 브라질 견에 들어 있는 알레르기 원인물질이 콩으로 전이되었다는 사실을 확인했다. 파이

오니어 하이브레드 인터내셔널이라는 종자회사는 동물사료로 적합한 단백질 함유량을 향상시키기 위해 브라질 견과 유전자를 콩에 삽입했다. 시험관과 피부 단자실험* 결과, 유전자 변형된 콩이 브라질 견과에 대해 알레르기를 일으키는 사람들의 면역글로불린 E와 반응했다. 이 결과는 그 사람이 콩에 대해서 해롭거나 치명적일 수 있는 부작용을 일으켰을 것이라는 점을 시사한다(Nordlee et al., 1996).

이 사례는 해피엔딩으로 끝났다. 뉴욕대학 영양학 과장인 메리언 네슬은 저명한 학술지 〈뉴잉글랜드 저널 오브 메디신〉(*New England Journal of Medicine*)의 편집자 서문에서 그 상황을 이렇게 요약했다.

> 형질전환 콩의 특수 사례에서 공여생물종이 알레르기를 일으킨다는 것이 밝혀졌다. 공여생물종에 대해 알레르기를 일으키는 사람에게서 얻은 혈청 샘플을 구해, 검사를 할 수 있었기 때문에 문제의 상품은 시장에서 회수되었다(Nestle, 1996: 726).

그러나 사실상 모든 식품이 누군가에게 알레르기를 일으킨다. 단백질은 알레르기 반응을 일으키는 원인이며, 작물에 전이되는 모든 유전자는 단백질을 생성한다. 단백질은 땅콩, 조개, 낙농제품처럼 이미 알려진 알레르기 유발물질로부터만 식품으로 전이되는 것이 아니라, 아직 잠재적 알레르기성이 보통과 다르거나 알려지지 않은 모든 종류의 식물, 박테리아, 바이러스로부터도 전이될 것이다. 게

---

* 〔역주〕 알레르기 원인으로 추정되는 식품에서 추출한 단백질이나 환경 알레르기 원인물질을 팔에 묻혀 바늘로 검사하는 방법이다.

다가 특정 단백질에 대해 알레르기를 일으키는 사람의 혈청을 이용한 실험 외에는 특정 단백질이 알레르기 유발물질인지 판단할 확실한 방법도 없는 실정이다. 네슬은 이렇게 말한다.

> 다음번 사례는 이번처럼 이상적이지 않을 수 있습니다. 그리고 대중도 계속 운이 좋지는 않겠지요. 시판 전 신고와 표시제를 포함해 형질전환 식품에 대한 규제 정책을 개발하는 것은 모든 사람을 위한 최선의 방책입니다(Nestle, 1996: 727).

아직 확인되지 않은 특이한 알레르기 유발물질의 영향으로부터 소비자 건강을 보호하기 위해 모든 유전공학식품은 표시를 해야 한다. 그렇지 않으면 민감한 개인이 자신에게 문제를 일으키는 식품과 그렇지 않은 식품을 구분할 하등의 방도가 없을 것이다. 이러한 요구는 매우 급박하다. 왜냐하면 그로 인해 발생할 수 있는 결과 중 하나가 급사(急死)이며, 아이들이 위험에 가장 취약한 집단 중 하나이기 때문이다.

유전공학은 항생제 내성을 증가시킬 수 있다

이름만으로는 정밀한 분야라는 느낌이 들지만, 실제로 유전공학은 깔끔하지 못한 과정이며, 많은 시도가 실패로 끝난다. 전달될 유전자는 상당히 정확하게 특정할 수 있지만, 그것을 새로운 숙주생물에 삽입하는 과정은 매우 부정확할 수 있다. 대개 유전자는, 비유적으로 표현하면, 분자 산탄총과 비슷한 장치에 의해 이동된다. 과학자들은 작은 산탄에 유전물질을 감싸서 페트리 접시에 있는 수천 개의 세포들로 '발사'한다. 그런 다음, 이 세포들은 원하는 특성을 '취해' 발현하게 된다.

식물의 잎이 살충제를 분비하도록 만드는 능력과 같은 전이된 특성은 대개 바로 드러나지 않기 때문에, 일반적으로 과학자들은 새로운 식물에 원하는 유전자와 함께 '표지 유전자'를 삽입한다. 가장 흔히 사용되는 표지는 항생제 내성을 가지는 박테리아 유전자이다. 유전자 변형된 대부분의 식물성 식품은 이러한 유전자를 포함한다.

항생제 내성 표지 유전자의 폭넓은 사용은 항생제 저항성이라는 문제를 일으킬 수 있다. 그 유전자는 작물에서 환경 속에 있는 박테리아로 옮겨갈 수 있다. 그리고 박테리아는 즉시 항생제 내성 유전자를 교환하기 때문에, 이 유전자가 질병 유발 박테리아로 들어가면 그 박테리아 또한 저항성을 띠게 만들 수 있다.

심지어 항생제 저항성 유전자는 박테리아의 소화관에도 전이될 수 있다. 이런 예로는 암피실린(*ampicillin*) 저항성 유전자를 가지도록 유전자 변형된 노바티스의 Bt콘이 있다. 암피실린은 사람과 동물의 다양한 감염증을 치료하는 데 사용되는 귀중한 항생물질이다. 영국을 비롯한 많은 유럽 국가들은 노바티스 Bt콘 재배를 허용하지 않았다. 그 까닭은 암피실린 저항성 유전자가 옥수수에서 먹이사슬 속에 있는 박테리아로 전이하여 암피실린의 박테리아 감염증에 대한 효력을 떨어뜨리는 것을 우려했기 때문이다.

그러나 이미 시장에는 항생제 저항성 표지 유전자를 가지는 식물을 이용한 식품들이 출하되어 있다. 표시가 없기 때문에, 소비자들은 그 식품들을 사지 않는 선택을 할 수 없다.

유전공학은 영양가를 바꿀 수 있다

유전공학은 식품의 영양가를 긍정적인 방향으로 변화시킬 수 있다. 예를 들어, 카놀라 기름은 다른 지방산을 가지도록 유전자 변형되었고, 그 결과 사람의 대동맥에 쌓이는 경향이 있는 지방 분자를 덜 포함하게 되었다. 과학자들은 일부 식품의 비타민 C 함유량을 늘리기 위한 연구도 하고 있다. 그러나 일부 유전공학의 예상치 못한 부작용으로 영양 성분이 감소할 수 있다. 표시제는 소비자들에게 적절한 정보를 제공하기 위해 반드시 필요하다.

유전자 변형식품은 환경위험을 야기할 수 있다

가장 잘 알려진 유전자변형 작물은 제초제 내성, 해충 저항성, 그리고 바이러스 저항성 작물로, 전 세계에서 재배되는 형질전환 작물의 99%에 달한다(James, 1997). 이는 저마다 환경위험을 일으킨다.

제초제 내성 작물은 제초제를 뿌려 해당 작물은 죽이지 않으면서 나머지 잡초들은 모두 없앨 수 있는 종이다. 이 품종은 농부들에게 더 많은 제초제를 사용하도록 부추긴다. 그리고 그 결과 지하수가 빈번하게 오염되고, 그밖에도 다양한 형태의 생태적 손상이 일어날 수 있다.

해충 저항성 작물은 거의 모두 박테리아인 Bt를 포함한다. 이 박테리아는 식물이 잎과 열매를 비롯한 전 부분에서 내독소*를 생성하게 한다. Bt콘, 면화, 감자, 쌀은 전 세계의 여러 지역에서 재배되고 있다.

Bt 작물은 화학살충제 사용을 줄이기 때문에 얼핏 보기에는 생태적으로 바람직한 것처럼 생각되지만, 실제로는 심각한 결점이 있다. 지속적으로 Bt 내독소를 생산하는 작물들은 그 곡식을 먹고사는 해충들 사이에서 Bt 내독소에 대한 저항성을 빠른 속도로 확산시킨다.

최근 미국 일리노이대학의 한 과학자가 개발한 컴퓨터 모형은, 만약 미국의 모든 농부가 Bt콘을 재배한다면 불과 1년 내에 저항성이 나타날 것이라고 예견했다! 미국 노스캐롤라이나대학의 과학자들은 이미 옥수수를 먹고사는 나방의 야생 개체군에서 Bt 저항성 유전자를 발견했다(Gloud et al., 1997).

Bt 박테리아가 만들어내는 Bt 내독소는 상대적으로 해가 적은 천연 살충제이기 때문에 유기농에서 많이 사용된다. 또한 독성이 많은 화학물질의 사용을 최소화하기 위해 해충종합방제를 사용하는 전통적인 농부들도 폭넓게 사용하고 있다. 과학자들은 수년 내에 Bt 작물이 널리 재배될 것이기 때문에 그 효용성이 훨씬 줄어들 것이라고 예측하고 있다.

또한 Bt 작물은 익충에도 해를 입힐 수 있다. 예를 들어, 스위스 연방 농업생태 및 농업연구소 연구자들은 Bt콘을 먹고 자란 나방 유충을 먹은 녹색 풀잠자리가 60% 이상의 사망률을 나타낸다는 사실을 발견했다.

바이러스 저항성 작물은 거의 모두 자연적으로 식물에 감염되어

* 〔역주〕 박테리아가 죽거나 파괴될 때 생기는 미생물 세포벽에 포함된 독소.

새로운 유전자 조합을 만들어내는 다른 바이러스에서 온 유전자들과 혼합된다. 그중 일부는 더 치명적인 새로운 바이러스를 발생시킬 수 있다. 미국과 캐나다 과학자들의 연구결과는 야생 바이러스가 지금까지 우려했던 것보다 훨씬 빠른 속도로 유전공학 작물의 유전자를 가로챌 수 있다는 사실을 입증했다. 이것은 매우 심각한 우려로, 미국 농무부는 1997년에 바이러스 저항성 작물 사용으로 인한 새로운 유해 식물 바이러스가 탄생할 위험을 줄이기 위한 규제책을 논의하기 위한 회의를 개최했을 정도다(Kleiner, 1997).

또 하나의 문제점은 '유전자 오염'이다. 제초제 저항성 유전자가 작물의 야생근연종인 잡초에 전이된다면, 제초제 내성을 가진 슈퍼잡초의 새로운 세대가 탄생할 수 있다. 실제로 노르웨이(Jorgensen and Andersen, 1995)와 미국(Hileman, 1995)의 연구자들은 제초제 저항성 유전자가 재배종인 카놀라에서 야생 유채와 같은 인근 평야의 근연종으로 이미 전이되었다는 사실을 입증했다.

만약 Bt 내독소를 생성하는 유전자가 야생식물로 전이된다면, 이 식물들은 Bt 작물처럼 나비, 나방, 딱정벌레 등의 해충에 대해 저항성을 갖게 될 것이다. 그렇게 되면 야생식물이 지나치게 번성하여 다른 식물의 생육을 저지하거나 새롭게 독성을 띤 식물을 먹고살던 나비나 나방 개체군을 감소시켜 기존의 생태 균형을 파괴할 가능성이 있다.

유전자 오염은 많은 작물의 원산지인 여러 개발도상국에서 특히 문제를 일으킬 것이다. 이들 지역에서 전통적인 작물 품종들은 유전공학 작물에서 온 유전자로 '오염'될 수 있으며, 생물다양성이 파괴될 수 있다. 유전자 변형된 식물에서 그 야생근연종으로의 유전자 이동 속도는 이전에 생각하던 것보다 훨씬 빠를 수 있다.

미국 남부의 연구자들은 딸기밭 50미터 이내에서 자라고 있는 야생 딸기의 50%가 재배된 딸기에서 온 표지 유전자를 가지고 있다는 사실을 발견했다. 미국 중부 지역의 연구자들은 10년 만에 재배종 해바라기밭 근처에서 자라고 있는 야생 해바라기의 4분의 1 이상이 재배종 해바라기에서 온 표지 유전자를 갖게 되었다는 것을 발견했다(Kling, 1996).

이러한 문제들은 유전자변형 식물을 도입하고 이용하는 데 세심한 주의가 필요하다는 것을 입증했다. 그러나 아무리 철저한 주의를 기울인다 하더라도, 소비자들은 자신들이 구입하는 식품이 환경에 미치는 영향에 대해 알 권리가 있다. 그래야만 소비자들이 자신들의 고유한 선호를 행사하여 특정 방식으로 생산된 식품을 구입하지 않을 — 또는 구입할 — 수 있다.

유전자 변형은 식품 선호에 영향을 줄 수 있다

소비자들은 종교, 윤리, 철학, 감정 등 다양한 이유로 자신이 무엇을 먹을 것인지 선택한다. 대부분의 주요 종교들은 음식에 대한 규율이나 전통을 가지고 있다. 유대교와 이슬람교는 돼지고기를 먹지 않는다. 기독교는 금요일이나 사순절에 육식을 피하는 경우가 많다. 그리고 많은 불교도가 채식을 한다.

그 밖의 많은 개인이 종교와 관련되지 않은 개인적인 신념에 따른 음식 선호를 가지고 있다. 가령 환경보호가 그런 예에 해당한다.

국제소비자기구는 소비자가 자신의 종교적·윤리적 선호를 행사할 수 있도록 기회를 주기 위해서 유전자 변형식품에 대한 표시제를 지지한다. 예를 들어, 어떤 사람들은 돼지 유전자가 들어 있는 양고기를 (아직 시장에 나오지는 않았지만, 현재 과학의 발달 수준으로는 충분히 가능하다) 먹기 싫어할 수 있다. 그런 이유 때문에 표시제는 반드시 필요하다.

과학은 오류를 범할 수 있다

식품 생산의 신기술이 등장했을 때, 그것이 야기할 수 있는 모든 문제를 예상하기란 불가능하다. 살충제가 처음 합성되어 널리 사용된 1950년대에는 해충을 박멸하는 기적의 해결책으로 선전되었다. 그러나 많은 시간이 흐른 뒤에야 그중 일부가 새들에게 껍질이 바스러지는 알을 낳게 만들었고, 사람들에게는 암을 유발하게 했으며, 곤충들에게는 저항성을 갖게 만들었다는 사실이 알려졌다.

유전공학은 전적으로 새로운 방식으로 유전자를 뒤섞고, 지금까지 한 번도 존재하지 않았던 생물을 창조하고 있다. 국제소비자기구는 소비자들이 원한다면 이 기술의 사용에 대해 신중할 권리가 있다고 믿는다. 상표나 식품 자체에 적절한 정보가 제공되었을 때에만 선택권이 제대로 행사될 수 있다.

■ 참고문헌

Bock, S. A.(1987), "Prospective appraisal of complaints of adverse reactions to foods in children during the first 3 years of life", *Pediatrics*, 79: 683-688.

Feder, B. J.(1997), "Biotech firm to advocate labels on genetically altered products", *New York Times*, February 24.

Gould, F., Anderson, A., Jones, A., Sumerford, D., Heckel, D. G., Lopez, J., Micinski, S., Leonard, R., and Laster, M.(1997), "Initial frequency of alleles for resistance to Bacillus thuringiensis toxins in field populations of Heliothis virescens", *Proceedings of the National Academy of Sciences*, 94: 3519-3523.

Green, A. E. and Alison, R. F.(1994), "Recombination between viral RNA and transgenic plant transcripts", *Science*, 263: 1423-1425.

Hileman, B.(1995), "Views differ sharply over benefits, risks of agricultural biotechnology", *Chemical and Engineering News*, August 21, 1995.

James, C.(1997), Global status of transgenic crops in 1997, *ISAAA Briefs* 5. Ithaca, NY: International Service for the Acquisition of Agribiotech Applications(ISAAA).

Jorgensen, R. and Andersen, B.(1995), "Spontaneous hybridization between oilseed rape(Brassica napus) and weed Brassica campestris: A risk of growing genetically engineered modified oilseed rape", *American Journal of Botany*, 81: 1620-1626.

Kleiner, K.(1997), "Fields of genes", *New Scientist*, August 16.

Kling, J.(1996), "Could transgenic supercrops one day breed superweeds?", *Science*, 274: 180-181.

Mayeno, A. N. and Gleich, G. J.(1994), "Eosinophilia myalgia syndrome and tryptophan production: A cautionary tale", *TIBTECH*, 12: 346-352.

Nestle, M. (1996), "Allergies to transgenic foods: Questions of policy", *New England Journal of Medicine* 334, 11: 726-727.

Nordlee, J. A., Taylor, S. L., Townsend, J. A., Thomas, L. A., and Bush, R. K. (1996), "Identification of a brazil-nut allergen in transgenic soybeans", *New England Journal of Medicine*, 334, 11: 688-692.

Sampson, H. A., Mendelson, L., and Rosen, J. P. (1992), "Fatal and near-fatal anaphylactic reactions to food in children and adolescents", *New England Journal of Medicine*, 327: 380-384.

Sloan, A. E. and Powers, M. E. (1986), "A perspective on popular perspections of adverse reactions to foods", *Journal of Allergy and Clinical Immunology*, 78: 127-133.

제 15 장

식품생명공학의 윤리적 문제들•

폴 톰프슨*

식품 안전의 철학

일단 식품생명공학의 안전성이 위험기반시험을 통과하고 나면, 심각한 윤리적 물음이 전혀 제기되지 않는 이유는 무엇인가?

이 물음에 대한 기존의 답변은 생명공학 비평가들이 히스테리 환자이거나 거짓말쟁이이며 (또는 둘 다이거나), 대중이 잘못된 정보를 전달받고 있거나 그렇지 않으면 식품생명공학의 안전성에 대해

• 저자의 허락을 얻어 재수록하였다. 출전은 다음과 같다. *Ethical Issues in Food Biotechnology* (London: Chapman & Hall, 1996), pp. 65-80.

* 〔역주〕 Paul Thompson. 미시간 주립대학 철학과 교수로 전공은 농업, 식품, 공동체 윤리이다. 저서로는 *The Spirit of the Soil*, *Agriculture and Environmental Ethics* 등이 있다.

무관심하다는 것이다. 그러나 이런 식의 답변은 틀렸다. 식품에 내재된 질병이나 위해 가능성으로 규정되는 위험은 그 정의가 너무 협소해 전통적으로 식품안전성과 연관된 포괄적인 주제 범위를 망라하지 못한다.

식품 위험에 대한 사회기반관리는 주요한 3단계를 거친다. 인류 역사 대부분의 기간, 이 문제는 한 가지 분류와 연관된다. 그것은 '식품인가 아닌가?'의 분류이다.

의학자들이 병원균과 그 밖의 불순물을 질병의 원인으로 간주하기 시작하면서 불순물의 제거를 강조하는 좀더 미묘한 접근방식이 제기되었다. 최근에서야 과학자들은 자연식품의 복잡성을 인식하고, 식품의 수많은 구성요소가 특정 조건에서는 독성이라는 특성을 나타낼 수 있는 반면 독성 자체가 식품에 들어 있는 독성과 연관된 질병 위험을 상쇄시킬 수도 있다는 사실을 깨닫게 되었다. 그 결과, 앞에서 언급한 위험기반 접근방식을 제기하고 이를 강력한 과학적 증거로 뒷받침하는 최적화의 문제로 식품 안정성을 생각하는 경향이 나타나게 되었다.

내 견해는 안전을 좁은 범위로 고려하면 최적화 접근이 옳지만, 대안적 관점도 전적으로 타당하다는 것이다. 반드시 공동으로 이루어져야 하는 식품 안전에 대한 결정(그리고 대부분의 경우에 해당하듯, 우리 식품 체계의 복잡성을 고려한다면)과 민주주의의 규범들은 모든 합리적 견해들의 조정을 요구한다. 그렇다고 모든 사람이 자신이 원하는 것을 얻을 수 있다는 뜻은 아니다. 다만 합리적인 의견 불일치의 가능성이 사전에 차단되지 않고, 불합리한 비용이나 불편함이 타인에게 전가되지 않으면서 다양한 견해가 조정될 수 있는 방식으로 집합적・정치적 결정이 이루어져야 한다는 의미이다.

이러한 민주주의의 일반 규범들을 식품 안전 및 생명공학과 연관된 주제에 적용하는 것은 식품 안전에 대한 3가지의 역사적 접근방식들을 하나씩 살펴보고, 식품 안전에 대한 결정을 복잡하게 만드는 부수적 가치들을 평가하는 것으로 시작된다. 이러한 가치들의 다양성과 복잡성을 고려하면, 소비자 주권(主權)과 동의의 핵심적 요소들을 유지하는 정책을 위해서는 민주주의 규범들이 아주 중요하다. 표시제는 소비자들에게 정보를 제공하고 식품에 관한 의사결정의 자율성을 보호하는 하나의 수단이다.

분류

인류는 선사시대부터 유독(有毒)한 먹거리가 있다는 것을 알았다. 그리스 시대에 이러한 지식은 소크라테스가 헴록에서 추출한 독약을 마시기 전에 했던 죽음과 의무에 대한 유명한 고찰의 근거로 작용했다. 음식을 통해 독소를 섭취할 위험을 배제하려는 초기의 노력은 독성분을 가진 식품과 미생물의 독소를 구분할 능력이 없었기 때문에 좌절되었다. 그러나 시행착오 끝에 결국 맹독(猛毒)을 가진 동식물을 식품에서 배제하는 데 성공했다. 확실하지는 않지만, 인류는 일찍부터 잘못된 것을 먹으면 효능이 지체되고 만성적인 건강 위험이 증대될 수 있다는 지식을 얻게 된 것 같다.

식품안전성에 대한 초기의 믿음이 미신, 상상, 그리고 힘들게 얻은 경험의 혼합물이었던 것은 분명하다. 플라톤도 그 구성원이었던 피타고라스 교단은 콩을 먹지 못하게 금지했다. 아주까리의 치명적인 독소나 위장에 가스를 차게 하는 문제가 이러한 음식의 규칙을 정하는 계기가 되었는지는 확실하지 않다. 일반적으로 이러한 규칙들은 식물과 동물을 식용과 비식용 그룹으로 분류하는데, 일부 경우에는 음식을 조리하는 과정을 위해 좀더 세분화된 특징을 상세히 규정하기도 한다. 문화적으로 이어져 내려온 음식 규칙에 대한 이야기는 이외에도 더 많겠지만, 지금까지 알려진 모든 경우에서는 이 규칙들을 따르는 것이 임의로 선택한 식물이나 동물을 먹는 것보다 안전하게 음식을 섭취할 수 있다. 이것은 예외가 없는 사실이다. 왜냐하면 심한 독성분을 포함하는 음식 문화는 일찍이 사라졌을 터이기 때문이다.

음식과 비음식을 구분하는 식사 규칙은 어떤 음식이 섭취될 수 있는가에 대한 규정과 함께 모든 문화의 일부를 이룬다. 일부 경우에는 이러한 규칙들이 맛에 대해 상대적으로 약한 처방을 내리기도 한다. 가령, 사람들은 아이스크림과 양파를 섞지 않으며, 붉은 포도주를 곁들인 크루톤은 아침 식탁에 오르지 않는다. 일부 문화에서 식사 규칙은 종교적 의미를 가지며, 실제로 진지한 문제가 된다. 돼지고기를 금하는 셈족의 규율은 가장 잘 알려진 음식 금기 중 하나이다. 따라서 식품안전성은 문화적 섭생의 한 기능이다(Harris, 1974).

특정 식품 분류체계를 신봉하는 사람들은 음식 규칙의 위반을 질병, 상해, 혹은 죽음과 연결 짓는가 하면, 위험의 종교적·영적·사회적 형태와 관련짓기도 한다. 종교적·인종적·지역적 음식 규칙들은 오늘날에도 여전히 지속되고 있다. 그 까닭은 이 규칙들이 사회와 문화, 그리고 개인의 정체성을 구성하고 복지와 질서의 느낌을 강화하기 때문이며, 사람들이 이 규칙을 사랑하고 따르는 것이 즐겁고 만족스러운 일이라는 것을 알기 때문이다.

정화

인류학자인 메리 더글러스(Mary Douglas, 1975)는, 앞에서 서술한 것처럼, 전통사회가 식품 규칙체계를 고수하는 것을 '정화'(*purification*)라는 용어로 표현했다. 여기에서 내가 염두에 두는 것은 19세기 세균설(*germ theory*)*의 출현과 함께 시작된, 식품안전성을 보는 하나의 관점이다. 세균설은 질병의 원인이 눈에 보이지 않는 감염인자 또는 세균이며, 정화 전략으로 질병이 시작되기 전에 통제할 수 있다고 주장했다. 세균설은 감염인자가 사람이 먹는 식품에 침입하는 것을 막고, 일단 침입한 인자는 파괴하여 궁극적으로 세균으로 괴로움을 겪는 사람들을 치료하기 위한 전문적인 수단을 배치하는 식품안전전략을 수립했다. 냉장, 살균소독, 방사선 조사, 온도 측정 요리 등이 모두 정화라는 병기고에 쌓여 있는 무기들이다(Douglas and Wildavsky, 1982).

정화의 효율성에 대한 믿음은 식품산업을 규율하고 최초의 식품안전법을 실시할 정부기관을 만들어냈다. 이것이 식품 안전에 대한 근대적 관념의 출발이었다. 업튼 싱클레어(Upton Sinclair)의 《정

* 〔역주〕 파스퇴르가 탄저병의 원인을 병원체에서 찾은 데에서 비롯된 이론. 그 이전까지는 질병 원인을 위생, 환경 등 복합적 요인에서 찾는 역학적 접근방식이 일반적이었지만, 파스퇴르 이후 세균이라는 단일 원인에서 찾는 것이 지배적인 접근방식이 되었다.

글》(*Jungle*)은 시카고 정육포장 공장에서 벌어지는 비위생적 상황에 대한 놀라운 묘사로 당시 상당한 논란을 불러왔다. 그중에서도 불운한 한 이주 노동자가 가차 없이 돌아가는 생산라인에 휘말려, 말 그대로 통째로 몸이 갈려 소시지가 된 이야기는 사람들에게 큰 충격을 주었다. 《정글》에 실린 이 끔찍한 일화는, 메리 더글러스가 예견했듯이, 정화에 기초한 식품안전 규제가 문화적인 식습관으로 향하도록 물꼬를 터주었다는 것을 시사한다. 당시 《정글》 독자들에게는 알려지지 않았던 프리온* 질병은 소시지와 함께 사람이 갈렸다는 사실을 제외하면 소비자들에게 그 이상의 건강상의 위험은 거의 제기하지 못했다.

《정글》은 중산층의 미국인들이 이주 노동자들에게 아무리 관심이 없다고 하더라도 그들의 신체 일부를 핫도그로 먹고 있다는 사실로 인해 심한 역겨움을 느꼈기 때문에 나름대로 효과를 발휘했다. 제2차 세계 대전 이전에 대부분의 선진국에서 가동되기 시작한 식품안전 규제는 '안전과 건전성'이라는 말을 사용했다. 비유럽 문화에서는 개, 고양이, 설치류 등이 음식으로 사용되었지만, 선진국들은 이 동물들을 고기 제품으로 사용하지 못하도록 금지했다. 정화는 과학과 기술, 정부가 식품 안전을 추구하도록 촉구했지만, 언제 식품이 순수한지를 규정하는 데에는 많은 문화적 규범이 유지되었다.

1950년대에 새로운 유형의 식품안전 문제에 대한 논의가 시작되었을 때도 정화가 그 모델이었다. 미국의 딜레이니 수정조항(Delaney Clause)**은 정화 접근방식의 모형이었던 것 같다. 이 법

---

* 〔역주〕 광우병을 비롯한 치명적인 뇌 질환의 원인이 되는 단백질.

안은 미국 식품의약품국이 사람에게 암을 유발하는 것으로 밝혀진 모든 첨가물을 금지할 것을 요구했다. 법안에는 '어떤 물질이 일반적으로 안전하다고 인정되는'(GRAS) 전통적인 식품재료 목록이 첨가되었다. 법안을 발의한 상원의원 딜레이니 자신은 그렇지 않을지라도, 이 법안에 찬성한 많은 의원들이 식품은 (GRAS 목록을 포함해서) 위험하지 않으며 위해는 오염물질과 관련된다고 생각했으리라고 가정하는 편이 옳을 것이다. 아마도 그들은 자신들이 규제기관에 오염물질이 있는지 찾고 그것을 금지하라는 조치를 내렸다고 생각했을 것이다. 이런 사고방식은 상당히 그럴듯하지만 최적화 패러다임으로 대표되는 식품안전성에 대한 새로운 사고와는 절대로 공존할 수 없다.

최적화

과학자와 규제 당국은 식품안전에 대한 위험기반 견해를 채택했다. 식품 선택에서 순수와 위험기반 접근방식의 개념적 차이는 '위험 없음'이라는 판단에 어떤 해석이 적용되는지에 달려 있다. 이 기준은 딜레이니 수정조항에서 식품첨가물에 적용되었다. 철저한 정화주의자는 (만약 그런 입장을 가진 사람이 있다면) 우리가 먹은 자연식품에는 태고 이래 아무런 위험도 없다고 믿는다. 그렇다고 해서 음식을 먹는 데 아무런 해도 입지 않을 것이라는 뜻은 아니다. 왜냐하면

** 〔역주〕 1958년 미국 뉴욕주의 딜레이니 상원의원이 만든 수정조항으로, '발암물질은 식품에 일절 들어가선 안 되며, 유해물질은 극미량도 허용하지 않겠다'는 발암성 식품첨가물의 전면 금지를 규정한 법안이다.

태고 때부터 식품에서 기인한 병원체나 설명되지 않은 중독과 부작용은 늘 있었기 때문이다. 여기에서 '위험 없음'은 사람에서 기인한 위험이 없음, 자연식품에 의도적으로 첨가물을 포함해 식품 체계에 도입된 위험이 없음을 뜻하는 것이어야 한다. 그렇다면 '의도적인 도입'이란 무엇을 뜻하는가? 만약 GRAS 목록에 포함되지 않은 무언가가 식품에 들어간다면, 그것은 의도적인 도입이다. 그리고 그것은 무해함이 입증되어야 한다.

그렇지만 이런 관점에서 위험을 생각하는 과학자나 규제 당국은 (설령 있다고 해도) 거의 없다. 그들에게 '위험 없음'은 양적 개념으로, 어떤 행동이나 선택과 연관된 위해(危害)의 확률이 0일 때에만 도달할 수 있는 '위험 제로'를 뜻한다. 이것은 지적인 측면에서 딜레이니 수정조항에 일관된 가정이다. 역학조사와 동물실험은 기껏해야 발암성 물질이 없다는 통계적 근거를 밝힐 수 있을 뿐이다. 그러나 '통계적으로 없다는 근거'는 확률 제로를 입증하기에는 턱없이 부족하다. 더 상세한 연구와 좀더 철저한 검사로 이러한 결과는 언제든 뒤집힐 수 있으며, 실제로도 그런 사례가 있었다. 덧붙여서, 딜레이니 수정조항에 대한 정화주의자의 해석은 금지된 첨가물보다 위험하다는 사실이 알려졌거나 강하게 의심되는 GRAS 물질이 허용되는, 명백히 차선(次善)에 해당하는 상황을 분명히 인정한다.

그런데 더 큰 문제는, 위험기반 접근방식이 상당수의 일반 음식이 위험 제로 시험을 통과하지 못한다는 증거를 폭로하기 시작했다는 점이다. 브루스 에임즈의 연구(Bruce Ames, 1983)는 이러한 새로운 관점의 전형에 해당한다. 그렇지만 이 견해는 에임즈가 주창하기 훨씬 이전에 이미 모습을 드러냈다. 에임즈의 생화학연구는 실질적으로 모든 음식이 돌연변이 유발물질을 포함하고 있다는 것을 보여 주었다. 그 물질은 세포가 자기복제할 때, DNA 염기쌍의 순서에 '오류' 또는 미세한 변화가 일어날 통계적 비율을 증가시킨다. 돌연변이 유발물질이 도처에 있다는 사실은 돌연변이 유발력과 발암 현상 간의 연결관계가 복잡하다는 것을 보여 주지만, 이 물질은 암세포의 성장을 촉진하는 것으로 알려졌다.

요약하면, 돌연변이원이 암을 유발하면 암은 어디에서든 발생할 수 있다는 것이다. 에임즈는 자연 발생 돌연변이원이 화학첨가물이나 농약잔류물과 연관된 돌연변이원보다 훨씬 많기에 사람에게 나타나는 만성 질환의 비율은 식품첨가물이나 화학적 잔류물을 목표로 삼는 전략으로 크게 줄어들 가능성이 없다는 관점을 전파했다.

식별과 정화 대 위험기반 최적화

돌연변이원은 사람이 먹는 모든 식품에 들어 있으므로, 새로운 견해는 식품/비식품 구분의 중요성을 배제한다. 식품〔토마토, 비트(근대, 사탕무 등을 총칭), 쇠고기〕은 최소한 첨가물이나 농약이 든 비식품만큼 인체에 치명적인 돌연변이원을 도입할 가능성이 있다. 사람들이 암에 걸리지 않는 까닭은 신체의 방어 메커니즘에 의해서든, 다른 무엇에 의해서든 이러한 돌연변이원이 억제되고 있기 때문이다.

암과 같은 만성 질환의 위험은 식품을 정화하는 방식으로는 통제될 수 없다. 왜냐하면 식품 자체가 안전하지 않기 때문이다. 그 대신 우리는 균형점을 찾아야 한다. 아직 충분히 이해되지는 않았지만, 균형점이란 우리가 먹는 식품의 돌연변이 발생가능성을 우리의 건강을 유지시키는 다른 요인들(좋은 영양, 운동, 인지적 자극 등)로 (되도록 최대한) 억제시키는 것을 뜻한다.

이런 방식으로 식품 건강 위험을 개념화하는 것은 농업 살충제, 제초제, 그리고 그 밖의 화학적 해충방제기술을 규제하려는 시도 후 이미 등장하기 시작한 위험/이익 절충 사고방식과 일치한다. 특히 수확한 곡식에 들끓는 해충과 쥐떼를 방제하기 위해 사용했던 살충제나 쥐약과 같은 기술은 오염을 막기 위해 도입되었다—이것은 정화 철학의 명백한 적용이다. 적절한 대체물이 없는 상황에서 이러한 기술의 사용을 금하면 해충의 창궐과 그에 따른 보건상의 문제점이 따르게 될 것이다. 이런 경우, 절충이 불가피하며, 이 절충에는 단지 경제적 손실뿐 아니라 식품 안전까지 포함된다. 때로는 사람의 건강이라는 이익이 이러한 기술과 연관된 위험을 받아들여 더 잘 충족될 수 있지만, 때로는 해충을 수용하는 편이 나을 수도 있다.

에임즈의 연구와 화학기술의 절충 논리는 모두 위험의 최적화라는 흐름으로 식품 안전을 재개념화할 필요성을 뒷받침한다. 이 관점에서 위험은 어디에든 있는 것으로 인식되고, 정화는 (위험은 오직 불순함에서 기인한다는) 지나치게 순진한 것으로 간주된다. 최적화를 주장하는 사람들은 어떤 위험은 받아들여져야 하고, 식품안전문제에 적용되어야 하는 규범은 최적도, 즉 균형점을 정의하고 식품 생산과 가공을 가능한 한 최적도에 가깝게 접근하도록 규율해야 한다고 주장한다.

최적화는 분명 쉽지 않은 일이다. 그것은 단지 위험의 최소화에 그치지 않으며, "소수의 농업 노동자가 입을 수 있는 통계적으로 높은 수준의 위험과 식품 소비자가 입을 수 있는 극히 낮은 수준의 위해를 어떻게 비교할 것인가?"와 같은 물음에 답할 것을 요구한다. 식품 안전에 대한 최적화 전략은 위험 처리에서 높은 수준의 철학적·윤리적 정교화를 요구한다(Sagoff, 1985). 그러나 여기에서 요점은 최적화 접근방식이 분류나 정화와 얼마나 다른지 인식하는 것이다.

이 전략들이 역사 속에서 각각의 시기에 한정된 지식으로 제약받는다는 점을 고려하면, 분류와 정화는 훌륭하기는 하지만 위험 최적화의 측면에서 이미 시대에 뒤졌다고 해석될 수 있을 것이다. 이것은 민족적·종교적 식품 체제와 순수 기술이 식품 안전을 위해 위험과 이익 사이에서 적절한 균형을 찾는다는 목적으로 고안되고 채택되었다는 주장이 된다. 나는 이런 주장을 반증할 수 있는 어떤 역사적·인류학적 연구도 알지 못하지만, 이런 주장이 설득력이 있다고는 생각하지 않는다.

그보다는 최적화 규범 철학이, 그것과 아주 잘 들어맞는, 과학 이론과 정치 문제로 동시에 발전했다는 주장이 좀더 그럴듯할 것이다. 만약 그것이 옳다면, 과거 세대와 현재 세대의 가치와 경험은 최적화 전략을 적절하게 뒷받침하지 못하는 셈이다. 그리고 만약 그렇다면, 합리적이고 지적인 사람들은 최적화 문제보다는 분류와 순수라는 관점에서 식량안전문제를 개념화할 가능성이 높게 된다.

위험기반 최적화에서 식품 안전을 위한 윤리철학으로 넘어가는 가장 확실한 방법은 그것을 공리주의(功利主義)의 극도로 정교화된 확장으로 해석하는 것이다. 위험기반 최적화의 가장 큰 문제는 전통적인 공리주의의 문제이다. 즉, 동의하기에는 관심이 너무 적다는 것이다. 동의를 기반으로 한 접근방식은 매수자 위험부담원칙(*caveat emptor*)* 체계로 되돌아간다. 고지된 동의가 이루어진 위험은 개인이 수용하지만, 연관 지식의 강압이나 은폐는 도덕적으로 용납할 수 없다. 소비자의 알 권리를 비판하는 사람들은 이 윤리가 현대 식품체계에서는 비현실적 요구라고 주장한다. 그러나 이 권리에 대한 정당한 요구는 간혹 생각하는 것보다 의무 부담이 덜하다. 세계 대부분의 지역에서 채택되는 기존의 식품 체계는 이러한 권리 관점이 그 이상으로 유지되고 있는 것과 놀랄 만큼 가깝다.

공리주의와 위험기반 최적화

공리주의는 행위, 규칙 또는 공공정책을 모든 연관 집단에게 미치는 영향의 관점에서 평가하는 윤리 체계이다. 제러미 벤담이나 존 스튜어트 밀과 같은 영국의 전통적 공리주의자들은, 이익이든 위해든 간에, 모든 결과의 전체 가치는 총합될 수 있으며, '최대 숫자의 최대

---

* 〔역주〕 구매 물품의 하자 유무에 대해서는 매수자가 확인할 책임이 있다는 내용의 라틴어이다.

행복을 증진시킨다'는 결정 규칙을 제안할 수 있다고 가정한다. 극대화가 아닌 최적화의 강조는 정량화의 복잡성을 인정하고, 식품 선택에 영향을 주는 무수한 선과 악의 서열을 매기는 것을 의미한다(Finkel, 1996).

공리주의 접근방식의 한 가지 강점은, 어떤 행위나 정책의 결과 예측을 강조하는 과정에서 예측 과학이 윤리적 의사결정에 영향을 주는 가장 명백한 방식을 나타낸다는 것이다. 실제로 많은 과학자는 공공정책이 여러 정책 선택지의 결과를 예견하는 최선의 과학을 적용해야 한다는 관점에 쉽게 끌리기 때문에 자신들이 철학적 인식틀을 적용하고 있다는 사실을 깨닫지 못한다.

우리는 흔히 의사결정의 위치에 있는 사람들이 우리를 대리해서 결정하게 만들기를 좋아한다. 그들이 우리의 이해관계를 보살펴 준다는 것을 신뢰할 수 있다면, 최신 과학의 이러저러한 측면에 대해 충분히 고지된 상태를 유지하느라 치르는 비용과 시간을 절약해 주기 때문이다. 현대의 식품 체계는 공중이 식품의 조성과 성분에 대한 의사결정 대부분을 전문가에게 맡기는 상황에서 발전했다(Knorr and Clancy, 1984). 공리주의자는 정보 숙지를 유지하는 데 드는 비용이 그 정보가 대중에게 가져다주는 모든 이익보다 훨씬 크기 때문에 이러한 사태가 윤리적으로 정당화될 수 있다고 해석할 것이다. 그러나 정보 숙지 유지비용이 공중이 식품안전성을 전문가에게 기꺼이 위임하는 데 핵심적 역할을 하는 것은 분명하더라도, 이런 사실에 대한 공리주의 분석을 반드시 채택할 필요는 없다. 이러한 비용의 관점에서 소비자가 공중의 이익에 근거하여 결정할 책임을 수탁자에게 부여한 일련의 사회적 협정들에 동의했다는 주장도 역시 설득력이 있다. 게다가 소비자들은 빈번하게 다른 선택을 할 수 있었던 상황, 즉 그 대안으로 가공식품이나 농업화학물질을 이용하여 생산된 식품을 선택할 수 있는 경우에도 그렇게 행동했다.

많은 사람이 이러한 대안을 택하지 않았다고 해서 달라지는 것은 없다. 동의를 보증하는 것은 그들이 원했음에도 불구하고 다른 식으로 선택할 수 있었다는 것이다. 여기에서는 도덕적 판단이라는 논리적 힘이 동의에 기반을 두기 때문에, 이것은 전혀 별개의 도덕적 사항이다. 반면 공리주의자에게 그 힘은, 동의와 무관하게, 이익과 비용의 가장 매력적인 비율을 선택하는 데 있다.

과학 기반 정책과 그에 대한 불만

최적화 논변은 공리주의 윤리학과 유사하기보다, 이 접근방식이 최근의 과학적 사고를 식품의 질병 및 상해 가능성과 가장 잘 종합한다는 사실과 비슷하다. 그럼에도 불구하고, 위험관리와 절충을 너무 협소하게 강조하는 것은 공리주의적 접근의 일반적 문제점이기도 하다. 너무 많은 사례에서 공리주의는 권리문제를 간단히 처리하고 사람들이 자신에게 무엇이 좋은지 스스로 선택할 수 있는 기회를 박탈하는 경향이 있다고 늘 비난받았다. 식품안전정책의 경우, 그 정책이 위험기반이나 단순히 과학기반이 되어야 한다는 주장은 과학이 개인의 식품 선택에 영향을 주는 수많은 차원에 대해 거의 통찰력을 주지 않는다는 사실을 간과하는 것이다. 이러한 차원들 중 어느 것도 식품생명공학을 금지하거나 규율할 근거를 제공하지 않는다. 그러나 그 차원 모두가 개인에게 새로운 식품을 먹지 않는 쪽을 선택하는 데 필요한 정당한 이유를 제공할 것이다.

'식품안전성'은 식품 과학자들이 배타적으로 정의하고 통제하는 순전히 과학적인 개념인가, 아니면 일상용어인가? 만약 후자라면, 비과학자들이 안전한 음식이라는 개념을 사용할 때, 그것이 무엇을 뜻하는지 살펴보는 편이 적절할 것이다. 식품 전문기자인 로빈 마더(Robin Mather)는 일반 독자들을 위해 쓴 글에서 그 개념을 다음과 같이 표현했다.

> 식품은 여러 수준에서 우리에게 매우 중요하기 때문에 우리는 대체로 안전한 식품 공급에 대한 정부의 약속과 우리가 구입하는 식품을 생산하는 사람들의 안전조치를 맹목적으로 신뢰할 수밖에 없다. 우리는 복잡하고, 혼란스러우며 때로는 모순적인 먹거리 정보를 끝까지 읽는다. 그 이유는 우리들 대부분이 기본적 수준에서 식품 선택이야말로 우리가 어느 정도 통제할 수 있는 마지막 영역들 중 하나라는 사실을 자각하기 때문이다.

여기에서 마더는 식품안전성의 일차적 차원을 '통제'라고 규정하였다. 마더는 저서의 상당 부분을 농업 생산의 사회적 조직에 대한 논의에 할애하였으나, '식품 소비자들이 우리의 먹거리가 어디에서 오는지를 추적하기가' 얼마나 힘든지를 지적함으로써 생명공학의 사회적 영향을 식품 안정성에 관한 위의 글에 결부시켰다(Mather, 1995).

마더의 논평에 의하면, 위험기반 접근방식의 문제점은 지금까지의 전개과정에서 잘못되었다는 것이 아니라 오히려 충분히 적용되지 못하고 있으며, 식품이 우리에게 중요한 여러 측면을 간과하고 있다는 것이다. 정부의 식품안전성 규제에 대한 마더의 불만은 '우리가 어느 정도 통제할 수 있는 마지막 영역 중 하나'를 훼손하는 데에 정부의 규제가 이용되고 있다는 점이다. 물론 미국 운수부가 속도 제한이나 항공 안전 점검을 지시하면서 '우리의 통제력을 훼손할' 수도 있다. 어떤 면에서 모든 공공정책은 자신의 삶에 대한 개인의 통제에 영향을 줄 수 있다. 따라서 이것은 그 자체로 강력한 논변은 아니다. 식품 소비자들이 생명공학에서 유래한 식품이 아닌 대안을 요구할 때에는 합리적으로 방어할 수 있는 목적을 가진다는 것을 입증해야 한다. 거기에는 최소한 다음 4가지 목적이 있다.

종교적 · 윤리적 신념

앞에서 언급했듯이, 식품에 대한 신념의 문화사는 무엇이 음식이고 무엇이 음식이 아닌지에 대한, 윤리와 종교에 근거한 신념의 풍부한 사례를 제공했다. 이 신념들과 질병이나 상해에 관한 과학적 개연성은 기껏해야 불완전하게 서로 연관될 뿐이다. 그러나 종교적 혹은 인종적 소수자들이 법전에 규정된 것보다 훨씬 더 구속적인 음식 규칙을 규정할 권리를 갖는 데 대해서는 아무도 이의를 제기하지 않는다.

가장 널리 퍼져 있는 유대교나 이슬람교의 음식 규정은 먹을 수 있는 음식의 제한뿐 아니라 도축, 조리 과정에 대해서도 특별한 절차*를 요구한다. 각 집단의 종교 당국은 이러한 규칙을 늘 감시한다. 유

* 〔역주〕 가령 할랄식 도축은 이슬람교도가 기도문을 외우면서 예리한 도구로 목을 치지 않고 빠르게 도축하는 방식으로 알려졌다. 미국에서는 이슬람 학생들을 위해 할랄식 도축으로 만든 햄버거를 판매한다.

전공학과 여타의 생명공학 이용이 전통적 식사 규칙과 일치하는지는 이들 종교 당국의 결정에 달려 있다. 게다가 유대교와 이슬람교의 종교적 권위는 수많은 랍비(유대 율법학자)와 물라(이슬람교 율법학자)들에게 분산돼 있으며, 이들은 각기 율법을 다르게 해석할 수 있다. 이 문제에 완전한 답을 줄 수 있는 성직자 계급은 없다.

이들을 대신해서 이 물음에 결정을 내리려는 고의적 또는 사실상의 시도는, 전 세계의 선진국에 확립되어 있고 국제인권선언에 의해 보호받고 있는, 소수자들의 권리를 침해하게 될 것이다.

잠복한 정화주의

일반인이나 과학적인 훈련을 받은 개인들 중에서 소수만이 독성학자, 면역학자, 생화학자, 그리고 식품 규제 관계자들 사이에서 유행하는 위험기반의 최적화 접근방식을 곧바로 이해할 수 있다. 근 100년간 통용되었던 정화 모형은 교육으로 얻은 상식과 더욱 일치한다. 유전자 교환이 순수성의 규칙을 위배했다는 생각은 많은 사람에게 즉각적으로 호소력을 발휘하고, 사람들이 유전공학식품에 대해 얼마간 역겨움을 느끼는 것은 최소한 심리적으로 정당화된다. 심지어는 많은 과학자 역시 이러한 역겨움을 느낄 수 있다.

1993년판 〈생명공학기술 용어사전〉에는 '웩 요인'이라는 항목이 있다. 웩 요인이란 "대중 그리고 실제로 많은 과학자가 실험절차와 생물학적 변형의 윤리적 수용가능성을 개인적 혐오의 정도와 부합하는지 결정하는 매우 실질적인 관찰을 가리키는 경박스런 용어"이다(Bains, 1993).

역겨움에 그 이상의 정당화가 필요한가? 역사적으로 식량 혁신을 거부하는 쪽을 선호하는 것만으로도 역겨움에 대한 정당화는 충분했다. 오늘날에는 믿기 어려운 일이지만, 한때 저온살균 우유에 대한 저항이 아주 심한 시절도 있었다. 그러나 자신들이 선택한 제품을 동네 식료품점에서 구입할 수 없다는 사실에 분개하고 저항했던 사람들이 (더 비싸고, 불편한) 대안을 갖게 되자, 그 후로는 결코 가게에 있는 우유가 저온 살균되었는지를 생각할 처지가 아니게 되었다. 수돗물 불소화 역시 사람들의 분노를 자아냈지만, 누구나 쉽게 병에 들어 있는 생수를 구할 수 있게 되자 더는 아무도 의문을 제기하지 않았다. 식품생명공학과 연관된 역겨움과 잠복한 순수주의가 일반인 사이에 분명히 존재하며, 일부 사람들이 유전공학식품을 기피하는 모든 이유는 그것이다.

과학에 대한 불신

역겨움의 부분 집합은 분노이다. 많은 사람이, 상당한 불편을 감수해, 유기농 제품을 산다. 그들은 〈시에라 매거진〉(*Sierra Magazine*, 미국에서 유력한 환경단체인 시에라 클럽이 발간하는 대중적 출간물)에 '프랑켄푸드'에 대해 불평하는 편지를 쓴다. 이것은 식품생명공학을 메리 셸리의 《프랑켄슈타인》(*Frankenstein*)과 연결 지어 과학에 대한 불신을 표시하는 것이다. 기독교 과학자와 메노파 교도와 같은 일부 사람들은 과학에 대한 저항을 종교 신앙과 결부시켰다. 어떤 사람들은 이성을 넘는 수준으로 분노를 표출하기도 한다. 이른바 유나바머(Unabomber)는 10여 년간 미국의 과학자와 생명공학기술 기업의 임원들에게 테러를 가했다. 그가 보낸 편지 폭탄의 대상자 중에는 분자생물학자도 있었다. 〈워싱턴 포스트〉지에 실린 익명의 선언문은 생명공학에 대해 극도의 비판을 퍼부었다. 그러나 보팔이나 러브 운하와 같은 재해를 유발했고, 화학과 원자력 기술의 안전성이 과도하게 높이 평가되며, 과학자들이 나치의 죽음 수용소뿐 아니라 앨라배마의 터스키기(Tuskegee)*에서도 고지된 동의 없이 인체실험을 벌이는 세상에서 일부 사람들이 생명공학의 안전성에 대한 과학적 보증을 약간 주저하며 받아들인다는 것이 뭐 그리 놀라운 일이겠는가?

어떤 사람들은 과학에 대한 회의론을 과학 그 자체에서 배운다. 울리히 벡(Ulrich Beck)의 영향력 있는 저서 《위험 사회》(*Risk Society*)의 핵심 주제는, 과학에 대한 대중의 의구심은 우리의 교육제도가 불확실성에 직면하여 과학적 회의주의를 강조했기 때문에 발생한, 학습에 의한 반응이라는 것이다(Beck, 1992).

과학과 과학이 우리에게 미치는 영향에서 우리 자신을 완벽하게 분리하기란 분명 불가능할 것이다. 그렇게 할 수 있는 권리를 주장한다면 터무니없는 일일 것이다. 그러나 이미 살펴보았듯이, 사람들은 한 번도 과학에 대한 전적인 의존과 자급 농업 사이에서 양자택일을 강요받은 적이 없다. 식품 선택과 그 대안은 권리는 아니더

---

* 〔역주〕 1936~1973년까지 미국의 공중위생국에 의해 이루어진 매독실험으로 600명의 남성을 평생 추적조사했다. 이들은 모두 가난한 지역에 사는 아프리카계 미국인 소작농으로 치료를 받을 것으로 예상하고 실험에 가담했지만, 매독의 자연적인 흐름을 연구한다는 명목으로 죽을 때까지 항생제를 받지 못했다. 이 사건은 과학연구가 인종차별과 결합할 수 있는 극단적 사례 중 하나로 꼽힌다.

라도 규범이었으며, 사람들은 이처럼 가치 있는 '현상'을 위협하는 힘들에 대해 정당하게 분개했다(그리고 의구심을 표현했다!).

단결

앞으로 살펴보겠지만, 농업생명공학에 반대하는 가장 유력한 주장은 사회적 결과에 대한 것이다. 비평가들은 가족농업이 파괴되고, 농부들이 자신들의 작업에 대한 통제력을 상실하면서 농노(農奴)와 비슷한 지위로 전락할 것이라고 주장한다. 이것은 최근 한 농부가 실제로 한 말이기도 하다(1996년 6월, 러트거스대학에서 열린 전국 농업생명공학 회의에 참석한 온타리오 출신의 한 농부가 이런 내용의 발언을 했다). 그 말이 사실이든 아니든, 그렇게 믿는 사람들은 일종의 항의표시로 농업생명공학의 산물인 식품을 기피할 것이다. 소비자들이 농장 노동자와의 연대감을 나타내기 위해 포도 구매를 거부하거나 통조림 제조 노동자와의 연대감을 표시하기 위해 고기류 통조림을 사지 않는 것과 마찬가지로, 일부 소비자들은 전통적인 농부나 영세 농업에 대한 지지를 나타내는 방법으로 생명공학에 대한 불매운동을 원할 수 있다. 가령, 이것은 마더(1995)가 생명공학에 반대하는 일차적인 이유였다. 그녀의 저서 마지막 장 "완강하게 투표권을 행사하라"(Voting With Your Buck)는 소비자들이 '생명공학식품'이 아니라 소규모의 지속가능한 농업을 지원하기 위해 무엇을 할 수 있는지 상세하게 알려 주고 있다.

소비자들이 식품 구매 행위라는 형태로 '투표'를 행사할 권리를 가진다면, 그 권리 행사는 마더의 글이 함축하는 것만큼 확실하게 보증되지는 않을 것이다. 예를 들어, 불매운동 대상이 된 상품 생산자가 자신의 반대자들이 슈퍼마켓 선반에서 자사 제품을 찾아내도록 도와줄 의무를 질 것인지 불투명하기 때문이다. 그러나 스스로 약간의 불편을 감내할 의사가 있는 식품 소비자들은 일반적으로, 과거에, 자신의 지갑을 통해 자신의 입장을 피력할 수 있었다. 그러기 위해서 종종 그들은 상당한 액수의 할증 가격을 지급했다. 따라서 동물복지나 생명공학에 대한 환경적·사회적 비판을 인정하는 사람들이 미래에도 동일한 행동을 다시 원하리라는 생각은 합당하다. 종교적·윤리적 신념이나 단순히 과학에 대한 역겨움 혹은 불신과 마찬가지로, 단결의 동기들이 생명공학에 대한 비합리적인 반대를 이루는 것은 아니다.

식품 표시와 동의

사람들이 식품에 대해 알고 싶어 하는 내용 중 많은 부분은 과학과 무관하며, 안전 문제와 주변적으로 연관될 뿐이다(질병이나 상해의 개연성으로 인식되는 정도로). 그러나 사람들은 자신들의 식품 선택에 대해 안심할 수 있기를 바라며, 그것이 자신들이 먹는 샴페인이 캘리포니아가 아니라 프랑스에서 오기를 바라는 것이고, 핫 소스가 뉴욕시가 아니라 텍사스에서 제조되었기를 바라는 것이라면, 이러한 정보를 기반으로 한 식별력은 그들의 복지나 만족감에 기여할 것이다.

'안전'이 안심과 안녕의 느낌을 의미하는 한, * 이러한 정보들은 식품 안전에 기여한다. 어쩌면 안전이라는 말을 이 정도로 확장하지 않는 편이 나을 것이다. 그러나 사람들이 자신에게 가치 있다고 간주되는 정보를 빼앗아 가려는 개인이나 집단에 대해 의구심을 품거나 위험하다고 생각하는 것은 분명하다.

식품안전 정책의 핵심은 단지 식품을 안전하게 만드는 것에 그치지 않으며, 공중에게 식품 안전에 관한 합리적 보장을 해주는 것이다. 그런데, 얄궂게도, 문제가 되는 식품 소비로 발생할 수 있는 위해와 거의 무관한 정보를 제공하지 않고서는 후자의 목적을 달성할 수 없을지도 모른다. 따라서 생명공학으로 생산된 식품을 식별할 수 있는 의무표시제에 대한 요구가 제기된다(Group of Advisors, 1996). 곧 살펴보겠지만, 이것은 그 자체로 문제가 있는 정책 접근 방식이다. 우선 그 윤리적 논변을 분명히 할 필요가 있다.

식품 의무표시제에 대한 나쁜 논변

유전공학식품에 대한 표시제를 주장하면서 실제로 제기된 대부분의 논변은 지금까지 면밀한 검토를 거치지 않았다. 따라서 그중 몇 가지 주장에 대한 검토가 유용할 것이다.

생명공학은 안전하지 않다

생명공학의 적용을 나타내는 표시제 요구의 가장 직접적인 논변은 주류나 담배에 부착된 표시처럼 생명공학에서 유래한 상품의 소비

---

* 〔역주〕 안전은 'safety', 안심은 'security', 안녕은 'well-being'을 번역했다.

와 연관된 건강상의 위험이 명시적으로 표시되었는가 하는 것이다. 이러한 표시는 소비자에게 그 위험을 경고한다. 이 장의 앞부분에서 살펴본 내용을 통해 확실해졌듯이, 아직 건강상 위험하다는 어떠한 증거도 없다. 따라서 이 논변은 잘못된 가정에 근거하고 있다.

생명공학은 비자연적이다

이 논변은 생명공학이 고기나 작물과 같은 자연식품을 생산하는 데 사용되기 때문에, 생명공학의 처리과정을 거쳤다는 것을 즉각 식별할 수 없는 상품이 자연산 식품과 혼동을 초래할 수 있다는 것이다. 특정 종류의 상품(가령, 어떤 식으로든 생명공학이 적용되지 않은 식품)을 원하지만, 그런 상품을 식별할 수 있는 어떤 확실한 방법이 없는 소비자들은 표시가 부착되지 않은 상품, 육류, 그리고 곡식에 대한 자신들의 선호를 만족시킬 모든 권리를 박탈당한다는 것이다. 그러나 '자연스러움'이 어떻게 실현될 수 있는지 판단하기는 힘들다.

이 점에 대해서는 로저 스트론(Roger Straughn)의 입장이 옳다. 즉, 자연과 인공의 구분 남용은 이미 심각한 수준이기 때문에 더는 그런 구분을 장려해서는 안 된다는 것이다.

사람들은 유전공학식품에 대한 표시를 원한다

여론조사자료는 설문조사대상인 모든 집단에서 유전공학식품 표시제에 대한 지속적인 관심을 보여 준다. 상반되는 우려가 없다면 이러한 조사결과가 의무표시제에 대한 충분한 정치적 논변이 될 수 있겠지만, 그것만으로 유전공학식품 제조자들이 자사 상품에 표시할 것을 요구하는 윤리적 근거가 될 수는 없다. 이러한 결론에 도달하기 위해서 어떤 식으로든 여론조사를 적용하려는 것은 잘못이다. 가령 "당신은 X에 대해 더 많은 정보(또는 표시)를 원합니까?"라고 질문한다면, 많은 사람은 X가 무엇인가에 대해서나 그 정보를 가지는 데 합당한 관심을 가지는지에 대해 긍정적 반응을 보일 가능성이 높다. 최소한, 이러한 논변은 왜 소비자들은 정보를 얻을 때 행사하게 될 합리적 선호를 가지는지에 대한 설명을 보완할 필요가 있다.

생명공학은 반종교적이고 불순하며, 동물, 환경, 그리고 모든 농부에게 해롭다

앞 절에서 이러한 우려의 정당성을 입증하는 종교, 혐오, 회의, 그리고 정치 활동에 대해 설명했다. 만약 그 설명이 표시제를 원한다는 것을 입증하는 여론조사자료에 추가된다면, 표시제를 요구하는 합당한 근거를 증명할 수 있을 것이다, 사람들이 생명공학에 대한 이 모든 신념을 가지는 것은 (물론 나는 믿지 않지만) 합당하다. 그리고 사람들은 다른 사람들의 방해로부터 자신의 신념 행사를 보호받을 권리가 있다. 그러나 타인에게 생명공학이 반종교적이고 불순하며, 동물과 환경, 그리고 소규모 농부들에게 해롭다는 것을 확신시키려는 목적을 가진 논변은 그 자체로 의무표시제의 충분한 근거가 될 수 없다. 기껏해야 음모나 대중 정책을 통해 유전공학식품을 사먹도록 강요하는 방식으로 식품 체계가 변형되어서는 안 된다는 것을 함축하는 정도이다. 유전공학식품에 대한 의무표시제는 이러한 변형으로부터 식품 체계를 보호하는 유일한 수단일 경우에만 필요하다. 그러나 사정은 그렇지 않다.

의무표시제에 대한 대안들

가장 중요한 것은 사람들이 유전공학식품을 회피할 수 있는지의 여부이다. 유전공학식품을 기피하는 사람들은 자연식품의 이용으로 목적을 이룰 수 있다. 불소화된 물을 먹지 않으려는 사람은 불소가 들어 있지 않다는 표시가 붙은 생수를 사먹으면 된다. 농약잔류물을 피하는 사람은 '유기농산물' 표시가 붙어 있거나 그밖에 다른 식으로 농약을 사용하지 않았다는 표시가 있는 상품을 구입하면 된다. 이 모든 사례에서 고지된 동의의 원칙이 지켜지고 있지만, 그 어디에도 의무표시제 법령의 대상이 되는 나쁜 산물은 없다. 그런 제품에는 아무런 표시가 붙지 않는다.

이 모든 사례에서 동의의 원칙은 다른 선택이 가능하다는 사실에 의해 보호된다. 이러한 대체식품은 식품 소비자들에게 그들이 못마땅하게 여기는 식품 처리체계에서 벗어날 권리를 준다(Hirschmann, 1970). 생명공학의 산물에 대해 식별가능한 대체물이 있다면, 소비자 주권과 동의의 원칙은 보호된다. 벗어날 권리가 보호될 수 있는 방법에는 여러 가지가 있다. 그리고 그중 가장 확실한 것은 '생명공학으로 처리되지 않았음'을 식별하는 표시가 포함된다.

자발적인 네거티브 표시

직접적인 접근방식은 생명공학이 적용되지 않았다는 표시를 상품에 자발적으로 표시하는 것이다. 이 표시는 생명공학의 미적용을 나타내기 때문에 네거티브에 해당한다. 충분한 수의 상품이 네거티브 또는 '생명공학이 적용되지 않았음'이라는 표지를 사용하기 시작하면(당분간은 대부분의 낙농제품 포장에 이런 문구가 적혀 있을 수 있다), 생명공학의 적용을 기피하는 사람들은 목적을 이룰 수 있을 것이다. 생명공학은 식품가공, 불소화 또는 화학첨가제 등에 따라 그 방식이 다르며, 사후추적은 사실상 불가능하다. 네거티브 표시는 정부나 동업자 단체들이 재배자나 중간 처리자들이 속이기 쉬운 모든 생산 공정을 감시하는 데 들어가는 비용을 감당할 때에만 효과를 발휘할 수 있다.

유기농 또는 '녹색' 표시

또 하나의 방식은 '녹색' 또는 '유기농' 상품에 생명공학을 적용하지 않았다는 것을 명시하는 방법이다. 그렇게 되면 우려를 품는 사람들은 곧 생명공학이 지배하게 될 주류 식품체계를 선택하지 않고 재래 식품을 선택할 수 있다. 이것은 현재로서는 가장 가능성이 높은 해결책이다. 여기에는 새로운 시장을 창출하기 위한 출발 비용이 없다. 그리고 처음부터 생명공학을 기피한 사람들은 스스로 슈퍼마켓의 녹색 판매대를 찾을 것이다. 그러나 이 해결책은 이상과는 동떨어져 있다. 농업생명공학에서 가장 매력적인 상품 중 일부는 바이러스나 질병저항성을 약속하거나 화학살충제나 제초제의 감소를 약속하는 것들이다. 유기농산물 구입자들이 이러한 환경친화적 상품의 가장 열렬한 구입자임은 틀림없을 테니, '유기농 = 생명공학 비적용' 정책으로의 이동은 이러한 상품에 오명을 씌우는 동시에 그 잠재적 시장을 약화시키게 될 것이다.

의무표시제, 찬성과 반대

의무표시제에 대한 대안은 존재하며, 가장 큰 윤리적 문제들을 해결할 수 있다. 그러나 의무표시제를 주장하는 사람들은, 만약 네거티브 표시가 벗어날 권리를 준다면 의무적인 '포지티브' 표시제도(즉, 어떤 식품이 생명공학으로 생산되었다는 것을 밝히는 표시)도 같은 기능을 한다고 말한다. 이런 표시는 직접적으로 사실을 밝히기 때문에, 실제로는 사람들이 유전공학식품을 회피하지 못함에도 불구하고 마치 피하는 것처럼 생각하도록 속이거나 헷갈리게 할 염려가 훨씬 적다. 게다가 그 비용은 그것을 기피하는 사람이 아니라 생명공학 기업에게 모두 부과된다.

그런데 의무표시제에 대한 가장 진지한 반대는 그것이 생명공학 제품을 부당하게 낙인찍을 수 있다는 것이다. 일부 사람들이 생명공학식품을 기피하도록 만들 만한 우려가 있기는 하지만, 최소한 그것들을 사람들의 먹거리에 대한 유익한 보완물로 인정하는 것이 합리적이다. 이러한 사실을 고려할 때, 종교적 입장을 갖지 않고, 혐오감도 품지 않으며, 앞에서 서술한 방식으로 정치적 활동도 하지 않는 사람들을 근거 없이 흔드는 정책은 문제가 된다. 또한 그런 정책은 근거도 없이 유전공학식품의 상업적 성장가능성을 축소하는 결과를 초래할 수 있고, 식품산업과 그 투자자 그리고 비영리 생명공학 연구자들의 권리를 침해하는 것으로 해석될 수도 있다. 그러나 이것이 순수한 철학적 문제라면, 의무표시제의 논거가 그에 반대하는 논거에 비견할 만큼 강한 것임을 인정해야 한다. 그 밖의 상황, 가령 의무표시제를 정치적으로 요구하는 강력한 시위가 벌어질 경우 의무표시제의 대안을 지지하는 쪽으로 국면을 바꿀 수 있다는 주장도 설득력을 가진다. 특히 압도적이거나 다수의 생명공학에 반대하는 결정을 내리는 경우에 그러하다. 그러나 윤리적 관점에서 이 방법이 아무리 매력적이어도 기술적인 장애들로 인해 의무표시제는 불확실할 수밖에 없다.

유전공학식품에 대한 의무표시제는 시행하기가 매우 어려울 것이다. 최근, 특정 약품이나 화학식품첨가제를 규제하는 법률은 상품 표본을 검사하여 해당 물질의 존재 유무를 밝히는 방법을 사용한다. 그러나 아직 식품 제조공정에 유전공학이 사용되었는지를 검출하는 (복제나 배아 전이와 같은 생명공학의 다른 방법들은 말할 나위도 없고) 신뢰할 만한 방법은 없는 실정이다. 일반적으로 이 문제를 다룬 전문 문헌이 드물고, 개인 통신으로 이루어지는 비공식적 증언은 일관성을 결여하고 있다. 일부 과학자들은 중합효소 연쇄반응으로 형질전환된 자연식품을 '쉽게' 식별할 수 있다고 믿지만, 다른 사람들은 그리 확신하지 못한다. 이런 검사를 시행하는 방법은 상세하게 기술되었지만, 실제로 식료품점 선반에 있는 식품들에 적용된 경우는 극히 드물다.

생명공학 기업들은 표지 유전자를 도입하는 방법으로 다른 사람이 자신들의 기술을 불법으로 사용하는지 밝혀낸다. 이 표지는 PCR 없이도 쉽게 찾을 수 있지만, 일부 과학자들은 검출을 피하려는 기업들이 마음만 먹으면 쉽게 목적을 달성할 수 있다고 믿는다. 검사의 대안은 생산과정에 대한 조사이다. 현재 농민들과 식품 생산자들은 위생과 환경 순응성에 대한 조사를 하고 있다. 그러나 농장 수준의 조사는 그리 자주 시행되지 못하고 있으며, 위반이 비일

비재하다. 위생과 환경 규제의 실시 목표는 위반을 허용 기준 이하로 낮추는 것이며, 유전공학식품에 대해서도 비슷한 결과를 얻을 수 있다.

그러나 식품생명공학 지지자들이 옳다면, 앞으로 수년 내에 생명공학은 식품 체계에 널리 퍼지게 될 것이다. 감시접근방식은 쌀, 옥수수, 콩(현재 이 작물들은 모두 유전공학 품종으로 세계시장에 나와 있다)과 같은 포장하지 않는 산물을 생명공학 산물과 비생명공학 산물로 구분하여 출하할 것을 요구하고 있다. 지금 상태에서는 한 농민이 생산한 생명공학 품종이 처리과정에서 다른 농민의 전통적 품종과 섞이게 된다. 만약 이러한 구분을 통해 쌀에서 액면 이상의 가치를 얻을 수 있다면, 이 구분법은 통용될 것이다(네거티브 표시 접근방식). 그러나 단지 안전의 측면을 위해서라면 모든 것에 생명공학 표시를 붙이는 편이 훨씬 쉬울 것이다.

그 결과는 표시제의 목적, 즉 개인의 동의를 보호한다는 목적을 무력화하는 체계가 될 것이다.

결론

규제 당국과 과학자들은 식품 안전을 영양가, 식품에서 얻을 수 있는 미적·경제적 이익, 특정 식품 섭취로 인한 질병, 상해 또는 건강에 해로운 그 밖의 결과를 낳을 가능성 등 여러 가지 요소 간의 절충을 최적화하는 문제로 접근한다. 식품에서 기인하는 건강상의 위해와 식품 과학이 이러한 위해를 예상하고 관리하는 능력을 고려한다면, 이것은 윤리적 · 과학적 관점에서 매우 방어적인 접근방식에 해당한다. 그러나 과학과 공공정책의 가장 큰 아이러니 중 하나는, 규제 당국과 과학자들이 위험기반 접근방식의 지혜를 강하게 주장할수록 그 효력이 떨어진다는 것이다(Thompson, 1995).

이런 접근이 효과가 없는 이유 중 하나는 규제자와 과학자들이 위험 및 과학기반 식품안전정책을 문자 그대로 따를 경우, 방어 불가능한 정치적 입장의 덫에 갇힌다는 점이다. 일부 기업 과학자와 그에 공감하는 규제자들은 과학적으로 평가된 상해 확률이 식품을 선택하는 유일한 기준이라는 (또는 그러한 위험 정보가 소비자들이 요구할 권리가 있는 유일한 정보라는) 견해를 지지한다. 그러나 잠시 생각해 보면, 이러한 견해가 얼마나 터무니없는 것인지 드러난다. 그러나 이런 불합리함보다 더 고약한 것은 그것이 대중의 마음속에 '그들이 감추려고 하는 것이 무얼까?' 하는 식으로 의구심을 조장하는 방식이다.

식품 안전에 대한 위험기반 관점에서 볼 때, 생명공학은 꽤 성공을 거둔 셈이다. 과학자와 규제자들은 자신들의 일차적 책임이 생명공학이 공중보건을 위협하지 않는다는 것을 확증하는 것이라는 견해를 버려서는 안 된다. 그리고 식품 체계를 강압적으로 조작하지 않으면서도 이런 목적을 달성할 방법들이 있다. 식품생명공학에 대한 소비자들의 우려는 비합리적인 것이 아니다. 생명공학 제품에 과도한 낙인을 찍지 않으면서 대안적 선택에 대한 갈망을 조율할 수 있다면, 우리는 그렇게 해야 한다. 이러한 처방의 윤리적 기반은 소수자 권리의 중요성, 소비자 주권, 그리고 고지된 동의 원칙에 있다.

■ 참고문헌

Ames, B. (1983), "Dietary Carcinogens and Anti-Carcinogens", *Science*, 156-163.

Bains, W. (1993), *Biotechnology from A to Z*, N.Y. : Oxford University Press.

Beck, U. (1992), *Risk Society*, Translated by M. Ritter, London: Sage.

Douglas, M. (1975), *Implicit Meanings*, London: Routledge.

Douglas, M. and Wildowsky, A. (1982), *Risk and Culture*, Berkeley: University of California Press.

Finkel, A. M. (1996), "Comparing Risk Thoughtfully", *Risk, Health, and the Environment*, 7: 323-359.

Group of Advisors on the Ethical Implications of Biotechnology, European Commission (1996), "Ethical Aspects of the Labeling of Food Derived from Modem Biotechnology", *Politics and the Life Sciences*, 14: 117-119.

Harris, M. (1974), *Cows, Pigs, Wars, and Witches*, New York: Random House.

Knorr, D. and Clancy, K. (1984), *Safety Aspects of Processed Foods. In Food Security in he United States* edited by L. Busch and W. Lacy, Boulder: Westview.

Mather, R. (1995), *A Garden of Unearthly Delights: Bioengineering and the Future of Food*, New York: Dutton.

Sagoff, M. (1985), *Risk Benefit Analysis in Decisions Concerning Public Health*, Dubuque: Kendall Hunt.

Sinclair, U. (1906), *The Jungle*, New York: Doubleday.

Straughan, R. (1995), "Ethical Aspects of Crop Biotechnology", in *Issues in Agricultural Bioethics* edited by T. B. Mepham, 163-176, Nottingham: Nottingham University Press.

제 4부

동물생명공학

앞에서 살펴보았듯이 외래 DNA가 동물세포에 삽입되어 형질전환 동물이 만들어진다. 이 동물은 DNA가 유전체에 삽입되어 여러 세대에 걸쳐 유지돼, 이로울 것으로 예상되는, 외래 유전자를 포함하는 유전공학으로 처리된 동물이다. 그러나 이런 효과를 얻으려면 DNA가 정자, 난자 또는 단세포 수정 배아 등에 삽입되어야 한다. 만약 DNA를 폐세포에 넣는다면, 외래 DNA는 전구세포(*progenitor cell*)가 살아 있는 동안에만 지속될 것이다. 결국 원래의 폐세포 또는 폐세포에서 나온 간세포까지 죽을 것이고, 외래 DNA는 영원히 지속되지 못한다.

형질전환 동물을 생성하기 위한 미세주입법

외래 DNA가 영구적으로 작동하도록 형질전환 동물을 생성하는 방법은 무엇인가? 현재 기본적으로 3가지 방법이 사용되고 있다. DNA를 초기 생식세포에 넣는 가장 통상적인 방법은 미세수술기구에 DNA를 넣은 후, 새롭게 수정된 단세포 배아의 핵 속으로 주입하는 것이다. 이때 정자와 난자는 이미 합쳐졌지만, 그 결과로 탄생한 배아는 아직 분화를 시작하지 않은 상태이다. 현미경으로 정자의 핵과 난자의 핵을 볼 수 있으며, 두 핵에 DNA 용액을 주입한다. 세포치료효소들이 핵 속에 있는 외래 DNA를 인식하고, 그것을 핵의 유전체 속으로 삽입한다. 삽입이 이루어지면, 외래 DNA는 세포 DNA의 항구적인 일부가 된다. 세포가 분화하면 세포 DNA의 모든 부분이 복제된다. 이것이 그 생물체의 최초 세포이고 궁극적으로 탄생하는 동물의 모든 세포가 이 단일세포에서 비롯되기 때문에, 외래 DNA는 그 동물의 모든 세포 속에 들어 있게 될 것이다.

형질전환 동물을 생성하는 다른 방법과 비교하면, 이 방법은 상대적으로 쉬운 편이다. 단점은 외래 DNA가 삽입되는 위치가 임의적이며 단백질 생산이 염색체의 미소서식지 조건에 따라 달라질 수 있다는 점이다.

형질전환 동물을 생성하기 위한 배아 줄기세포

형질전환 동물을 만드는 다른 방법은 배아 줄기세포(*embryonic stem cell*), 즉 인체의 모든 세포가 될 수 있는 발생 중인 배아의 세포를 사용하는 것이다. 단세포 배아가 분화하면, 그 자손세포들은 수 세대가 지나기까지 아직 어떤 종류의 세포가 될지 결정되지 않은 상태를 유지한다. 그러다가 마침내 배아 줄기세포는 특정한 경로에 몰입하면서 혈액세포, 피부세포 또는 신체를 이루는 수많은 종류의 세포 중 어느 하나로 결정된다. 아직 분화되지 않은 세포는 모든 종류의 세포로 발생할 수 있는 잠재력을 가지고 있다. 이런 세포를 배아 줄기세포라고 부른다.

일단 세포가 어떤 경로를 따라 분화를 시작하면, 그것은 더는 배아 줄기세포가 아니다. 그러나 그 세포는 아직 최종적으로 분화하지 않은 상태이다. 이것을 줄기는 하나이고 큰 가지가 여럿 있는 나무에 비유해 보자. 큰 가지는 다시 작은 가지로 가지치기를 한다. 그리고 마침내 가지 끝에 다다른다. 이 말단(末端)은 최종적으로 분화한 세포에 비유될 수 있다. 줄기는 나무의 어떤 말단으로도 발생할 수 있는 배아 줄기세포에 비유될 수 있다. 첫 번째 가지와 두 번째 가지들은 어느 정도 분화에 관여했지만, 아직도 나무의 다른 끝부분으로 갈라질 수 있는 잠재력을 가지고 있다. 이처럼 어느 정도 분화된 세포들은 다능줄기세포* 라고 부른다. 그것은 분화를 할 잠재적인 경로가 여럿 있다는 뜻이다. 그러나 이 세포들은 전능분화능력, 즉, 전체 유기체의 모든 세포로 분화할 수 있는 모든 자유를 가지고 있지 않을 수 있다. 배아 줄기세포는 분화능력에서 분화전능성이거나 다능성이지만, 다른 줄기세포들은 다능성이다.

배아 줄기세포의 응용

쥐의 특정 계통의 경우, 전능줄기세포를 배양액에서 배양한 다음, 분화하지 않으면서 분열을 통해 수가 늘어나도록 할 수 있다. 이 세포는 배양과정에서 전능줄기세포로 남는다. 이 전능세포들의 큰 집단에 DNA를 넣어 배양하고, 그다음 검사를 통해 세포가 DNA를

---

* 〔역주〕 줄기세포는 분화의 정도에 따라 3종류로 나눈다.
① 전능줄기세포: 수정 직후 몇 시간 내에 발생하는 원시세포로, 하나의 세포는 한 인간을 만들어낼 수 있는 능력을 가진다.
② 다능줄기세포: 전능줄기세포가 몇 차례 분화를 거치면서 약 4~5일 정도 지나면 배반포가 된다. 배반포는 외각층과 내부세포로 나뉘는데, 외각의 단층 세포층은 태반이 되고, 내부세괴포는 태아로 성장한다.
③ 특수능력줄기세포: 다능줄기세포가 자라 약 2~3주 정도가 되면 인체의 각 조직이 생기기 시작하는데, 이 단계에서 특수능력줄기세포는 신경, 혈액, 근육, 피부, 내장 등의 조직을 만들어낸다.

받아들였는지를 확인할 수 있다. 미세주입방법에서는 한 번에 하나의 세포에만 DNA를 주입할 수 있지만, 전기충격법*등을 이용하면 DNA를 한 번에 많은 세포에 삽입할 수 있다. 전기천공법은 많은 세포에 여러 외래 DNA 분자를 섞는다. 그런 다음, 맥동하는 전기장이 DNA가 많은 세포 속으로 들어가게 만든다.

이 방법에서는 미세주입술처럼 각 세포에 일일이 변형을 가할 필요가 없다. 세포들이 신체 밖의 배양액 속에서 성장할 수 있으므로, 과학자들은 동물이 태어나기를 기다릴 필요 없이 세포 배양액에 있는 외래 DNA나 형질전환 유전자를 조사하기 위해 많은 세포군을 분석할 수 있다.

미세주입법을 사용할 경우, 주입된 배아가 대리모의 몸속에 착상한다. 그런 다음, 갓 태어난 동물이 외래 DNA를 포함하는지 검사한다. 미세주입법으로 10%의 성공률이 실현되면, 형질전환 유전자를 가진 것으로 확인된 동물이 한 마리 나타나기까지 10마리의 동물이 태어나야 한다. 반면 전능 배아 줄기세포를 사용할 경우, 배양액 속의 세포들을 조사해서 형질전환 유전자를 확인할 수 있으므로 이 세포로 탄생한 동물은 100% 형질전환 유전자를 가진다.

* 〔역주〕 살아 있는 목표 세포에 전기장을 걸면 일시적으로 세포외막에 구멍이 생긴다. 이때 치료물질이나 DNA를 주입하는 기술이다.

배아 줄기세포를 이용한 특정 유전자에 대한 유전공학 (상동재조합)

형질전환 동물을 만들기 위해 배아 줄기세포를 이용하는 가장 큰 이점은 외래 DNA를 동물 유전체의 특정 위치에 삽입할 수 있다는 점일 것이다. 이것은 상동재조합(*homologous recombination*) 원리에 의해 작동한다. 외래 DNA를 삽입할 때, 과학자는 외래 DNA의 말단이나 옆 부분을 숙주세포의 유전체 내 특정 염기서열과 동일하게 또는 일치하게 만든다. 이 작업을 통해 과학자는 원하는 유전체의 특정 위치에 정확하게 DNA를 삽입할 수 있다. 또한 대상이 되는 DNA를 이 외부/변형된 DNA의 상동염기서열 사이에 넣을 수도 있다. 숙주세포는 외래 DNA의 상동말단을 인식하고, 그것을 세포의 유전체 내에 상동관계에 있는 위치에 삽입하여 외래 DNA를 '수선'한다. 이것은 '유유상종'에 비유할 수 있는데, 외래 DNA의 옆구리가 숙주 유전체의 같은 염기서열에 결합할 수 있기 때문이다. 이것을 상동재조합이라고 부른다.

그러나 이런 경우는 매우 드물다. 상동 외래 DNA를 전능줄기세포에 넣어 배양액에서 성장시키면, 수백만 개의 세포 중에서 몇 개의 세포가 상동재조합을 거친 DNA를 가지게 될 것이다. 이 수백만 개의 세포가 배양액에 있는 동안에 상동재조합을 일으켰는지 확인하기 위해 특정한 기법으로 조사할 수 있다.

상동재조합 과정을 수행하는 이유는 형질전환 유전자의 일관된 발현을 얻기 위해서만이 아니라 동물의 유전자를 변형하기 위한 목적도 있다. 삽입 위치가 특정 단백질을 암호화하는 DNA 염기서열에 있다면, 그 단백질의 생산은 방해되거나 파괴될 것이다.

상동재조합을 사용할 경우, 외래 DNA가 목표 유전자에 삽입되며, 이 방법은 유전자 기능을 변형하거나 제거하는 데 사용될 수 있다. 이것은 생물체에 있는 유전자의 기능을 결정하는 매우 강력한 생물학적 도구이다. 이 방법은 '녹아웃'(*knockout*) 실험이라고 하는데, 이런 이름이 붙은 이유는 해당 생물체의 어떤 기능이 제거되었는지 알기 위해 유전자의 기능을 작동불능으로 만들기 때문이다.

상동재조합 실험을 하는 또 하나의 이유는 동물의 유전자 기능을 완전히 파괴하지 않고 약간의 변형을 하기 위함이다. 가령 돌연변이의 수선이 그런 예에 해당한다. 그러기 위해서 형질전환 유전자가 일부 중요한 핵산에서 약간의 변화를 일으키는 것을 제외하면 원래의 유전자와 같아야 할 것이다. 유전적 질병은 대부분 핵산(核酸)의 작은 변화에서 기인하며, 심지어는 하나의 핵산이 바뀌는 경우도 있다. 따라서 정확한 수선이 가능하다면, 비정상을 제거할 수 있을 것이다.

배아 줄기세포로 전체 동물을 만든다

완전한 형질전환 동물을 만들기 위해서 전능줄기세포는 어떻게 이용되는가? 여러분이 인간 배아 줄기세포 연구와 동물 복제에 연관된 몇 가지 윤리적 문제들을 쉽게 이해할 수 있도록 이 과정을 상세하게 설명하면 다음과 같다.

먼저 암컷 동물로부터 수정될 준비가 된 미수정 난자를 얻는다

(〈그림 17〉이 이 과정을 상세히 보여 준다). 미세수술용 기구를 이용해서(현미 주사 과정에서 사용된 것과 동일하다), 과학자들이 현미경으로 관찰하면서 미세한 바늘로 DNA를 끌어내 난자의 염색체를 제거한다. 이 과정을 '탈핵'이라고 하며, DNA를 포함하는 핵물질을 제거하는 것이다. 이제 난자에는 염색체 DNA가 없다. 따라서 미세수술용 기구를 사용하기가 상대적으로 쉬워진다.

〈그림 17〉에서 보듯이, 다음 단계는 배아 줄기세포의 염색체를 난자 속으로 넣는 것이다. 배아 줄기세포의 막 또는 외각을 난자의 막과 융합하는 데 전기펄스가 사용된다. 이 융합과정에서 배아 줄기세포 염색체 DNA가 난자 속으로 들어간다. 그 다음이 '활성화 과정'이다. 약간의 화학물질과 전기자극이 가해져 난자가 마치 막 수정된 것처럼 행동하게 만든다. 이 활성화 단계를 거치지 않으면, 난자는 미수정란으로 남아 있게 된다. 수정 단계를 통해 난자는 배아로 성장 분화를 시작하게 될 것이다. 마지막 단계는 이 배아를 가임신 암컷에게 넣는 것이다. 가임신상태인 암컷은 적절한 호르몬 처치를 받아왔고, 정관 수술을 받은 수컷과 짝짓기를 해서, 실제로는 수정의 전제조건인 정자에 의한 수태를 하지 않았음에도 불구하고, 생리적으로 마치 임신한 것처럼 행동하게 된다. 따라서 가임신 암컷은 유전공학으로 처리된 배아를 자궁벽에 착상할 수 있다. 만사가 순조롭게 진행되고 세포의 생리기능이 예상대로 작동하면, 이 단계에서 배아는 태아로 발생하고, 얼마 후 신생동물로 태어나게 될 것이다.

이 과정을 거쳐 탄생한 동물은 모두 외래 DNA를 가진 형질전환동물이다. 배양액 속의 배아 줄기세포에 상동재조합이 이루어지면,

그 결과로 탄생하는 모든 동물은 그 동물의 유전체의 정확한 위치에 삽입된 DNA를 가지게 될 것이다.

복제양 돌리도 앞에서 설명한 방법에 의해 비(非) 배아 줄기세포로 탄생했다. 동물을 만드는 데 사용된 배아 줄기세포의 경우와 마찬가지로, 비배아 줄기세포도 돌리를 만드는 데 사용되기 전에 세포 배양액에서 증식되었다. 상동재조합 과정이 체외에서 많은 수의 세포를 증식할 수 있는 능력을 요구하기 때문에, 돌리를 만들기 위한 배양액 증식세포의 이용은 쥐를 제외한 다른 포유류의 경우에 상동재조합 과정으로 귀결될 것이다. 농업적으로 중요한 동물의 특정 유전자를 변형하거나 녹아웃 시키는 능력은 농업에 있어서 엄청난 실용적 가치가 될 것이다. 인간배아 연구를 둘러싼 윤리적 우려가 극복되면, 상동재조합 과정이 사람의 배아가 정상적인 태아로 발생하는 데에서 나타나는 유전적 결함을 정확하게 치유하는 데 이용될 수 있을 것이다.

요약하면, 상동재조합 과정은 쥐의 유전학을 연구하는 데 유용하며, 앞으로 농업과 의학에 가치 있는 유전자 변형을 제공할 수 있을 것이다. 이론적으로, 상동재조합에 의한 DNA의 위치지정 삽입은 DNA의 직접 미세주입법으로 얻을 수 있었던 임의적인 삽입보다 훨씬 나은 선택이 될 것이다.

〈그림 17〉 배아 줄기세포를 이용한 동물 복제 과정

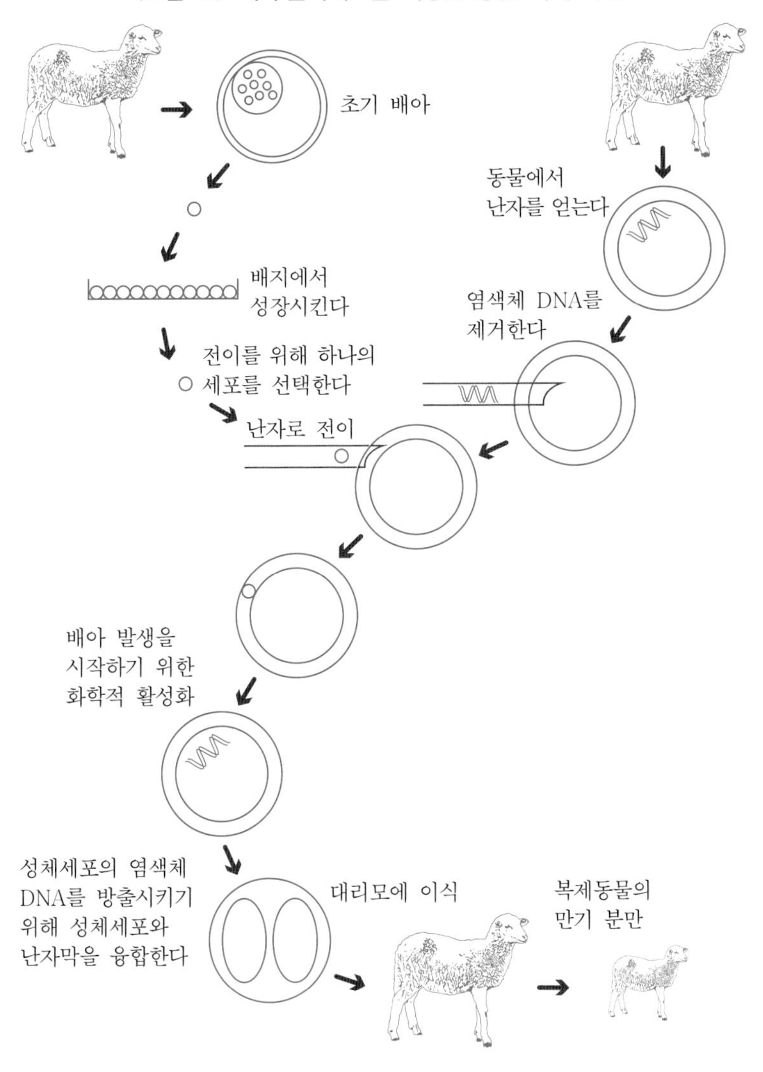

동물 장기이식에 대한 서술

형질전환 동물은 사람에게 이식 가능한 장기 공급처로 이용될 수 있다. 이것을 이종이식(*xenotransplantation*, *xenografting*)*이라고 한다. 이 말의 어원은 '다르다' 또는 '낯설다'는 뜻에서 나왔다. 따라서 이종이식이란 한 종의 조직을 다른 종으로 이식하는 것을 뜻한다. 이종이식은 지난 수십 년 동안 간헐적으로 시도되었지만, 그 성공은 극히 제한적이었다. 가장 큰 어려움은 장기를 받은 동물이 이식된 장기에 대해 나타내는 즉각적인 거부반응이었다.

사람의 경우, 증여자 장기에 대한 요구가 날로 늘어나고 있어, 최근 이종이식에 대한 관심이 높아졌다. 이러한 즉각적인 거부반응을 극복할 수 있다면, 이종이식은 상당한 성장을 이룰 것이다. 최근 이 분야의 주도적인 연구자인 로빈 바이스(Robin Weiss)는 즉각적인 거부반응 문제를 해결하기 위한 5가지의 가능한 전략을 제시했다. 하나는 동물실험에서 효과가 없는 것으로 밝혀졌고, 다른 하나는 현 단계에서 실행할 수 없다. 나머지 3가지 중 2개의 접근법에는 형질전환 동물이 포함된다.

많은 전문가는 형질전환 동물을 이종장기이식에 대한 즉각적인 거부반응을 극복할 수 있는 가장 유망한 통로로 간주한다. 최근 많은 연구자가 유전자를 변형한 특정 동물, 특히 조직형태학적으로 호환가능한 장기를 가진 돼지가 핵심적인 면역학적 장애물을 극복

* 〔역주〕 두 용어는 실질적으로 같은 의미를 가지는 것으로 판단되어, 이 번역에서는 모두 '이종이식'으로 번역했다.

할 수 있을지 모른다는 가능성을 시사했다. 만약 그렇게 된다면, 이종이식은 동종이식을 기다리는 사람들을 위한 임시적인 브리지*나 보다 긴 기간의 대체 장기로도 사용될 수 있을 것이다. 그러나 유전자변형 돼지 장기실험에 대한 식품의약품국의 최초 승인이 임박하면서 중요한 과학적·도덕적 문제들도 제기되고 있다.

과학의 전망과 그 위험

이 절에서 우리는 이 주제의 가장 중요한 특징들만 다룰 것이다. 먼저 영장류가 선택 가능한 공여동물로 고려될 수 있을 것이다. 그러나 윤리적 혐오감과 같은 여러 가지 이유와 과학적 장점으로, 현재 돼지와 영장류가 아닌 다른 동물들이 연구의 중심을 이루고 있다. 많은 사람은 영장류가 사람에 더 가깝다고 생각하지만, 영장류가 대량으로 공여동물로써 이용된다면 싫어할 것이다.

그러나 그런 이유뿐 아니라, 영장류를 대상에서 제외시키는 데에는 확실한 과학적 이유가 있다. 첫째, 침팬지의 기관은 너무 작아서 사람의 성인에게 사용할 수 없다. 그리고 그보다 큰 영장류는 장기부족 문제를 해결할 수 있을 만큼 그 수가 많지 않다.

둘째, 영장류는 사람에게 치명적일 수 있으며 치료가 거의 불가능한 바이러스 감염증을 가지고 있는 것으로 알려졌다. 영장류-사

* 〔역주〕 동종이식, 즉 사람으로부터 장기를 이식받기 위해 대기 중인 사람이 차례를 기다리는 동안 생체 기능을 유지하기 위해 임시로 동물의 장기를 이식받는 것을 뜻한다.

람으로의 전달 경로는 에이즈 바이러스의 원인으로 생각되고 있으며, 원숭이의 면역부전(면역기구에 결함이 생긴 상태) 바이러스가 영장류를 연구하던 실험실의 연구원에게 전이되었다는 자료도 있다. 그 밖의 여러 가지 감염증이 영장류의 기관에서 올 수 있으며, 아직 확인되지 않은 감염증도 위험을 야기하고 있다.

마지막으로, 현재 형질전환 변형은 영장류에서 불확실한 상황이며, 따라서 기관 거부반응을 피하는 데 도움이 되거나 그럴 가능성이 있는 종류의 시도는 영장류를 대상으로 이루어지지 않고 있다.

돼지는 이러한 문제들 중 일부를 해결해 줄 것으로 기대된다. 돼지의 장기는 사람에게 맞는 크기이며, 생리적으로도 호환가능하다. 돼지는 형질전환을 통해 변형이 가능하며, 사람에게 위험한 감염성 인자를 거의 가지고 있지 않은 것으로 생각된다. 따라서 돼지가 이종이식으로 이어지는 형질전환 연구에서 초점이 되었다.

기관이식, 특히 유연관계가 먼 종에서 온 기관의 이식은 3단계로 다음과 같은 3가지 거부반응을 일으키기 쉽다.

초급성 거부반응

초급성 거부반응(Hyperacute Rejection: HAR)은 거부반응의 첫 번째 단계로 수분에서 수 시간 내에 빠르고 격렬한 거부반응을 나타낸다. HAR은 두 가지 단백질 집합, 즉 보체 단백질에 의해 매개된다. 면역체계의 다른 메커니즘들과 달리, 보체 단백질은 상존한다. 이 단백질은 바이러스나 박테리아와 같은 외부 침입자에 대응해서 합성될 필요가 없다. 따라서 보체 단백질은 흔히 방어의 제일선에 서게 된다. 특히 외부 기관의 이식 같은 경우에 그러하다. 이식된 조직이 특정 단백질을 가지고 있다면, 보체는 외부 조직을 파괴하기 위해 활성화되지 않는다. 사람의 조직은 이러한 특정 단백질을 가지고 있으므로, 한 사람에서 다른 사람으로의 이식은 보체에 의한 거부반응을 일으키지 않는다.

그러나 한 종에서 다른 종으로 조직이 이식되면 보체가 빠르고 격렬하게 부착된다. 이러한 보체의 급성부착을 피하는 전략은 유전자 변형된 공여동물이 그 기관에 사람의 특정 단백질을 가지도록 하는 것이다. 이 동물 장기를 이식하면 신체가 형질전환 단백질을 인식하기 때문에 보체가 그 장기를 파괴하는 활동을 하지 않게 된다. 그러나 이 동물의 유전자가 완전히 변화된 것이 아니라는 사실을 이해하는 것이 중요하다. 몇 종류의 단백질을 유전자에 추가하는 정도로는 생리적으로나 해부학적으로 그 동물을 변화시키지 않는다. 즉, 기본적으로는 정상이다.

급성 혈관성 거부반응

다음 수준의 조직거부반응이 급성 혈관성 거부반응이다. 거부반응의 두 번째 단계인 이 반응은 통상 이식 후 수일에서 수주일 이내에 발생한다. 이 거부반응에는 혈관 내벽세포의 변화가 포함된다. 이 과정에서 혈관의 정상적인 항(抗)응혈성 상태, 즉 피가 응고하지 못하게 막는 상태가 혈액이 응고하기 쉬운 친응혈 상태로 변화된다. 그 결과, 복잡한 조직손상과 혈액응고의 경로가 발생하며, 그 과정에서 이식된 장기나 조직의 생존가능성은 급속히 떨어진다. 이러한 복잡한 급성 혈관성 거부반응을 극복하려면 더 많은 진전과 전략이 필요할 것이다.

감염 위험

동물원성 감염증(*zoonosis*)은 동물에서 사람으로 전이된 감염증이다. 이식 장기를 통해 동물에서 사람으로 감염증이 전이될 때, 그것을 제노시스(*xenosis*)라고 한다.

동물원성 감염의 예는 광우병, 닭과 돼지 인플루엔자, 설치류로부터 감염되는 한타바이러스(*hantavirus*)* 또는 원숭이에서 시작된 인간 면역결핍 바이러스 등이 해당한다. 광우병은 스크래피(*scrapie*)**라 불리는 양의 질병에서 비롯되었다. 소가 양의 부산물을 단백질원으로 섭취하면서 양의 질병이 소에게 전이되었다. 소는 양으로부터 온 신경성 뇌 질환에 걸렸다. 그 후 일부 사람들이 소의 조직, 아마도 신경조직에 노출되었을 것이고, 아직 알려지지 않은 방식으로 같은 질병에 걸렸다.

그것이 사람에게서 나타나는 크로이츠펠트 야곱병(Creutzfeldt-Jacob syndrome)이다. 1918년에 일어났던 엄청난 규모의 인플루엔자 대유행은 돼지의 인플루엔자 바이러스가 사람에게 전이되면서 발생했다. 이 바이러스는 돼지보다 사람에게 훨씬 더 위험했으며,

* 〔역주〕 발견자는 이호왕 박사로, 한탄강에서 한탄바이러스를 분리한 그가 지은 이름이다.

** 〔역주〕 양이나 염소의 뇌를 침범하는 전염병으로 치사율이 높다.

당시 무려 2천 만~2천 5백만 명이 사망했다. 병사들 사이에서 나타난 높은 치사율로 제 1차 세계대전이 빨리 끝나게 되었다고 생각하는 사람들도 있다.

에이즈 감염의 경우 영장류에서 사람으로 전파되었음을 시사하는 증거가 있다. 이러한 사례들은 드물지만 동물원성 감염증이 인간종에 얼마나 심대한 영향을 주는지 잘 보여 준다.

영장류는 사람에게 교차 감염될 수 있는 바이러스를 포함할 가능성이 높기 때문에 현 단계에서 이종이식의 장기원으로 고려되지 않고 있다. 앞에서 언급했듯이, 돼지의 장기가 장기 제공용으로 개발되고 있다. 돼지를 사용하는 것이 제노시스의 위험을 일으키는가? 답은 '그렇다'이다. 그러나 위험의 정도는 아직 알려지지 않고 있다.

돼지를 비롯한 대부분의 동물은 HIV와 근연간인 바이러스의 특징적인 DNA 염기서열인 내인성 레트로바이러스(*endogenous retrovirus*)를 가지고 있다. 내인성 레트로바이러스의 내부 DNA 염기서열이 쥐에게 주입된 바이러스와 결합하거나 재조합해서 내인성 레트로바이러스나 주사된 바이러스의 일부를 포함하는 새로운 바이러스가 될 수 있다는 사실은 오래 전에 알려졌다. 동물에서의 가까운 결합이나 재조합을 통해 새로운 잡종(하이브리드) 바이러스가 창발될 수 있다. 돼지는 이러한 내인성 레트로바이러스 유사 염기서열을 가진 것으로 알려졌기 때문에, 다른 특성을 가진 새로운 바이러스가 창발될 수 있다는 위험이 있다.

또한 동물 장기를 사람에게 이식할 경우, 감염된 장기에는 노출되지 않지만 그 바이러스에 노출된 사람에 비해 제노시스의 위험을 증가시킬 수 있다. 이종이식 조직은 신체 안에서 '배양공장'으로 기능하고, 거기에서부터 바이러스가 세포 대 세포 접촉을 통해 숙주 또는 수용체에 전이될 수 있다. 세포막이 서로 접해 있어서 바이러스가 매번 새로운 세포를 다시 감염시킬 필요가 없기 때문에, 이것은 일부 바이러스가 세포를 감염시키는 가장 효율적인 방식 중 하나이다. 또한 장기이식 환자들은 대개 면역체계를 억제하는 약물을 복용한다. 따라서 이러한 면역억제제 덕분에 새로운 바이러스들이 면역체계의 도전을 받지 않으면서 자신을 복제할 수 있다.

동물의 도덕적 지위

지난 30여 년 동안 여러 분야에서 동물의 도덕적 지위를 둘러싸고 격렬한 논쟁이 전개되었다. 이 논쟁은 형질전환 동물과 연관된 도덕적 문제에 대한 진지한 토론의 배경을 이루었다. 이 책에서는 동물의 도덕적 지위에 대해 3가지의 기본적 접근이 개진된다.

첫 번째는 이 책 제 16장에서 드실바에 의해 제기된다. 지각력이 있는 동물에 대해 우리가 저지르는 잘못은 동물에게 고통과 괴로움을 준다는 점이다. 예를 들어, 우리가 먹고, 올무로 사냥하며, 가축으로 기르는 고등동물은 사람과 마찬가지로 지각력을 가진 존재이다. 신체적 장애를 가진 아이에게 도움이 되지 않는 의학실험으로 그 아이에게 고통과 괴로움을 주는 것이 나쁘다는 데에는 거의 모두가 동의한다. 그렇다면 개에게 똑같은 실험을 하는 것은 어떻게 허용될 수 있는가?

이 논변에 따르면, 어린이를 이용하는 것이 나쁜 이유는 아이에게 가해지는 무의미한 고통이나 괴로움 때문이다. 어린아이는 동의를 할 수 없기 때문에 여기에서 개인의 자율성은 주제가 아니다. 만약 어린아이가 돌이킬 수 없는 영구 장애아라면, 우리는 그 아이의 성장을 방해하지 않는다. 이때 우리가 거부할 수 있는 유일한 합리적 근거는 아이가 받는 고통과 괴로움이다. 그리고 그 근거는 지각력을 갖춘 모든 생물을 포괄하는 것 같다. 드실바는 동물 장기이식이라는 구체적 주제들을 통해 이러한 관점을 제기한다.

드실바는 유용성을 근거로 동물 장기이식을 분명하게 반대한다.

그와 대조적으로, R. G. 프레이(R. G. Frey)는 윤리학의 유용성 관점에서 등장한 같은 주제들에 대해 미묘하게 다른 관점을 제시한다. 프레이는 폭넓게 받아들여진 두 가지 명제를 제기한다. 첫 번째는 드실바의 유용성 명제이다. 이것은 지각력이 있는 생물에게 아무런 목적 없이 고통이나 괴로움을 주는 것은 잘못이라는 명제이다. 두 번째는 실험의 수행에 대해 유용성의 근거가 존재한다면 (가령, 에이즈 백신 개발과 같은) 먼저 동물을 대상으로 시험하는 것이 바람직하다는 널리 인정된 명제이다.

프레이는 이 두 가지 신념 사이의 긴장을 탐색한다. 인간의 생명보다 동물의 생명을 덜 가치 있게 하는 것은 과연 무엇인가? 프레이는 두 번째 원칙, 즉 동물실험 우선의 원칙이 장애아나 신생아의 경우에조차 수용된다고 믿는다. 따라서 의식적인 경험, 즉 고통이 항상 사람에게 더 크다는 생각은 사실이 아니다. 또한 자율성이나 삶의 질도 우리가 동물을 먼저 실험에 이용해야 하는 거의 절대적인 원칙의 근거가 될 수 없다. 이 규칙은 사람보다 동물을 먼저 이용하는 것을 선호하도록 명백하게 편향되어 있다. 이러한 방식으로 그

규칙은 인간종에 대한 선호에 깊이 뿌리내리고 있다. 최근 논의에 등장하는 언어를 사용하면, 그것은 '종차별주의'(*speciesist*)이다. 이 말은 인종차별주의가 소수 인종에 대한 차별이라는 편향을 가지고 있듯이 동물을 차별하는 도덕적 편향을 뜻한다.

결국 프레이는, 사람이 신의 특수한 피조물이라는 종교적 견해와 별개로, 우리가 이러한 편향을 뒷받침할 충분한 근거를 제공할 수 없다고 결론짓는다. 이것은 두 번째 원칙에 대한 적절한 토대작업을 제공할 것이다. 문제는 두 번째 원칙이 매우 널리 공유되어 있음에도 불구하고, 이 특별한 토대에 대한 인식은 공유되지 않는다는 점이다. 프레이는 이 문제를 해결해 주지 않지만, 우리에게 매우 신중하게 경고하고 있다.

사람을 실험에 이용하는 것이 잘못이라고 판단할 때, 우리는 그들이 받는 고통과 괴로움뿐 아니라 이러한 이용이 그들의 성장과 발전을 저해하고 불구로 만들 수 있다는 점까지 고려한다. 우리가 그들을 조작하는 방식 때문에 그들은 잠재력을 충분히 실현할 수 없다. 프랑켄슈타인의 문제는 그가 고통과 괴로움을 받았기 때문만이 아니라 기형이 되었다는 사실에 있다.

이것이 오늘날 동물 이용과 동물의 도덕적 지위에 대한 논의에 크게 기여한 버나드 롤린(Bernard Rollin)이 주장한 요지이다.

롤린은 유전자 기술이 동물에게 줄 수 있는 위해, 특히 BGH의 사례에서 나타나는 고통의 위해에 극히 민감했다. 게다가 롤린은 인간이 동물의 본성을 발전하게 할 수도 있고, 동시에 불구로 만들 수도 있다고 믿었다. 그의 관점에서 공장식 축산은 사람들이 동물을 그들의 본성에 거스르도록 강요하는 방식이었다. 가령 어린아이를 옷장 속에 가두어 키우는 것이 잘못인 이유가 아이의 성장을 방해하기 때문인 것과 마찬가지이다. 비유적으로, 전형적인 축산의 잘못은 젖소를 평생 작은 칸막이 속에 갇혀 살게 하는 것이다.

그런데, 만약 동물의 '본성'을 우리가 동물을 기르는 환경에 적응시킬 수 있다면 어떻게 될까? 이것이 롤린의 흥미로운 제안이다. 동물을 이용하는 방식이 동물의 본성에 적합하도록 동물 본성을 바꾸는 데 형질전환을 사용할 수 있겠는가? 형질전환은 동물이나 인간에게 해를 가하는 방식으로 이용될 수 있지만, 그것은 잘못된 이용이다. 그렇지만 반드시 그런 것은 아니다. 동물의 형질전환은 동물에 대한 위해를 줄이는 데 이용될 수도 있을 것이다. 이런 경우는 잘못이 아닐 수 있다.

동물의 도덕적 지위에 대한 문제를 해결하는 한 가지 방식은 그들의 모든 도덕적 지위를 부정하는 것이다. 동물의 도덕적 지위 문제에 대한 세 번째 견해는 인간에게는 있지만 동물에게는 없는 능력, 도덕적 지위와 연관된 어떤 능력을 찾으려는 시도이다. 철학자로 이 견해를 오랫동안 지지해온 가장 중요한 인물은 칼 코헨이다. 이 책에 수록된 코헨의 글은 그의 입장을 나타낸 고전적 주장이다. 그는 동물과 연관된 핵심적 도덕문제가 그들이 권리를 가지는지의 여부라고 생각했다. 이 물음에 답하려면, 먼저 사람이 이처럼 특별한 도덕적 지위를 가진다는 우리의 믿음을 정당화하기 위해, 인간이 무엇인지 알아야 할 필요가 있다.

코헨은 역사상 가장 중요한 철학자 중 한 사람인 칸트(Immanuel Kant)의 논변을 제공한다. 사람은 도덕적 선택에 직면하고, 도덕적 판단을 내리며, 권리와 책임이라는 체계 속에서 자신의 행동을 규율하는 도덕률을 개발한다는 것이다. 코헨의 관점에서 동물은 도덕적 규약에 따르거나 그것을 만들지 않기 때문에 도덕적 권리를 가진다고 볼 수 없다. 권리를 가지려면 책임을 져야 한다는 것이다. 동물은 책임을 지지 않기 때문에 권리도 없다.

프란츠 드 발(Franz de Waal)과 같은 많은 사상가는 동물이 도덕 규약을 따르지 않는다는 생각을 받아들이지 않았다. 그들은 일부 고등동물이, 사람의 성인(成人) 정도로 강하지는 않지만, 도덕적 본성을 가지며 도덕적 일반 행동패턴을 따른다고 믿었다. 이런 생각이 받아들여지든 아니든 간에, 코헨에게 가장 중요한 물음은 "도덕적 선택 능력을 결여하는 많은 사람의 경우를 (노인처럼) 어떻게 볼 것인가"였다. 코헨은 자신이 제기했다고 알려진 이 물음이 오해에서 기인한다고 답했다. 이 문제는 '인간의 본질적 특성'을 다루는 것으로, 인간을 구분하거나 분류하는 데도 사용될 수 있다. 그러나 그의 답은 너무 짧지 않을까?

만약 도덕적 규칙이 사람의 '본질적' 특성이라고 답한다면, 그것은 사람이라면 이런 능력을 가지거나 최소한 미래에 갖출 수 있어야 한다는 것을 함축하지 않는가? 그러나 이런 함축에는 노쇠한 사람이 포함되지 않는다. 여기에서 코헨은 장애를 가진 사람의 문제에 대해 충분하고 완전한 답을 주지 않고 있는지도 모른다.

동물권

동물의 도덕적 지위에 대한 물음의 답은 롤린과 코헨의 초기 입장과 사뭇 다른 결론에 도달하는 식으로 주어질 수도 있다. 칸트는 '정언

명령'으로 윤리 분야에서 그에 합당한 명성을 누리고 있다. 그는 정언 명령이 윤리의 근본 원리라고 믿었다. 칸트는 이 원리에 등가(等價)인 두 가지 버전이 있다고 주장했다. 첫 번째는 코헨이 채택한 것으로, 항상 너의 행동의 원칙이나 좌우명이 자신이나 타인에 의해 일반 법칙으로서 자발적으로 실천될 수 있도록 행동하라는 것이다. 이것은 도덕적으로 행동하기 위해서 자신이 보편적이라고 믿는 법칙을 따라야 한다는 코헨의 사상에 기초한 근본 개념이다. 코헨은 동물이 이런 법칙을 따르지 않기 때문에 도덕적 명령에 의해 부여되는 지위를 가질 수 없다고 주장했다.

그러나 칸트는 그의 원리의 두 번째 버전을 제공했다. 그것이 너에게 있는 것이든 타인에게 있는 것이든 인간성을 수단으로 간주하지 말고 항상 그 자체를 목적으로 다루어야 한다는 것이다. 대체로 이 말은 인간이란 '값을 헤아릴 수 없을 만큼 가치 있는 존재'라는 의미이다. 사람들은 자신의 목적을 추구하기 위해 물건을 이용한다. 그러나 그 역은 성립할 수 없다. 둘째, 사람은 스스로 결정을 내릴 수 있는 이성적 존재이다. 따라서 인간은 존중받을 만큼 고유한 존엄성을 가진다고 간주되어야 한다. 설령 그들이 존중받지 못할 행동을 할 때도 마찬가지이다. 우리는 그들이 선택하지 않은 목적으로 사람을 이용하거나 조종해서는 결코 안 된다.

홀랜드는 제 20장 동물의 도덕적 지위에 대한 토론에서 핵심적인 점들을 세밀하게 검토한다. 그는 롤린이 했던 제안을 비판하는 방식으로 존중이나 존엄의 원리를 결론으로 제시한다. 심지어 그는 표면적으로 바람직한 것처럼 보이는 형질전환 기술의 사용도 동물을 고통의 감소라는 일반적 목표를 위한 수단에 봉사하게 만든다고 주장한다. 이런 방식으로 그는 자살에 대한 칸트의 입장을 따른다.

칸트는 자살이 부분적으로 '목적 그 자체'라는 원칙을 위배하기 때문에 나쁘다고 생각했다. 즉, 개인이 고통의 감소라는 일반적 기대를 위해 자신을 희생하는 행위라는 것이다. 따라서 그는 사람을 어떤 목적의 수단으로 이용한 셈이다. 홀랜드는 롤린의 주장도 — 동물을 이용해서 고통이 줄어든다 — 같은 논리이며, 동물이 그 목표를 위해 봉사하는 수단이 된다고 주장한다.

이 대목에서 홀랜드의 입장이 부분적으로 코헨이 부정했던 관점, 즉 고등동물은 이성적 생물체라는 관점을 기반으로 하고 있다는 것에 주목할 필요가 있다. 만약 고등동물이 이성적 존재라면, 우리가 생각하듯 더 나은 생명을 형성하기 위한 점토로서가 아니라, 지금 그들이 영위하는 삶 자체가 존중되어야 한다.

동물에 대한 존중을 뒷받침하는 다른 방법은 신학적인 것이다. 동물은 신이 창조했고 가치를 부여받았기 때문에 아량과 존중으로 대해야 한다. 성경의 전통에 따르면, 모든 피조물은 성스러운 존재이며, 인간은 그들을 돌봐야 할 책임이 있다. 나아가 하나님이 알지 못하면 참새 한 마리도 떨어지지 않는다.* 신의 관심은 솔로몬의 궁전보다 더 완벽한 창조물인 '들에 핀 백합'으로까지 확장된다.

이것이 린제이가 동물의 형질전환 전면 반대를 옹호하는 일반적 입장이다. 동물 생명공학은 동물을 노예로 만드는 것이고, 이는 인

---

* 〔역주〕 이 말은 신의 속성을 뜻하는 표현으로 자주 인용되는 다음 성경 구절에서 나온 것이다. "참새 두 마리가 한 앗사리온(로마 화폐 단위)에 팔리는 것이 아니냐. 그러나 너희 아버지께서 허락하지 않으시면 그 하나라도 땅에 떨어지지 않는다"(《마태복음》, 10장 29절).

간의 창조주로서 신의 자애로움에 대한 완전한 부정과 같다. 그 누구도 동물종을 소유할 수 없다. 왜냐하면 신만이 진정한 소유자이기 때문이다. 따라서 모든 동물 특허는 '우상숭배'이다. 린제이가 주장하듯이, '우리는 신의 소유물에 대해 전유권을 주장할 아무런 권리가 없다'. 린제이는 동물권을 위해 노력하는 저명한 기독교 사상가이다. 이 책에 실린 글에서 그는 동물 생명공학이 '신 놀이하기'의 도덕적 문제를 드러내고 있다는 주장을 강력하게 지지한다.

이종이식: 윤리적 문제들

이종이식의 과학적 불확실성과 도덕적 문제점이 매우 심각하기 때문에 바흐와 그의 공저자와 같은(제 22장) 일부 선도적 연구자들은 이종장기이식연구의 일시중지(*moratorium*)를 요구했고, 전국 차원의 위원회를 만들어 문제점을 선별하고 그 주제들에 대한 공중의 합의를 도출해야 한다고 주장했다. 그 주제들은 이 책에 잘 반영되어 있으므로 여기에서는 간단하게 요약하겠다.

첫 번째 주제는 공여동물 자체의 도덕적 지위와 그들에게 미치는 심각한 위험에 대한 것이다. 이미 우리는 형질전환 동물의 도덕적 지위와 복지를 다룬 글을 개괄했기 때문에 새롭게 추가할 내용은 없다. 바흐와 공동 필자들이 제기한 새로운 주제는 공여동물의 몸속에서는 질병을 일으키지 않은 바이러스들이 사람의 몸속으로 들어와 변화할 수 있으며, 다시 공여동물의 개체군에 심각한 질병을 야기할 수 있다는 가능성이다. 동물의 복지문제는 차치하고라도, 이미 상업적 이용이 확립된 동물의 '형질전환 바이러스'는 자칫 산업 전체를 파멸로 이끌 수 있다. 이러한 우려가 홀랜드나 롤린의 입장처럼 동물의 권리나 도덕적 지위에 뿌리를 둔 것이 아니라는 점에 주목하라. 오히려 바흐와 그의 공저자들은 문제의 동물들이 사람의 이용을 위해 존재하며, 동물을 이용하는 동안 바이러스가 동물과 그 동물을 이용하는 산업에 미치는 잠재적 영향에 대한 우려가 있다고 가정한다.

이종이식의 두 번째 도덕적 문제는 이식을 통해 얻는 개인의 이익과 동물의 레트로바이러스가 이식된 장기를 통해 사람 집단에 전이될 경우 발생할 수 있는 사회적 위해(危害) 간에 나타나는 긴장이다. 이것은 한 사람의 이익이 다수에게 해를 끼치는 고전적 윤리문제의 변형에 해당한다. 특히 이 주제는 공리주의적 윤리문제에서 두드러지게 나타난다.

장기이식의 경우, 그 이익과 위해는 부분적으로만 알려졌지만, 비대칭이 존재한다. 장기이식을 원하는 개인은 장기를 얻지 못하면 죽게 될 것이고, 따라서 설령 실패해도 자신의 수명이 기껏 수주일이나 수개월 줄어드는 것에 불과하므로 큰 위험도 기꺼이 감수할 것이다. 반면 위험에 처하는 사회의 다른 구성원들은 그 정도로 극단적인 상황은 아니다. 설령 나중에 장기이식이 필요하게 되더라도 미래의 이익이 현재의 위험을 감수할 정도의 가치는 갖지 않는다.

새로운 레트로바이러스 감염은 이러한 상황에서 이종이식 수용자에게 무엇이 요구되어야 하는지를 둘러싸고 심각한 주제들을 제기한다. 이종이식 수용자 그리고 그들의 배우자들 모두 지금까지 알려진 위험은 물론 아직 이론적 가능성에 불과한 위험까지도 충분히 알아야 한다. 바흐와 그의 동료들, 그리고 반더풀이 지적했듯이, 이종이식자를 대상으로 광범위한 추적과 모니터링을 할 필요가 있다. 그렇지만 어떻게 개입적 모니터링을 해야 하는가? 레트로바이러스의 잠복기는 HIV의 경우와 마찬가지로 장기적일 수 있으므로 이식 환자들에게 동의의 일부로 장기간에 걸친 개입적 모니터링의 수용 여부를 확인해야 할 것인가? 앞선 연구에서 평가되었던 알려지지 않은 위험을 고려한다면, 모니터링 기간이 끝날 때까지 환자들이 연구에서 벗어나지 못하게 해야 하는가?

이러한 문제들은 이종이식연구의 처음 수년 동안 환자들이 치러야 할 최소한의 '도덕적 수수료'로 간주해야 할지도 모른다. 그러나 가능한 위해가 실제로 드러나고 이식 환자들에게서 새로운 레트로바이러스 감염증이 나타난다면? 그들의 자유에 대한 구속은 제삼자에게 미칠 수 있는 위해를 예방하기 위한 조치로 과연 어느 정도까지 정당화될 수 있는가? 섹스 상대자를 비롯해 이식 환자와 가까운 그 밖의 사람들도 모니터링을 받도록 요구해야 할 것인가? 레트로바이러스의 발생을 가정한다 해도, 단지 초기에 잠재적 위해가 있다는 이유만으로 직업 제한을 비롯한 그 밖의 격리가 정당화될 수 있는가? 이러한 종류의 정책들은 레트로바이러스 문제가 소수의 환자를 넘어 전이될 지극히 적은 가능성이나 위험 발생 가능성이 아무리 극미하더라도 가능한 최악의 결과를 피하기 위한 수단이라는 관점에서 마련되어야 하는가?

바흐와 그 동료들, 그리고 반더풀이 각기 제기한 마지막 주제들은 어떻게 사회 전체가 이러한 사회적 문제들을 해결할 것인가를 다루고 있다. 그들이 지적하듯이, 단지 환자들과 그들에게 중요한 사람들에게 고지된 동의를 받는 정도로는 충분치 않다. 위험은 제삼자에게도 미친다. 그리고 레트로바이러스의 위험이 현실화된다면 우리가 채택하는 모든 정책과 환자들에게 주어지는 모든 요구 조건에 대해 철저한 토론을 벌여야 할 것이다. 제 4부에 실린 글들이 이러한 주제들에 대한 진지한 고려를 시작할 수 있는 자리를 마련해 줄 것이다.

제16장

농장동물의 유전자변형에 대한 비판적 견해•

조이스 드실바*

형질전환 농장동물을 지지하는 사람들은 유전공학이 지난 수세기 동안 행해진 선택적 육종과 전혀 다르지 않다고 주장하곤 한다. 현대의 유전공학자들이 하고 있는 것은 단지 더 빠르고 정확할 뿐이며, 따라서 농부들에게 엄청난 이익을 가져다줄 잠재력을 가진다는 것이다. 심지어 일부 학자들은 형질전환 기술을 복제와 함께 이용하면 곧 모두 똑같이 뛰어난 슈퍼가축을 대량으로 생산할 수 있는 것처럼 주장하기도 한다. 만약 그렇게 된다면 농부와 슈퍼마켓 모

• 이 글의 출전은 다음과 같다. "A Critical View of the Genetic Engineering of Food Animals", in *Animal Genetic Engineering*, P. Wheale ed. (London: Pluto, 1996), pp. 97-109.

* [역주] Joyce D'Silva. 영국의 농장동물복지단체인 세계농장가축보호협회 소장이며, 집약적 공장축산방식과 농장동물에 대한 유전자 변형을 비판하는 활동을 하고 있다.

두에게 큰 혜택일 것이다.

그러나 곧 설명하겠지만, 유전자 변형 동물이 농부와 식품가공회사에 도움이 될 것이라는 주장은 모든 단계마다 결함을 가지고 있다. 이 설명에 들어가기에 앞서, 먼저 전통적 육종방식이 동물복지에 미치는 부정적 영향에 관해 검토하기로 하자.

전통적 선택 육종과 동물복지

전통적 육종방법에서 유전자는 유연관계가 없는 종 사이에서는 교환될 수 없다. 그러나 선택 육종의 결과를 살펴보면, 무해한 기법과는 거리가 멀다는 사실을 알게 된다. 실제로 선택 육종은 오랜 역사가 있지만, 지난 30년 동안 정밀도를 높이면서 농장동물의 생리에 지난 200년간보다 더 큰 변화를 일으켰다. 게다가 그 결과는 관련 동물들에게 전혀 해가 없는 것이 아니었다. 그러면 선택 육종이 달성한 것이 무엇인지 살펴보면서 유전공학이 다가올 수십 년 동안 무엇을 얻을 수 있는지 추론하기 위해 이 동물 중 일부를 검토하기로 하자.

먼저 고기를 얻기 위해 사육되는 육계(肉鷄)에 대해 살펴보자. 이 닭이 도살 무게에 도달하기까지는 고작 6주가 걸린다. 이는 30년 전에 비하면 절반으로 줄어든 시간이다. 그리고 이 6주라는 시간도 1년에 약 하루꼴로 줄어들고 있다. 언젠가는 이러한 시간 단축의 행진이 멎겠지만, 그것이 언제인지는 아무도 모른다! 이처럼 빠른 성장속도는 닭에게 심각한 생리적 문제를 일으켰다.

농업 및 식품 연구위원회(Agriculture and Food Research Council: AFRC)는 약 80%의 육계가 가벼운 기형에서 심각한 기능장애까지 다리에 발생한 온갖 질환으로 고통받는 것으로 추정했다. 그것은 골격을 희생시켜 근육(즉, 고기)을 발전시킨 결과로 보인다. 기형이나 기능장애를 겪는 일부 닭은 공급된 사료나 물을 먹으러 걸어갈 수도 없기 때문에 자비로운 사육사가 그들의 참상을 끝내주지 않으면 바닥에 주저앉아 서서히 죽음을 기다릴 수밖에 없다. 절름발이 병아리들은 발밑에 쌓여 있는 분뇨에서 나오는 암모니아로 인해 발생하는 발진과 닭무릎 화상의 정도에 따라 조금 더 시간을 끈 다음 죽는다.

또한 육계의 심혈관계가 빠른 성장속도를 따라가지 못해 충혈성 심장질환으로 죽는 사례가 점차 늘어나고 있다. 많은 닭의 짧은 삶은 불편함, 고통, 그리고 죽음에 이르는 몸부림으로 점철된다. 이것이 선택 육종으로 달성한 육계의 업적이다!

그러면 비교적 최근에 사육되기 시작한 칠면조를 살펴보자. 오늘날 수컷 칠면조가 짝짓기를 하기 위해 암컷 위에 올라타기란 사실상 불가능하다. 칠면조는 몸집이 거대하고 살이 많고 수익성이 높은 동물로 육종되었기 때문에 스스로 번식할 수 없게 되었다. 따라서 며칠에 한 번씩 종축(種畜)인 수컷 칠면조의 '정액을 받아' 암컷에게 인공수정을 하는 방법이 사용된다. 어쩌면 이것이 인간이 인정한 수성(獸性)의 형태인지도 모른다!

이런 동물들을 개발했다는 것이 심각한 잘못이 아니란 말인가? 돼지도 관절염, 절름발이, 심장질환 등으로 고통받는 정도가 날로 심해지고 있다. 이런 질환들은, 최소한 부분적으로는, 속성 성장과 점점 그 속도와 무게가 더해 가는 근육 성장 등에서 기인한다. 많은 양의 우유를 생산하는 젖소들은 실제 새끼에게 젖을 먹이는 데 필요한 양의 10배를 만들어낸다. 그 결과, 우유 생산량 증가와 병행해서 젖의 손상과 질병도 늘어나고 있다. 최근 EU에서는 젖소의 3분의 1 이상이 매년 유선(乳腺) 염으로 고통받고 있다고 한다.

따라서 전통적 육종기술이 인정을 받았고, 수용할 만하다는 주장은 사실이 아니다. 그 기술들이 축산계에서는 — 그리고 슬프게도 수의학계에서도 — 받아들여졌을지 모르지만, 동물복지를 우려하는 사람들에게는 인정되지 않는다.

형질전환 농장동물의 기술적 이점

그러면 유전공학이 전통 육종보다 훨씬 정확하다는 주장에 대해 살펴보자. 이론적으로 정확성을 획득할 가능성은 있을지 모른다. 간혹 목표가 달성되기도 한다. 그러나 모든 '과녁 적중' 뒤에는 무수한 실패가 있기 마련이다. 연구활동의 중요한 영역 중 하나는 성장속도를 높이고 근육 발전을 촉진하는 프로모터로 작용하는 성장호르몬 유전자였다. 기름기가 적은 살코기가 수익성이 더 높기 때문이다. 그러나 동물에게 부가 성장호르몬 유전자를 삽입하여 속성 성장을 이루고 더 많은 살코기를 얻을 수 있을지 모르지만, 그로 인한 다른 영향도 발생할 수 있다.

미국 농무부의 렉스로드(Rexroad) 박사는 성장호르몬을 주입한 자신의 형질전환 양(羊)에서 치명적인 당뇨병이 발병한 과정에 관해 썼다. 워드(Ward) 박사가 기술한 양들은 검시 결과, 간과 콩팥의 퇴행을 나타냈다. 이것은 당뇨병과 연관된 퇴행성 변화를 반영하는 것으로 보인다. 렉스로드와 동료 연구자들이 형질전환 양의 조기사망이 형질전환 양의 계통 발생을 방해하고 있다고 결론내린 것은 놀랄 일이 아니다.

낸캐로우(Nancarrow)와 워드 박사를 비롯한 그 밖의 연구자들도 비슷한 결과를 얻었다. 성장호르몬 유전자가 발현된 12마리의 형질전환 동물들이 채 1년도 되지 않아 모두 사망한 것이다. 이들은 간, 콩팥, 심장 기능에 상당한 손상을 입은 것이 분명한 증거로 확인되었으며, 당뇨병 증상을 나타내는 글루코오스와 인슐린의 비정상적인 혈장 농도도 수반되었다.

그러면 계속해서 연구자들의 이야기를 직접 들어보기로 하자. 예를 들어, 볼트(Bolt)와 퍼셀(Pursel)이 이끄는 연구팀은 벨츠빌에 있는 미 농무부의 시설에서 돼지에게 성장호르몬 유전자를 주입하는 실험을 하고 있다. 그들의 실험결과를 서술하는 데에 '정확한'이라는 형용사를 붙이기는 힘들다. 난자에 사람과 소의 성장호르몬 유전자 수백 개를 미세주사한 후, 대리모의 수란관에 넣는다. 평균적으로 한 배에서 나오는 새끼들보다 적은 숫자의 형질전환 동물이 태어난다. 이들 형질전환 동물 중에서 겨우 60%만이 실제로 외래 유전자를 발현한다.

연구자들은 '나쁜 소식'을 솔직하게 전한다. 그들은 과도하게 높은 성장호르몬 수준으로 인해 형질전환 돼지들에게 여러 가지 건강상의 문제가 나타난다고 보고한다. 예를 들어, 높은 수준의 성장호르몬을 발현시킨 돼지는 활동이 활발하지 못하고 둔감한 경향이 있으며, 근육 허약 징후를 나타낸다. 그리고 일부는 스트레스를 받기 쉽다. 다른 돼지들은 걸음걸이에서 발의 협조기능이 떨어지는 경향이 있다. 아마도 이 동물들의 발이 너무 약해졌기 때문일 것이다.

지금까지 성장호르몬이 발현된 볼트 연구팀의 모든 형질전환 암퇘지들은 발정 휴지기였고, 생식관도 미발달 상태에 머물렀다. 수퇘지도 성충동을 일으키지 않는 경향을 보였지만, 인공수정을 위해 전기자극 유도(誘導) 사정(射精)의 도움을 받아 번식에 이용할 수 있었다. 많은 수의 형질전환 돼지들이 채 한 살이 되기 전에 위궤양으로 죽었다. 다른 돼지들은 도체 평가*를 위해 도살한 결과, 위 안벽에 손상을 입은 것으로 밝혀졌다. 일부 돼지들은 관절염의 증거를 나타냈는데, 저자들은 솔직하게 아직 동물들에게 이로운 형질전환 유전자를 가진 동물을 단 한 마리도 얻지 못했다고 털어놓았다.

역시 벨츠빌 농무부 시설에 있는 버넌 퍼셀 연구팀도 형질전환 돼지에게 나타난 문제점을 기록했다. 형질전환 돼지와 대조군 돼지 두 집단을 도살해서 부검한 결과, 퍼셀은 형질전환 유전자의 발현과 연관된 가장 일반적인 질병의 임상 징후로 무기력, 절름발이, 협조기능이 이루어지지 못하는 걸음걸이, 안구돌출증(눈알이 불룩하게 튀어나오는 증상), 비후된 피부(피부가 두꺼워지는 증상) 등이 있다고 밝혔다. 일부 형질전환 돼지는 그밖에도 위궤양, 중증 관절염, 퇴행성 관절질환에서 심장질환과 폐렴에 이르기까지 심각한 건강문제를 나타냈다.

흥미로운 사실은 퍼셀이 수세기에 걸쳐 진행된 빠른 성장과 몸통

---

* 〔역주〕 육질 등의 등급을 매기기 위해 내장을 제거한 도체를 평가하는 것.

소비에 대한 인위적인 선택의 결과로 돼지가 성장호르몬에 대응할 수 있는 능력을 제한했다고 지적한 점이다.

영국 동물 생산학회(British Society for Animal Production)가 1991년에 개최한 학술대회에서 에든버러에 있는 AFRC의 존 클락(John Clark) 박사는 1990년에 영국에서 수행한 실험에서 11,399마리의 돼지에게 외래 유전자를 주입한 결과 67마리의 형질전환 동물이 탄생했고, 양에서는 난자를 주입한 4,500마리 중에서 겨우 34마리가 형질전환 동물이었다고 발표했다. 퍼셀은 3년 동안 돼지를 대상으로 한 유전자 전이 연구에서 주입된 7천 개의 난자 중 8%만이 탄생하였고, 탄생한 돼지 중 약 7%가 형질전환 동물이어서 0.6%의 성공률을 나타냈다고 보고했다.

따라서 유전공학은 아직 '주사위 굴리기' 기술에 불과하며, 실패의 경우에는 안타깝게도 관련 동물들에게 끔찍한 결과를 초래했다. 이러한 실험은 앞으로도 계속될 전망이며, 향후 수년간 늘어날 것으로 보인다.

농장동물의 복제

형질전환 동물을 연구하는 과학자들은 특정 종류의 유전적 완전함, 즉 A 등급의 결과를 기대한다. 그것은 특정한 특성에 꼭 맞는 유전자, 정확한 프로모터, 그리고 완벽한 조합이다. 일단 이러한 조건이 충족되면, 다음 단계는 이러한 동물로부터 얻은 세포핵을 난자 세포에 넣어 '유전적으로 완벽한' 형질전환 동물을 클로닝하는 — 똑같은 복제를 만드는 — 것이다. 이러한 변형 결과로 탄생한 사례가 유전적으로 동일한 소떼가 될 수도 있다. 그러면 과학자들이 스스로 보고한 이 분야의 연구결과들을 살펴보자.

예를 들어, 위스콘신대학의 퍼스트(X. N. L. First) 박사는 동물을 빨리 번식시키고 상품 및 환경적 요구에 부응하기 위해 맞춤식으로 생산할 놀라운 가능성에 대해 언급했다. 또한 퍼스트 박사는 (이 분야에는 그 외에 다른 연구자들도 있다) 도체의 품질, 지방 함유량, 고기의 크기 등에 대한 슈퍼마켓의 규격을 만족하는 맞춤생산으로 유전자 변형된 우량 동물의 대량생산, 판매, 운송으로 이어지는, 훌륭하게 조직된 대규모 생산체계라고 자신이 기술한 것을 달성하기 위해, 유전공학과 수정란 이식을 결합한 복제방법을 사용하는 것까지 고려하고 있다. 소비자의 기호에 부응하기 위한 완벽한 맞춤식 제작인 셈이다!

유전자 변형 낙관론자들은 똑같은 우량 동물의 생산을 슈퍼마켓의 요구에 부응하는 이상적인 해결책으로 여긴다. 리딩대학의 피터 스트리트(Peter Street) 교수는 이렇게 말한다.

“이렇게 이식된 설계 배아를 통해 섭식체계를 조절할 수 있다면, 수익성 높은 특정 시장의 요구에 부응하기 위해 배아부터 얇은 살까지 도체 전체를 원하는 대로 설계할 수 있을 것이다.”

이 분야의 한 상급연구원은 내게 모든 농부의 이상은 가축에 자신의 상표를 붙여 막스 & 스펜서(Marks & Spencers!) *와 계약을 맺는 것이라고 자신은 확신한다고 말했다!

---

* 〔역주〕 영국의 유통 브랜드로, 3대 슈퍼마켓 체인 중 하나이다.

그렇다면 클로닝에 본질적인 위험은 없는 것인가? 이미 연구자들은 핵이식(核移植) 방법으로 탄생한 송아지의 배아가 비정상적 성장속도를 나타낸다는 사실을 발견했다. 따라서 지나치게 큰 송아지를 낳아야 하는 어미 소는 난산을 겪거나 제왕절개를 해야 할 가능성이 높으며, 그 결과 복제된 송아지가 사산될 확률도 높아진다. 최초의 복제에서 더 많은 복제를 얻는 실험, 즉 다세대 복제를 실시한 과학자들은 낮은 임신율과 높은 낙태율을 경험했다. 지금까지 겨우 3대의 송아지를 얻을 수 있을 뿐이었다.

게다가 복제에 내재된 그 밖의 위험에는 모두 동일하게 초고속 성장, 과도한 근육뿐 아니라 동일한 유전자에 대한 취약성도 포함된다. 따라서 복제된 모든 동물이 아주 취약한 질병 계통 하나가 전체 동물 집단을 '전멸시킬' 수 있다(이와 유사한 방식으로 작물에서 같은 현상이 이미 일어났다). 만약 농업이 복제동물에 의존하게 된다면, 유전적 다양성이 크게 손실될 것은 자명하다. 이것은 축산업 전체에 장기적인 재앙을 불러올 수 있다.

질병저항성 농장동물들

지금까지 나는 생산성을 향상시키는 유전공학에 대해 살펴보았다. 그러나 날 때부터 질병에 대한 내성을 가지는 농장동물을 개발하는 연구도 진행되고 있다. 예를 들어, 이러한 연구는 가금(家禽)을 위한 광범위한 백신 프로그램과 항생제 요법의 사용을 가져왔다. 백신과 항생제 의존성을 줄이는 것은 동물과 동물 상품에 대한 소비자

인식 그리고 동물성 식품에 대한 소비자 복지의 모든 측면에서 바람직할 것이다.

이 연구에 대한 포괄적 비판은 오늘날 문제시되는 대부분의 질병이 공장식 축산에서 비롯된 전염성 질환이라는 것이다. 이러한 연구에는 실질적 위험이 내재한다. 유전공학으로 공장 축산의 전염성 질환에 대한 저항성을 준다면, 우리는 이 동물에 동일한 공장축산 조건 — 즉, 불결하고 과밀한 상태이며 자연적 본능과 생리적 요구로 들끓는 상황 — 에서 계속 살아가라는 선고를 내리는 것은 아닌가?

미시간 주립대학의 설터(Donald Salter)는 새로운 유전공학기술을 이용해 형질전환 '슈퍼 닭'을 만들겠다는 야심을 밝혔다. 이 '슈퍼 닭'의 생식세포에는 닭의 '생존가능성'과 생산성에 영향을 주는 여러 종류의 병원체에 대한 저항성을 가진 유전자가 주입될 것이다.

텍사스 A&M대학의 듀언 크레이머(Duane Kramer)와 조 템플턴(Joe Templeton)은 포유류의 질병저항성에 대한 그들 연구의 존립 근거는 매년 약 5억 달러에 달하는 손실을 가져오는 동물 건강문제라고 언급했다. 그러나 그들은 재조합 DNA 기술로 질병저항성 돼지와 양을 만든 과정을 기록한 어떤 출판물도 없다는 것을 인정했다. 이 연구자들은 소에게 인터페론 유전자를 주입했지만 2번의 임신 성공은 낙태로 끝나고 말았다. 그들은 일부 유전자가 조기 발생에 해로우며, 원하는 시간까지 유전자 발현을 지연하는 조절자와 함께 사용되어야 한다고 경고했다. 그들은 아직도 우리가 동물들이 다양한 질병에 걸리기 쉽거나 저항성을 가지는지에 대해 거의 알지 못한다고 지적했다. 다시 말해, 이 연구는 여전히 '막연한 추측' 단계에 불과하고, 질병저항성 농장동물을 농장에서 발견하려면 아직 상당한 시간이 지나야 할 것이다. 그 동안, 농업제약 기업들은 안도의 한숨을 쉴 수 있을 것이다.

분자 '제약'

형질전환 동물공학에서 이루어진 또 하나의 중요한 발전은 '분자 제약'(*molecular pharming*)이다. 분자 제약이란 동물의 젖, 혈액, 달걀 등에서 유용한 단백질을 생산하는 것을 뜻하며, 축산 분야에서 생명공학의 성과 중 경제적으로 가장 유망한 분야로 예견되어 왔다. 오하이오 농업연구개발센터의 샨베처(Floyd Schanbacher) 박사는 이미 우유와 달걀 시장이 포화상태이기 때문에 이러한 상품들이 특히 매력적일 수 있다고 지적했다. 그는 만약 이 기술이 하루에 젖소로부터 3그램의 값비싼 재조합 단백질을 생산할 수 있을 정도로 성공적이라는 것을 입증할 수 있다면, 젖소의 하루 생산량이 20만 달러 이상의 가치가 있을 것으로 예상했다. 그는 이 기술의 개발에 강력한 상업적 동기가 작용하는 것이 분명하다는 개인적 견해를 제시했다. 그는, 만약 성공한다면, 이 기술로 젖소에게서 높은 가치의 약제 단백질을 생산할 수 있고, 그보다 가치는 덜하지만 재조합 단백질을 양산하여 영양 공급에 사용하거나 특정 식품가공과정에서 고품질 우유를 생산하는 데 이용할 수 있을 것으로 예상했다.

진 파밍 유럽(Gene Pharming Europe)의 포스트마(Otto Postma)는 소가 이러한 단백질을 제조하는 생산매체로 안성맞춤이며, 안전이나 기술상의 문제도 전혀 없다고 말했다.

그렇다면 이러한 개발의 결점은 무엇인가? 유전자 결합과 그 발현수준에 대해서는 아직도 기술적 불확실성이 남아 있다. 젖소를 이용한 실험은 다음 세대를 관찰하기 위해 2년을 기다려야 하기 때문에 속도가 느리고 비용이 많이 들 수밖에 없다. 이것은 이러한 형질전환 동물을 대량으로 생산하는 데 상당한 시간이 걸린다는 것을 의미한다.

샨베처 박사는 이 기술의 개발을 위해 상당수의 농장동물의 희생이나 생체검사가 필요할 것이라고 예상했다. 덧붙여 우유의 구성성분 중에서 단 하나만 바뀌어도, 특히 단백질의 경우, 우유의 성질에 큰 영향을 줄 것이며, 그로 인해 사람이나 송아지가 먹기에 부적합할 수 있다는 사실도 인식했다.

동물의 혈액에서 사람의 단백질을 생산하는 것도 가능하지만, 근본적인 불리함이 입증되었다. 예를 들어, 피를 너무 많이 뽑으면 동물이 죽을 수 있다. 또한 동물의 혈류에 외래 유전자의 산물이 존재한다는 것은 그 동물에게 심각한 생물학적 영향을 줄 수 있다.

사람의 혈액응고 인자를 양이나 소의 젖에서 생산하면 HIV나 간염인자를 갖지 않은 산물을 얻을 수 있는 이점이 있다. 그러나 젖 속에 들어 있는 다른 감염인자를 제거하는 과정이 반드시 필요하다.

이론상으로는, 외래 유전자가 젖샘을 표적으로 삼을 수 있다면 이들 유전자가 숙주동물에게 덜 위험해야 한다. 왜냐하면 젖샘이 상대적으로 신체의 다른 체계들로부터 고립되어 있기 때문이다. 그러나 실제로는 얼마간의 문제가 발생했다. 가령 벨츠빌에 있는 미 농무부 시설의 연구자들은 형질전환 돼지의 젖샘에서 쥐과 동물의 유청산성 단백질(*whey acidity protein*)이 과도하게 분비될 경우 유방의 생리적 기능에 해로운 영향을 준다는 것을 발견했다.

이 연구는 젖에서 분비되는 재조합 단백질의 경제성을 확보할 수 있는가와 목표로 하는 단백질을 젖에서 추출하고 정화할 수 있는가라는 두 가지 측면에서 아직도 초보 수준에 머물러 있다. 분자 제약의 일부 실험은 최종 산물이 실험실의 세포 속에서 만들어지는 유사 단백질과 구조상 상당한 차이를 나타낸다는 것을 보여 주었다. 퍼셀은 사람의 단백질을 그와 동등한 동물의 단백질에서 분리하려면 많은 문제를 해결해야 할 것이라고 예측했다.

분자 제약을 지지하는 사람들은 동물에 관한 한 이 방법이 가장 바람직하다고 자신 있게 주장한다. 물론 이처럼 가치 있는 생물들이라면 훌륭한 보살핌을 받을 것이다. 그러나 만약 이 기술이 성공해서 상업 생산이 시작된다면, 형질전환 양, 염소 또는 소들이 마음대로 들판을 누비며 다닐 것이라고는 상상하기 힘들 것이다. 장담하건대 이 동물들이 형편없는 시설에 갇혀 지낼 가능성이 훨씬 높다. 따라서 우리는 실험실에서 개발된 위생 상태가 좋은 '공장식 농장'을 갖게 될 것이다.

물론 돼지의 혈류에서 사람의 헤모글로빈을 생산하는 'DNX 프로젝트'와 같은 발전이 이루어진다면, 우리는 형질전환 동물의 복지 문제가 어떻게 될지 알고 있다. 계획에 따르면, 매년 10만 마리의 돼지를 도살하여 혈액을 채취했을 때, 그 가치는 인간 헤모글로빈의 가치로 볼 때 3천억 달러 정도에 상당한다고 한다.

나는 형질전환 동물의 젖샘을 통해 고가의 약제 단백질을 생산하는 것이 이러한 산물을 얻는 유일한 길이 아님을 지적하는 것도 중요하다고 생각한다. 곤충이나 포유류 세포의 조직 배양을 이용할 수 있으며, 이 방법은 이미 사용되고 있다. 미래에는 이러한 단백질을 식물에서 얻을 수도 있을 것이다 — 그쪽이 훨씬 나은 생각이 아니겠는가?

현재 농장동물에 적용되고 있는 유전공학기술이 가장 양성일 가능성이 있지만, 그렇다고 분자 제약에 아무런 문제가 없는 것은 분명 아니다. 지지자들은 유전공학이 마치 인류가 결핍하고 있는 많은 조건에 대한 만병통치약으로 간주하지만, 현 시점에서는 지나치게 과장된 것으로 보인다. 현재로서는 그 예상이 사실인지 알 수 없다.

철학적 관점에서 이야기하면, 나는 이러한 동물을 '생체반응기'(*bioreactor*)라는 식으로 표현하는 것이 그리 탐탁지 않다. 사실 우리도 일종의 생체반응기이다. 그러나 우리는 인간이 단지 그런 존재 이상이라는 것을 알고 있다. 그리고 이는 농장동물도 마찬가지이다.

농장동물의 배아 이식

배아(胚芽) 이식은 대부분의 형질전환 연구에서 필수적이기 때문에 이 기술에 대해 몇 가지 언급하기로 하자. 이 기술이 필수적일 수밖에 없는 이유는, 일단 유전자 조작이 이루어지면 그 결과로 생성되는 배아가 그것을 받아들이는 동물에게 이식되어야 하기 때문이다.

이러한 형질전환 연구를 위해 많은 수의 난자를 만들려면, 그 동물의 암컷에 과(過)배란을 유도하도록 호르몬을 반복 주사해야 한다. 이 과정 자체가 동물에게 많은 스트레스를 준다. 물론 일부 경우에 도살장에서 도살된 어린 암소의 난소에서 난자를 얻기도 한다.

최소한 이 방법은 살아 있는 동물을 죽여야 하는 부담은 덜어준다.

오늘날에는 초음파를 이용해 난포(卵胞)를 찾아낸 다음, 살아 있는 동물의 난소에서 수정란을 적출하는 새로운 방법도 개발되었다. 이런 방법은 무해한 것처럼 들리지만, 충분한 수의 난자를 얻기 위해 동물들이 1~2주에 한 번씩 이런 처치를 받아야 한다면 사정은 달라진다. 네덜란드의 동물생산협회는 암소 한 마리가 900~1,200개의 난자를 만들어내고, 그중에서 15~200개가 수정될 것이라고 추정했다. 이러한 난자 수집은 끔찍한 결과를 빚을 수 있다. 구엘프대학의 밥 스터빙스(Bob Stubbings) 박사는 7개월 된 송아지의 태아에서 난자를 추출해 실험실에서 수정시켰다. 그의 계획은 갓 태어난 송아지에서 난소 하나를 제거해 난자 수집을 늘리려는 것이었다. 그의 견해에 따르면, '소는 난소 하나로도 잘 지낸다'는 것이었다.

경막 마취를 했기를 바라지만, 그 결과로 이루어진 배아 이식은 암소에게 불편함과 스트레스를 줄 수 있다. 부분 또는 전신 마취를 한 양과 염소, 돼지는 다양한 정도의 고통이 따르는 수술을 감내해야 할 것이다.

이 경우 늘상 동물들은 생체반응기가 아니라 번식 기계로 간주된다. 이런 연구에 포함되는 가축 수술은 내게 이상하게 보인다. 어떻게 비의료적 목적으로 이루어지는 일상적인 호르몬 주사, 물리적 간섭, 수술이 영국에서 새로운 수의학적 수술이 이루어질 때마다 채택되는 수의사 선서와 부합할 수 있는가?

많은 사람이 동물 유전공학을 반대하고 있으며, 그 이유는 이 기술이 적극적 우생학과 같은 나쁜 목적으로 사람에게 이용될 수 있다는 우려 때문으로 보인다. 이것은 가능한 일이지만, 내가 제기하려는 문제는 아니다. 단기적으로 좀더 심각한 문제는 농장동물들이 현재 우리가 알고 있는 모습과 생리적으로나 심리적으로 전혀 다른 모습으로 개발되어 우리가 알아보지 못하게 될 수 있다는 점이다. 날개 없는 닭은 빙산(氷山)의 일각에 불과하다. 어쩌면 지금보다 훨씬 작은 닭장에서도 사육이 가능해질지 모른다! 우리는 이런 닭장에서 닭이 날 수 없다는 사실을 잘 알고 있다.

더욱 고약한 것은 뱅거유니버시티칼리지의 존 오웬 교수를 포함해 많은 사람이 제기하는 가능성이다. 그는 돼지나 가금(家禽)과 같은 종들을 쉽게 번식시키기 위해 그들의 자연적 본능과 어긋나는 조건에서 사육하려는 끔찍한 의도를 지적했다. 콜로라도 주립대학의 버나드 롤린과 같은 철학자도 이런 목표를 수용가능한 것으로 받아들이는 것 같다. 그는 굴을 파는 짐승들을 장에 가두어 길러서 굴을 파지 못하게 하는 것은 나쁘지만, 그들의 본성을 바꾸어서 굴 파기가 더는 그들에게 중요한 의미가 없도록 하는 것은 이론상 잘못이 없다고 말한다. 나는 적어도 이런 주장이 왜곡되었다고 생각한다. 사람을 상대로 한 비슷한 연구의 가능성을 생각한다면, 왜 우리가 어떤 생물의 본성을 바꾸는 데 대해 직관적 반감을 느끼는지 이해할 수 있을 것이다.

그렇다면 우리가 직면한 문제는 무엇인가? 동물에 내재된, 성장과 번식에 대한 유전적 구속을 극복하기 위해 엄청난 노력이 경주되고 있다는 점이다. 마치 세계의 보건이 동물의 살과 지방에 대한 과도한 탐닉으로는 위태로워지지 않는다는 듯이 말이다. 똑같은 동물들을 고속으로 번식시켜 맞춤식으로 만들어내려는 시도 역시 우리가 직면한 문제이다. 동물을 약품과 다른 단백질을 생산하기 위한 생체반응기로 사용하려는 엄청난 노력도 문제이다.

우리가 인간으로서 이러한 노력을 추구해서는 안 되는 것은 우리가 나머지 동물계와 맺고 있는 관계 때문이다. 나는 '신의 섭리에 의해 동물의 존재는 사람의 이용을 위한 것'이라는, 성 토마스 아퀴나스의 중세 정신을 나타낸 말이 인간중심주의에 뿌리를 두고 있다고 생각한다. 신의 섭리가 동물 유전공학을 합리화하는 데 사용되지 않는다면, '강자가 모든 것을 좌우한다', 또는 '힘이 정의이다'라는 진화 윤리가 통용될 것이다. 그러나 이러한 야만적 견해는 종(種) 차별주의라는 새로운 이름하에 작동하는 파시즘에 불과하지 않는가? 오늘날 유전공학은 21세기의 기술이자 엄청난 잠재력을 가진 기술로 선포되었다. 그러나 지금까지 이 기술이 형질전환 농장동물에게 사용된 방식은 근대의 자유주의가 아니라 중세의 사고방식을 투영하는 것이었다.

결론적으로, 우리는 이 동물들 하나하나가 복지를 경험할 수 있으며 고통도 느낄 수 있는 지각력을 가진 생물이라는 사실을 잊고 있는 것 같다. 우리가 그들을 단지 소비재나 생체반응기로 간주하는 한, 우리는 그들의 전체성과 개체적 존재에 대해 눈을 뜨지 못할 것이다.

제 17 장

프랑켄슈타인 괴물•

농장동물의 유전공학이 사회와 미래과학에 미치는 도덕적 영향

B. E. 롤린*

내가 아이오와 주립대학의 농생명윤리 심포지엄의 강연 요청을 수락한 직후, 한 친구에게 동물 유전공학에 관한 회의에 참석할 것이라는 말을 했다. 그러자 그는 "아! 프랑켄슈타인 괴물(Frankenstein thing)!"이라고 말했다. 일주일 후, 우리 도서관에 도착한 신간 도서들을 훑어볼 때까지도 나는 그가 내뱉은 말에 관해 별다른 주의를 기울이지 않았다. 나는 우연히 500쪽이나 되는 《프랑켄슈타인 목록: 소설, 번역, 번안, 설화, 평론, 기사, 시리즈, 사진소설, 운

• 저자의 허락을 얻어 재수록하였다. 이 글의 출전은 다음과 같다. "The Frankenstein Syndrome: The Moral Impact of Genetic Engineering in Farm Animals", in *The Genetic Engineering of Animals*, J. W. Evans and A. Hollander ed. (New York: Plenum, 1985), pp. 292-308.

* 〔역주〕 Bernard E. Rollin. 과학철학자이자 생리학자, 생물물리학자이며, 콜로라도 주립대학 교수.

문, 희곡, 영화, 카툰, 무언극, 라디오와 텔레비전 프로그램, 희극, 풍자와 유머, 구전이나 음악 기록, 메리 셸리의 소설에서 유래한 프랑켄슈타인 괴물을 묘사한 테이프와 음반 등에 대한 포괄적 역사》[1] 라는 제목의 책을 접했다. 이 책 전체는 제목에 열거된 것들에 대한 목록과 간략한 설명을 담은 정확한 서지 목록이었다. 이런 책이 나올 수 있다는 사실 자체도 놀랍지만, 더욱 경악스러운 것은 실제로 이 책이 2,666개나 되는 출간물을 (거기에는 메리 셸리의 소설 145개 판본도 포함된다) 담고 있으며, 그 대다수의 출간 시점이 20세기 중반 이후라는 사실이다. 이러한 사실은 프랑켄슈타인 이야기가 어떤 식으로든 20세기의 우려에 대해 이야기하고 있으며, 동물 유전공학이 야기한 사회적·도덕적 이슈들을 비추는 전형적인 신화 또는 그 범주라는 것을 시사한다.

이러한 내 직관은 오스트레일리아를 방문해 그곳의 한 농업 연구원과 토론을 하면서 확인되었다. 동물 기형학(*teratology*)에 대한 이 연구원의 연구가 그에게는 놀라울 정도의 대중적 혐오감과 항의를 불러일으켰다고 한다. 그는 내게 이렇게 말했다.

"나는 이해할 수 없습니다. 결코 어떤 동물도 고통이나 괴로움을 겪지 않았습니다. 내가 생각할 수 있는 모든 것은 그것이 프랑켄슈타인 괴물이 되어 버렸다는 점입니다."

히로시마 원폭 투하 40주년 기념호의 표지기사에서 〈타임〉지는 제2차 세계대전 이후의 대중문화에서 제기되는 주된 목소리로 프랑켄슈타인 주제를 다시 불러냈다. 이것은 사회가 원자폭탄의 고삐

---

1) D. F. Glut, *The Frankenstein Catalog*(Jefferson, N.C.: McFarland, 1984).

를 풀어 주었던 과학기술에 대한 두려움과 공포를 표현하는 하나의 방식이라는 것을 시사했다.[2)]

이처럼 널리 퍼져 있는 반응을 고려하면, 프랑켄슈타인 신화를 논의 틀로 삼아 농장동물의 유전공학 연구에 대한 사회적·도덕적 우려를 탐구하는 것이 유익할 것이다. 앞으로 설명하겠지만, 사회적 우려와 진정한 도덕적 우려는 항상 일치하지는 않으며, 때로는 대중 그리고 많은 과학자의 마음에서조차 혼란스럽게 얽혀 있어서 명확하게 구분되지 않는다. 게다가, 믿기지 않는 일이지만, 프랑켄슈타인 이야기에 들어 있는 가장 깊고 진지한 도덕적 우려 중 일부에 대한 논의나 연구는 과학자 사회와 대중 사이에서 거의 이루어지지 않았다.

이 문제를 계속 다루기 전에, 일반적으로, 그리고 바로 이 유전공학의 사례에서 과학자 사회와 일반 대중이 과학활동으로 초래된 윤리적 문제들에 대해 가지는 관심에 종종 핵심이 빠져 있다는 점을 강조할 필요가 있다. 나의 훌륭한 친구이자 컬럼비아대학 내과 부학장이었던 버나드 쇤베르크(Bernard Schoenberg) 박사는 대중과 의학계 모두 카렌 앤 퀸란(Karen Ann Quinlan)* 에게서 인공호흡장

---

2) *Time*, July 29, 1985, pp. 54-59.

* 〔역주〕 퀸란 사건은 안락사 논쟁의 대표적인 사례 중 하나이다. 카렌 앤 퀸란은 21살 여자로, 1975년 4월에 친구의 생일파티에서 술과 약물에 중독돼 호흡정지를 일으킨 후 혼수상태에 빠져, 병원에서 인공호흡기를 장착해 지속적 식물상태를 유지하게 되었다. 퀸란의 아버지는 의사로부터 의식이 회복될 가능성이 없고 인공호흡기 없이는 생존할 수 없다는 설명을 들은 뒤, 퀸란에게 자연스러운 죽음을 맞을 기회를 주기 위해 생명유지장치를 떼어 달라고 요청하였다. 그러나 의사가 이를 거부하자, 생명유지장치를 뗄 권

치를 때는 문제를 둘러싸고 엄청난 논란을 벌였지만, 그보다 훨씬 근본적인 의료서비스 요금의 도덕적 문제에 대해서는 거의 아무도 언급하지 않았다는 점을 지적하곤 했다! 마찬가지로 많은 논쟁을 일으켰던 베이비 페(Baby Fae) 사건**이 일어났을 때도, 과학자와 대중은 이 사건과 인간의 이익이나 연구를 위해 동물을 죽이는 사건 간에 도덕적 차이가 거의 없다는 것을 인식하지 못하는 듯했다. 그 문제에 관한 한, 개코원숭이에게서 심장을 적출하는 것과 돼지에게서 심장 판막을 얻는 것 — 그동안 아무도 윤리적 문제를 제기하지 않았고, 오늘날 표준 관행이 된 — 사이에서 도덕적 차이를 찾기는 매우 힘들다.

물론 이 이야기가 세상을 떠들썩하게 만든 이유는 도덕적이라기보다 실질적 차이에서 기인한다 — 동물 심장을 이식하는 쪽이 원초적 감정을 더 자극하기 때문이다. 내가 언론에서 이야기했듯이, 이 문제는 과학이, 그보다 덜 극적인 사례들에서 때로는 마취된 개코원숭이보다 훨씬 큰 고통, 불안, 두려움을 일으키면서 동물의 생명을 소모할 권리가 있는가 하는 일반적인 물음에서 분리되어 논의할 만

한을 자신에게 줄 것을 요청하는 소송을 제기했다. 뉴저지 고등법원은 신청을 기각했지만, 대법원은 1976년 아버지의 주장을 인정했다. 이 판결은 자기결정권을 존중한 새로운 판결로 큰 반향을 일으켰다. 퀸란은 생명유지 장치를 뗀 후에도 9년간 생존하다가 1985년 사망했다.

** 〔역주〕 페는 1984년에 미숙아로 태어나 좌측심장발육부전 진단을 받았다. 병원 측은 이종이식을 제안했는데, 신생아는 선택 능력이 없기 때문에 의사는 아이의 가족과 의논했다. 의사는 어린 개코원숭이의 심장을 페에게 이식하겠다고 설명하고 보호자동의서명을 받았다. 결과적으로 페는 11일 만에 죽었다.

한 개념적 지점에서 비롯된 것이 아니다.

최근에 나는 동물실험의 도덕적 문제를 주제로 한 호주 학술회의에서 같은 맥락의 기조강연을 했다. 당시 나는 동물연구에서 사람들이 얻는 이익을 기다란 목록에 열거하는 식으로는 동물에 대한 침탈적 이용을 정당화할 수 없다는 점을 지적했다. 그것은 정치범, 집단 수용소 피수용자, 노예, 그리고 범죄자들에 대한 의학실험으로 얻은 이익을 열거하거나, 강압되지는 않았지만 고지된 동의 없이 진행된 연구를 정당화하는 것과 다를 바 없다. 이처럼 명백함에도 불구하고, 미국 의학연구학회들이 늘 그렇듯, 많은 연구자는 발언을 통해 오로지 사람에게 이롭다는 이유만으로 자신들의 동물 이용을 방어하려 한다.

안타깝게도 일반 대중은 대개 과학에 너무 무지해서 과학활동에서 야기되는 순수한 도덕적 문제들을 식별하지 못하며, 실생활에서 언론매체에 지나치게 의존해 판단하는 경향이 있다. 더구나 언론은 개념이나 사실의 정확성을 높이기보다는 부수를 늘리는 데 관심이 있을 뿐이다. 이것은 베이비 페 사건이 일어났을 때, 한 신문기자가 내게 솔직하게 털어놓은 이야기이다. 따라서 유전공학 사례에서 곧 살펴보겠지만, 대중들에게 중요한 도덕적 문제로 제기되는 것은 실제로는 전혀 도덕적 문제가 아닌 경우가 많다. 한편 과학자들도 자신들의 활동에서 야기되거나 그 속에 함축되는 윤리적 문제들을 구별하지 못하고 종종 대중 또는 자신들이 대중이라고 정의한 사람들이 자신들에게 윤리적 문제가 무엇인지 정의해주기를 기다리기 때문에, 그 주제들은 과학적 측면에서도 제대로 다루어지지 못한다.

과학자들이 과학에서 도덕적 주제들을 식별하지 못하는 문제는 내가 '과학의 이데올로기'(*ideology of science*)라 부르는 것에 대해 다시 의구심을 불러일으킨다. 본질적으로 그것은 과학자들이 훈련 과정에서 과학지식과 함께 습득하는 철학 원리, 입장, 가정, 전제, 그리고 가치 등의 집합이다. 이렇듯 널리 퍼진 이데올로기는 1920년대의 논리 실증주의와 행동주의에 그 뿌리를 두고 있으며, 과학은 오로지 관찰 가능하고 입증할 수 있는 것만을 — '사실'과 함께 — 다룬다고 가정한다. 도덕적 가치를 포함해서 가치에 대한 언명은 입증이 불가능하기 때문에, 이러한 언명이 과학자의 권한으로, 최소한 과학자로서의 능력으로 포함되지 않는 것으로 추정된다. 이것은 과학이 '가치중립'이라는 슬로건으로 굳어질 때가 많으며, 거기에 사회가 과학을 사용하는 과정에는 가치가 개입될 수 있지만 과학 그 자체에는 결코 가치가 개입되지 않는다는 주장이 수반된다.

윤리적 부분을 포함해서, 과학자들은 흔히 가치판단을 감정적 대응이나 개인적 선호 또는 취향으로 간주하며, 따라서 이성적으로 판결할 수 있는 것으로 생각하지 않는다. 결국 '취향에 대해서는 논란을 벌여서는 안 된다'는 것이다. 따라서 철학적으로, 많은 과학자는 도덕적 문제를 무시하거나 심지어 도덕적 문제에 대해 감정적인 것을 잘못이라고 보지 않는다. 왜냐하면 그들은 암암리에 받은 철학 훈련으로 인해 도덕적 문제는 감정적 문제에 불과하다고 믿게 되었기 때문이다.

내가 다른 곳에서 입증하느라 상당한 고초를 겪었듯이, 사실상 과학은 가치중립적이지 않으며 윤리적 가치를 포괄한다.[3] 실제로 모

---

3) B. E. Rollin, *The Teaching of Responsibility* (Hertfordshire, U.K. : Uni-

든 과학에는 가치판단에 근거한 가정이 스며들어 있다. 놀랍게도, 관찰의 적합한 대상이며 주어진 문제와 관련된 데이터이자 사실로 간주되는 것에 대한 관념 자체도 가치판단적 가정에 따라 달라진다. 가령 상식과 감각 경험에 기초한 아리스토텔레스의 물리학과 우주론이 갈릴레오와 뉴턴의 이성적 · 수학적 · 기하학적 물리학으로 대체된 과학혁명을 살펴보자.

아리스토텔레스주의를 폐기하도록 강제한 것은 새로운 데이터나 사실의 발견이 아니었다 — 반대로 경험적 관찰은 아리스토텔레스의 정성적(定性的) 세계관의 기반을 이루었다! 아리스토텔레스주의를 폐기하게 한 것은 본질적으로 가치의 변화이다. 그것은, 데카르트가 그의 저서 《성찰》(*Meditations*)에서 그랬던 것처럼, 감각을 통해 얻은 정보에 대한 불신이다. 그리고 이 변화는 경험적인 것에 비해 합리적 · 수학적으로 표현 가능한 것, 아리스토텔레스의 철학에 비해 플라톤 철학을 상대적으로 중시한다. 본질상 전지전능한 신은 수학자가 분명하고 외면적 다양성에 내재하는 수학적 통일성을 창조한 것이 분명하다는 갈릴레오의 주장에서 이것이 정확하게 표현되었다.

여러분 중에서 숙달된 의학연구자이자 로즈 장학생인 내 지인의 견해에 동조할 사람은 거의 없을 것이다. 그는 격앙된 어조로 과학에서의 동물 이용이 도덕적 문제가 아니라 단지 과학적 문제에 불과하며, 실제로 과학은 윤리와 아무런 관련도 없다고 주장했다. 그가

---

versities Federation for Animal Welfare, Potters Bar, 1983); "The Moral Status of Research Animals in Psychology", *American Psychologist* 40, no. 8(1985): 920-926.

자신의 입장이 어떤 논리에 기반하는지 생각하지 않았다는 점을 보여 주기 위해, 나는 만약 과학이 오로지 과학적 관심사에 의해서만 제약받는다면 왜 우리는 연구에 어린아이를 이용하지 않는지 물었다. 오직 과학적 목적이라면 동물보다는 사람이 낫지 않은가? 그의 대답은 무척 간단했다. "왜냐하면 그들이 허락하지 않을 테니까."

그리고 인종차이와 지능이 합법적인 연구주제인지, 동성애가 질병인지 아니면 선택 가능한 생활양식인지, 알코올 중독이나 아내구타가 병인지 아니면 비행(卑行)인지에 대한 과학적 견해에서 명백하게 도덕에 근거한 변화가 일어나고 있다는 것을 관찰한 사람 중에서, 과학이 도덕적 가치판단의 가정에 뿌리를 두고 있다는 사실을 진정으로 거부할 수 있는 사람은 없다.[4]

지금까지 내 주된 관심사는, 일반적으로, 도덕적 이슈에 대한 우리의 이해가 이러한 이슈를 만들어내는 과학 발전의 속도를 따라잡지 못한다는 점을 보여 주는 것이었다. 그리고 내가 여러분에게 어떤 급박한 메시지를 강조하려 한다면, 그것은 과학자들이란 그들 자신이 위험을 무릅쓰고 위기의 규모를 가정할 때까지는 이러한 문제들을 무시하거나 회피하리라는 것이다. 마지막 분석에서 공공 자금이 과학에 투자되고, 책무에 대한 요구는 점차 높아진다. 과학이 자신의 활동으로 인해 발생하는 도덕적 문제들을 명확하게 규정하는 데 실패하고 있다는 사실은 과학이라는 영역의 존립 자체를 위험에 빠뜨린다. 전 세계의 동물연구 사례들이 이 점을 예증한다.

---

4) B. E. Rollin, "On the Nature of Illness", *Man and Medicine* 4, no. 3 (1979) : 157ff.

나아가 윤리 버전 그레셤의 법칙에 의거하면, 악한 도덕적 사고가 선한 도덕적 사고를 몰아낼 수 있다. 따라서 과학자들이 유전공학을 비롯한 그 밖의 분야에서 진짜 도덕적 문제를 구분하는 데 실패한다면, 실제로는 도덕과 무관하지만 세상을 떠들썩하게 만드는 선정적인 주제들이 대중의 마음을 사로잡고, 사회 정책의 근거로 사용될 매우 현실적인 가능성을 열어 놓는다. 그리고 동물 유전공학에 대한 토론 근거로 삼기 위해 '프랑켄슈타인 괴물'에 대한 논의로 돌아가 살펴보겠지만, 여기에서도 같은 종류의 문제가 발생할 수 있다.

내가 이야기한 윤리 버전의 그레셤 법칙은 사회적으로 가장 널리 퍼진 프랑켄슈타인 은유의 구성요소가 동물 유전공학에 적용되면 도덕적으로 가장 관심이 떨어진다는 사실에서 잘 입증된다. 이 구성요소는 오래된 프랑켄슈타인 장르에 속하는 영화의 관점에서 '사람이 알아서는 (또는 하거나 탐구해서는) 안 되는 일이 있다'고 특징지을 수 있을 것이다. 다시 말해, 그 중요성과 무관하게 그 자체가 금기되어야 하는 특정 과학지식, 과학활동, 그리고 그 지식의 적용이 있다는 것이다.

유전공학의 경우, 키메라의 창조나 종(種) 간 경계를 넘는 행위, 같은 종 내에서 표현형의 측면에서 두드러진 변형을 일으키는 경우(가령 농장동물들의 다리가 생기지 않도록 하는 유전자 조작), 심지어는 미 농무부에 대한 폭스-리프킨(Fox-Rifkin) 소송*에 대한 언론

* 〔역주〕 1980년대에 리프킨과 수의사 폭스가 농무부를 상대로 고등동물의 유전자를 상호 간에 주입하지 못하게 하려고 제기한 소송.

과 대중의 반응이 시사하듯이, 사람에게서 유래한 유전물질을 동물에게 주입하는 문제나 동물에게서 추출한 유전물질을 사람에게 이식하는 문제 등에 대해 사람들이 제기하는 견해가 이런 관점에 가장 호소하기 쉬울 것이다(전에도 주장했듯이, 베이비 페 사건에서도 비슷한 사고의 경향이 나타났다. 많은 사람은 동물의 신체 일부분을 이식받은 사람에 대해서, 딱히 꼬집어 말할 수는 없지만, 윤리적 문제점을 인식하는 것처럼 보인다).

이러한 종류의 '프랑켄슈타인 괴물' 버전에서 나타나는 사고 패턴은, 널리 확산되기는 했지만, 진짜 도덕문제를 대표하지 않으며 사회적 판결을 요구하는 도덕적 물음들을 제기하지도 않는다. 내 생각에는 그것이 전형적으로 도덕적 우려와 혼동되는 다양한 비도덕적 원천들을 가지는 것처럼 보인다.

그런 원천 중에서 가장 확실한 것은 신학적이다. 하나님이 피조물을 '각기 고유한 종류에 따라' 지었다는 유대-기독교 관념은 분명한 함축을 가지면서, 19세기와 현대에 다윈에 대한 반대에서 모두 표현되었다. 그것은 종(種)이 고정되어 있고, 다른 종과 분명하게 구분되며, 불변이고, 나아가 그러해야 한다는 것이다. 신학 이외에, 서구 사상에서 이러한 관점을 지지했고 역사적으로 상당한 영향력을 발휘했던 철학적 경향은 플라톤화된 아리스토텔레스주의였다. 이 관점도 고정불변인 자연종, 즉 서로 확실하게 분리된 종이 있다고 가정한다. 실제로 아리스토텔레스는 그 반대 명제는 지식으로 설립이 불가능하다는 근거에서 이 견해를 지지했다(그 반대의 경향도 아리스토텔레스에서 발견된다. 그것은 종 내에서의 무한 연속체와 등급화 개념이다.* 그러나 이 개념은 무시되었다).

그러나 이러한 신학적 · 철학적 편견들이 그 자체로 유전공학에 대한 도덕적 물음의 정당한 근거가 되지는 않는다. 물론 그것이 특정인들이 유전공학에 대해 마치 반사작용처럼 거부반응을 일으키는 이유를 설명하는 데 도움을 주는 것은 사실이지만 말이다. 그리고 종교적인 사람들에게 자신들의 교리에 어긋나는 행위는 틀림없이 도덕적으로 문제가 될 것이다.

그러나 '생물종을 조작하는 행위'에 대한 유보적 태도는 신학이나 아리스토텔레스를 넘어선 원천들에서 비롯된다. 그 원천들은 과학에 대한 소양이 없는 일반 대중이 원자를 생물 세계의 기본 구성단위로 인식하는, 일반적이지만 과학적으로 순진하고 얼마간 혼란된 이해에서 기인한다. 그들은 생물 세계가 원자로 이루어져 있고 그 위에 기초를 두고 있다고 생각한다. 이런 관점에서 종을 땜질하는 것, 자연의 안정성을 땜질하는 것은 콜리지의 늙은 선원**이 알바트로스를 죽였을 때 했던 말처럼 존재의 거대한 고리를 (어느 정도 엉망진창으로) 뒤흔드는 것이다.

최근 생물학적 이론에서 종(種)이 정적이기보다 동적이라는 사실, 다시 말해 연속적인 진화 과정의 정지 행위라는 관점들을 이런

* 〔역주〕 아리스토텔레스는 동물을 종별, 계통별로 분류해 500종 이상의 동물을 해부 및 관찰했다. 그는 식물과 동물을 연속적인 이행으로 보았고, 생물이 어미 없는 물질로부터 우연히 생긴다는 자연발생설을 주장하기도 했다.

** 〔역주〕 영국의 시인이자 비평가인 새뮤얼 테일러 콜리지(Samuel Taylor Coleridge)의 7부작 《늙은 선원의 노래》(*The Ancient Mariner*)에서 나온 이야기로, 북극으로 떠내려가던 늙은 선원이 알바트로스를 살해해 자연의 질서에 어긋나는 죄악을 저지른 후 신체적 · 정신적 고통을 겪으면서 자신의 죄의 본질을 알게 된다는 것이다.

비평자는 간과하고 있다. 그들은 (유전적) 종의 개념이 매우 복잡하고 불확실하며, 켄쉬(Kensch) 같은 일부 생물학자들은 기본적인 분류 단위가 아닌 아종(亞種), 유(類), 품종원형(*rassenkreis*), 형태원형(*formenkreis*)과 같은 개념들을 선호해서 종에 대한 개념을 배격하고 있다는 사실도 간과한다[5] (다른 한편, 마이클 루즈가 말했듯이, 대부분의 생물학자는 종을 근본 분류 단위로 간주하며, 단위에 그치지 않고 '실재에 더 가까운' 것으로 생각한다는 사실이 이런 비평자들의 입장을 뒷받침해 준다[6]).

덧붙이면, 만약 아종이 기본 단위라면, 우리는 지난 수천 년 동안 크게 소란을 떨지 않으면서 생물학적 실체를 유전자 변형해 온 것이다. 그 문제에 관한 한, 만약 누군가가 현재 표준으로 받아들여지는 종에 대한 정의를 자연적으로 교잡한 개체군으로 진지하게 받아들인다면, 덴마크산 큰 개나 치와와처럼 우리가 육종을 통해 유전자를 변형시킨 특정 아종들은 실제로 별개의 종을 이루는 셈이다.

덧붙여서, 내가 다른 곳에서 주장했듯이, 종의 실재성과 비실재성을 둘러싼 논쟁은 아주 깊고도 오래된 철학적 실수, 즉 모든 현상을 인위(*nomos*)냐 자연(*physis*)이냐, 자연이냐 관습이냐로 분류하는 것에서 기인한다.[7] 실제로 종은 양자를 모두 표상하는 것으로 보인다. 우리가 세계에서 어떤 종을 발견하는가는 우리가 그것을 통해 세계를 보는 과학적·이론적 렌즈에 달려 있다.

---

5) J. R. Baker, *Race*(London: Oxford University Press, 1984).

6) M. Ruse, *The Philosophy of Biology*(London: Hutchinson, 1973).

7) B. E. Rollin, "Nature, Convention, and Genre Theory", *Poetics* 10 (1981): 127-143.

현재의 진화론과 분자유전학을 고려한다면, DNA 일치 검사와 단백질 일치를 통한 혈청학적 증거는 종 분류법에 객관적 방법을 제공한다. 그러나 동시에 우리는 이러한 객관적 검사가 현재 수용된 생물학 이론에 기반하고 있으며, 대안적 생물학 이론에 따르면 — 예를 들어, 생물의 분자적 기반보다는 유기체 전체의 기능이나 생태적 위치에 훨씬 더 근거를 두는 — 필경 완전히 다른 분류법을 만들어낼 것이고, 그 분류법도 전혀 다른 객관적 검사들의 집합을 갖추고 있을 것이라는 점을 인식해야 한다.[8]

종의 신성불가침성이라는 신념을 강화한 것으로 보이는 또 하나의 요인은 환경운동이다. 환경운동은, 종을 멸종하게 두어서는 안 된다는 생각에서 우리가 그들을 변화시켜서는 안 된다는 생각으로 향하는, 논리적으로는 크지만 개념적으로는 지지될 수 없고 방대하지만 심리적으로는 작은 이행이다. 또는 좀더 합리적으로, 이 사상운동은 종이 인간활동의 결과로 멸종되어서는 안 된다는 생각에서 우리 손에 의해 변화되어서는 안 된다는 생각으로 이행하는 것이다. 요약하면 환경운동에 내재한 것은 '자연이 가장 잘 알고 있으니, 자연을 건드리지 말라'는 사고방식이다. 그러나 이것은 이성에 근거한 입장이라기보다는 특정한 태도에 가깝다.

다른 자리에서도 말했듯이, 내 견해로는 종은 도덕적 우려를 받을 만한 정당한 대상이 아니다.[9] 시베리아 호랑이가 많기 때문에

---

8) *Ibid.*

9) B. E. Rollin, *Animal Rights and Human Morality* (Buffalo: Promeheus, 1981).

10마리를 쏴 죽이는 것을 허용할 수 있다거나 환경윤리학자인 한 동료가 내게 말했듯이, 그 수가 풍부한 엘크 사슴의 이동 경로에 멸종위기종인 이끼가 있다면 엘크를 총으로 쏴서 이끼를 보호하는 행위가 허용될 수 있을 뿐 아니라 의무적으로 그렇게 해야 한다고 주장하는 것은, 내게 거의 아무런 의미도 없다.[10]

나중에 좀더 상세하게 이야기하겠지만, 내 견해로는 지각력을 가진 개체만이 도덕적 우려의 타당한 대상이다. 종은 그들이 개체의 집합을 대표할 때에만 도덕적 가치가 있으며, 마지막 10마리의 시베리아 호랑이는 도덕적 문제에서 다른 10마리의 시베리아 호랑이와 다르지 않다.[11] 멸종되고 있는 종에서 엄청난 손실이 있는 것은 분명하다. 그러나 그것은 근본적으로는 미학적 우려, 가령 꽃을 짓밟는 행위에 대한 거부감과 유사할 것이다. 윤리는 어떤 사람이 미학적 대상을 파괴하지 말라거나 미래 세대에게서 '환경'에 대한 그것들이 존재할 권리를 빼앗지 않는 도덕적 의무를 지는 경우에 한해서만 타당하다.

어쨌든, 나는 지금까지의 논의를 통해 '프랑켄슈타인 괴물'의 첫 번째 측면, 즉 '세상에는 우리가 절대 해서는 안 될 일들이 있고, 유전공학에 의한 종의 변형이 그중 하나다'라는 관념이, 설령 많은 사람이 그런 생각을 가지고 있을지라도, 정당하다고 인정되는 도덕적 주장을 대변하지 못한다는 것을 보여 주었다. 이처럼 널리 퍼져 있는 생각에 대응하기 위해서 연구 공동체들은 많은 대중교육을 실시

10) H. Rolston, "Duties to Endangered Species", *BioScience*, 1984.
11) B. E. Rollin, *Animal Rights*.

할 필요가 있으며, 그에 앞서 윤리적 주제들에 대해 자기 학습을 해야 할 것이다.

'프랑켄슈타인 괴물'의 첫 번째 측면에서 진정한 도덕적 이슈를 뽑아내기 위해 우리가 논의했던 모든 이성적 시도는 반드시 '프랑켄슈타인 괴물'의 두 번째 측면에 토대를 두어야 한다. 대부분의 프랑켄슈타인 신화에서 가장 중요한 것은 고삐 풀린 과학적 호기심에서 비롯되어 인간에게 위험을 초래하는 것이다. 따라서 이 신화의 두 번째 측면에서는 '명백히 잘못된 일들이 있다'는 언명이 '불가피하게 인간에게 큰 위해를 줄 것이기 때문에 해서는 안 되는 잘못된 일이 있다'는 언명으로 대체되었다. 프랑켄슈타인 박사의 괴물이 주는 전형적 이미지는 아무런 죄도 없는 사람들을 광포하게 위협하고, 살상하며, 해를 입히는 것이다. 과학자의 숭고한 의도에도 불구하고(소설에서 프랑켄슈타인 박사의 목적은 인류를 돕는 것이었다), 그의 행동은 도덕적으로 잘못된 것이다. 그 까닭은 (단지) 지나친 오만이 아니라, 그 행동으로 인한 위험한 결과를 예측하지 못했거나 심지어는 그러한 결과들의 가능성을 고려하여 그것을 제한하기 위한 단계적 조치와 사전예방책을 강구하지 못했다는, 변명의 여지가 없는 실수이기 때문이다. 그리고 이러한 반론에 대해 20세기 과학기술이 매우 취약한 것은 물론이다. 우리는 무언가를 할 수 있다면 반드시 해야 하고, 가능하면 빨리 사전에 계획을 세워야 한다고 믿는 경향이 있다.

또한 앞에서 이야기한 이데올로기의 한 부분으로, 과학자들이 자신들의 연구가 파괴적 방향으로 사용되는 문제에 대해 도덕적 책임이 없다고 믿는 경향이 있다. 그런 결과의 책임은 정치가, 정부, 군부 또는 기업이 져야 한다고 생각하는 것이다. 물론 '아실로마 회의'가 훌륭하게 예증하듯이 이러한 주장에 대한 예외도 있지만,[12] 대개 과학자들은 이러한 비판에 취약하다. 그 점은 대학의 생물안전성 위원회나 감독 위원회에 참여해 본 사람이라면 누구나 잘 알 것이다.

최근 밝혀진, 캘리포니아에서 도망친 살인(殺人) 꿀벌은 과학자들이 저지른 명백한 부주의를 보여 주는 또 하나의 사례이다. 과학자들은 이 곤충을 들여와 기르면서도 그에 따른 위험에 대해서는 일말의 고려도 하지 않았다.

어쨌든 동물의 유전자 조작에 내재한 잠재적 위험이 농업에 있다면 그것은 무엇인가? 이것은 분명 이 분야에 종사하는 모든 사람이 다루어야 할 문제이다. 지역에 대한 개괄적 조사만으로도 위험의 측면에서 제기되고 탐구되며 평가되어야 할 많은 가능성이 드러나며, 생명공학의 새로운 원리들을 활용하는 동물 생명공학이 시작되기 전에 그러한 위험을 최소화하는 메커니즘이 고안되어야 할 것이다.

나는 이러한 연구를 계획하고 있는 모든 나라가 동물 유전공학에서 불거지는 잠재적 위험과 연관된 사회적 물음들을 충분히 평가하고, 과거 미국에서 재조합 DNA 연구 문제를 다루었듯이, 대중들에게 공개할 수 있도록 보장하는 공식 기구를 설립할 것을 제안한다.

나는 농업에 이용되는 동물의 유전공학과 연관된 잠재적 위험과 그 밖의 윤리적·사회적 문제를 평가하기 위해 국립보건원(National Institutes of Health: NIH)의 재조합 DNA 자문위원회(Recombinant

12) 아실로마에 대한 좀더 자세한 내용은 이 책 제2장을 참조하라.

DNA Advisory Committee: RAC)와 유사한 기구를 설립할 것을 미 농무부에 권고한다. 이 작업은 여러 단계를 거쳐 추진되어야 한다. 먼저 과학자, 변호사, 공공정책 관계자, 윤리 분야 관계자, 그리고 일반 대중으로 이루어진 대규모 위원회가 쟁점들의 윤곽을 도출하고, 위험을 평가하며 이를 최소화하기 위한 광범위한 가이드라인을 제시해야 한다. 가능하다면, 위험의 여러 등급이 구분되고 연구와 그 응용 유형들의 광범위한 특징이 개괄되어야 한다. 그런 다음, 사람을 대상으로 한 연구위원회나 동물연구위원회 또는 생물안전성 위원회처럼, 일반 대중을 일정 비율 구성원으로 포함하는 지역 위원회들이 동물 유전공학 연구와 적용에 관여하는 기구로 임명되어야 한다.

이 모든 절차에서 가능한 한 정확한 공개가 이루어져, '프랑켄슈타인 괴물'의 비합리적 요소들을 몰아내고 적절한 우려에 대해 반응을 보여 주어야 한다. 이런 위원회들은, 우리가 프랑켄슈타인 신화의 마지막 구성요소에 대해 논할 때 잠깐 언급하게 될, 다른 윤리적 문제들에도 관여해야 한다.

농장동물의 유전공학과 연관된 위해(危害), 위험, 그리고 잠재적 위난(危難)에 대한 분류는 다음과 같은 단계를 거친다(물론 이 글을 읽는 사람들이 내가 제시한 목록을 크게 보완할 수 있다).

이 단계에서 나는 극도의 신중함을 발휘해서, 일어날 확률이 아무리 희박해 보이더라도, 가능한 모든 위험을 고려하는 것이 핵심이라고 생각한다. 대개 문제를 바로잡기보다는 예방하는 편이 훨씬 쉽다. 특히 작동하는 데 기술적 도구나 절차가 필수적이고, 나중에 문제가 되거나 실패한 것으로 밝혀질 경우 엄청난 돈과 식량이 걸려 있는 농업과 같은 분야에서는 더욱 그러하다. 동물사료에 항생제를 사용하는 것이 하나의 예이다. 지나치게 강화되고 투자된 돼지고기 생산체계와 예기치 않은 질병과 유전적 균일성으로 인해 야기되는 작물의 격감도 마찬가지이다.

① 농장동물에 새로운 형태의 유전공학을 적용할 때 발생할 잠재적 위험의 첫 번째 집합은 이러한 활동이 생물에게 야기하는 전면적 변화가 지나치게 빠르다는 사실에서 기인한다. 물론 전통적 유전공학은 오랜 시기에 걸쳐 선택적 육종을 통해 이루어졌다. 사람들은 오랜 시간에 걸쳐 분리된 특성의 협소한 선택으로 인한 부작용을 관찰할 충분한 기회가 있었다. 그러나 현재 우리가 논하고 있는 기술의 경우, 우리는 '고속 차선에서' 선택을 하고 있다. 그리고 그 결과, 두 가지 종류의 잠재적 위험을 낳았다.

먼저 빠른 속도로 변화하는 생물체에 나쁜 영향을 주는 결과가 있을 수 있다는 점이다. 그 특징적 결과는 유전공학이 전혀 의도하지 않은 함축을 가진다는 점이다. 따라서 가령, 고사병에 대한 저항성을 높이기 위해 유전공학을 적용한 밀의 경우, 그 특성이 분리되어서 관찰되었고 이 저항성에 대한 유전적 근거가 생물체에 암호화된다. 그러나 일반 저항성에 관여하는 예비 유전자(*back-up gene*)는 무시된다. 그 결과로 새로 탄생한 생물체는, 한 세대 안에 돌연변이를 일으켜 작물을 황폐화시킬 수 있는, 각종 바이러스에 대해 지극히 취약해진다.

둘째, 생물체에 도입될 분리된 특성은 그 결과로 탄생한 동물을 먹는 사람에게 예상치 못한 위험한 결과를 야기할 수도 있다. 가령, 유전공학으로 호르몬의 일정 수준을 증가시키는 방식으로 소를 빠르게 성장시키는 경우를 생각할 수 있다. 이렇게 농도가 높아진 호르몬을 사람이 30년 이상 소비하게 되면 이 호르몬들이 발암물질이나 디에틸스틸베스트롤(*diethylstilbestrol*)*과 같은 태아 기형 발생물질이 된다는 것은 이미 판명되었다. 여기에 깊이 내재된 문제는 그 특성의 표현형적 발현과 연관된 메커니즘에 대한 충분한 이해 없이, 그리고 그로 인한 재앙에 대한 인식 없이 유전공학으로 동물에게 특정 형질을 줄 수 있다는 점이다. 이것은 최소한 그로 인해 영향을 받는 생리적 메커니즘에 대해 합당한 이해를 갖기 전까지는, 유전공학의 적용에 신중해야 한다는 것을 시사한다.

② 지금까지 우리가 논의한 종류의 유전공학에서 발생하는 위험의 두 번째 유형은 이미 육종에 의한 선택에 내재된 문제점들을 복제하고 증폭시킨다. 그것은 유전자 풀의 협소화, 즉 유전적 균일화를 향한 경향성, 해로운 열성(劣性)의 출현, 잡종 강세의 손실, 그리고 작물 유전공학에서 이미 입증되었듯이 병원체에 의해 생물체가 황폐화될 가능성의 증대 등이다(반면, 유전공학은 육우 사육자가 이용할 수 있는 새로운 유전물질을 생산하는 인공수정의 경우처럼 이용 가능한 유전자 풀에 이전보다 훨씬 큰 다양성을 주는 역효과를 낳을 수 있다).

③ 동물에게 변화를 가하는 특정 사례에서 그로 인해 숙주가 되는 병원체를 변화시킨다는 사실에서 세 번째 유형의 위험이 발생한다. 이 위험은 상상할 수 있는 두 가지 경로로 발생할 수 있다. 첫째, 유전공학으로 동물의 특정 병원체에 대한 저항성을 갖게 되면, 그 과

* 〔역주〕 합성여성호르몬의 일종으로 태아에 기형을 유발할 수 있다.

정에서 의도치 않게 변형된 동물이 저항성을 갖지 않은 미생물의 자연적 돌연변이체에서 새로운 변형을 선택하는 결과를 낳는다. 그렇게 되면 이 새로운 생물체는 숙주인 동물, 다른 동물, 그리고 사람까지 감염시킬 수 있다.

둘째, 설령 동물을 비(非)면역학적 방식으로 변화시키고 있다고 해도, 그들이 살고 있는 환경을 변화시킴으로써 숙주인 병원체를 변화시킬 수 있다. 그렇게 되면 결과적으로 그 병원체는 사람이나 그 밖의 동물에게 위험해질 수 있다. 따라서 점차 가속되는 유전적 수단으로 농장동물을 변화시키는 과정에서, 우리는 아직 알려지지 않은 예측 불가능한 방식으로 생물체 속에 살고 있는 미생물의 병원성을 변화시킬 위험을 감수하고 있다. 그리고 그 변화가 더 급하게 이루어질수록, 병원체가 일으킬 수 있는 위험은 헤아릴 수 없을 정도로 커질 가능성이 높다.

④ 네 번째 유형의 위험은 환경과 생태에 관한 것이며, 동물에 가하는 급격한 변화와 그로 인해 탄생한 새로운 동물이 환경에 방출되는 예상치 못한 상황과 연관된다. 밀집 관리되는 소나 닭의 경우에는 이러한 가능성이 최소한으로 한정되는 것처럼 보이지만, 조방(粗放) 관리되는 돼지나 토끼, 그리고 방목하는 소의 경우에는 확실히 실질적 위험을 일으킬 수 있다. 그동안 겪은 쓰라린 경험들은 이러한 위험이 결과를 가늠할 수 없을 정도이며, 심지어 우리에게 특성이 잘 알려진 종의 경우도 (호주의 토끼와 소, 그리고 하와이의 몽구스 사례*) 새롭게 적용된 유전공학으로 인해 발생할 수 있는 사태

* 〔역주〕 설치류와 뱀을 퇴치하기 위해 몽구스를 도입했지만, 예상치 못하게

에 대해서는 무지하다는 것이 확실하다.

⑤ 우리는 농장동물의 유전공학과 연관된 잠재적 위험을 간략하게 다루었다. 거기에는 해당 동물, 일반적인 사람 집단, 다른 동물들, 그리고 환경과 관련된 위험이 모두 포함된다. 다섯 번째 위험 유형은 사람들의 집단에서 특수한 하위 집단과 연관된다. 즉, 동물의 유전자를 조작하고 실험하는 사람들이다. 위험 물질에 직접 접촉하면서 작업하는 사람들이 보통의 집단보다 위험하다는 건 상식으로도 알 수 있다(그리고 이 주장을 뒷받침하는 풍부한 근거가 있다). 영국의 천연두 사망자들은 실험실 안에서의 바이러스 감염으로 발생했고, 대학에서는 사람들이 위험물질에 접촉하지 않도록 표준 절차를 시행하고 있다. 그러나 새로운 상황에 대처할 때 특별히 신중을 기해야 한다는 것은 20년 전 마르부르크 바이러스(*marburg virus*)*로 인해 일어난 사망으로 잘 입증된 바 있다. 이 바이러스는 살아 있는 원숭이를 다루던 실험실 작업자들을 감염시킨 것이 아니라 세포 배양을 위해 죽은 동물에서 세포를 수집하던 사람들을 감염시켰다. 유전공학의 경우, 유전자를 주입하기 위해 이용되는 벡터를 다루는 사람들이 위험에 처할 수 있다.

지금까지 우리가 논했던 모든 위험 그리고 내가 빠뜨리고 언급하지 못했지만 실질적 위험을 야기할 수 있는 그 밖의 위험에서, 위험 관리의 필요성은 윤리적 고려에 의지하지 않고도 필연적으로 발생한다. 합리적으로 자기이익을 분별할 수 있는 사람이라면 그 위험

그 수가 늘어나면서 토착종이 큰 피해를 본 사례이다.

* 〔역주〕 고열과 출혈을 수반하는 질병의 원인균.

에 대해 결코 관대할 수 없음을 알 수 있을 것이다. 따라서 설령 자신과 자신이 사랑하는 사람들을 제외한 타인에 대해 전혀 관심이 없는 사람일지라도, 엄청난 위해를 일으킬 수 있는 문제들이 통제되기를 바랄 수 있을 것이다. 왜냐하면 그 자신도 다른 사람들과 마찬가지로 쉽게 그 영향의 희생자가 될 수 있기 때문이다.

따라서 칸트의 관점에 따른 내 견해로는 이러한 영역에 대한 사고에서 도덕적인 것과 신중함을 요하는 것을 따로 구분하기는 어렵다. 우리가 '프랑켄슈타인 괴물'의 세 번째와 마지막 측면을 고려할 때에만, 순수한 도덕적 숙의와 결정을 요하는 무언가와 실질적으로 조우할 수 있다. 왜냐하면 이런 사례들에서 도덕성과 자기이익이 일치하지 않을 가능성이 매우 높기 때문이다. 다시 말하면, 사람들이 신중하게 행동할 때 올바른 일을 할 가능성이 높으며, 실제로 이러한 영역의 도덕적 행동은 정확히 그만큼 자기이익에 부담을 주기 때문이다. 이제 우리는 그러한 물음들을 다룰 것이다.

프랑켄슈타인 신화의 마지막 측면은 다른 면들에 비해 이 신화에 대한 대중적 해석에서 찾기 힘들지만, 실제로는 메리 셸리 소설의 중심 주제였다. 이 소설은 과학의 남용으로 빚어진 생물의 곤경에 관한 것이다. 소설에서 이 생물은 무죄이지만 고립돼 있다. 사람들로부터 멀리 떨어져 있고, 조롱받으며, 학대받고, 자신이 초래하지 않은 곤경으로 인해 고통받는다. 사랑과 친교를 갈구하지만 돌아오는 것은 거부와 혐오뿐이다. 고전적 프랑켄슈타인 영화에서 우리는 이 괴물에 대한 염려를 찾아볼 수 있다. 최근 리메이크된 영화 〈킹콩〉(*King Kong*)의 경우에도 실제로 이것이 중심 주제이다.

신화에서 유전공학의 영역으로 번역된 이 측면은 본질적으로 동물의 도덕적 상태, 동물의 권리라는 문제를 제기하고 있다 — 분명 그것은 지금까지 논의한 과정에서 검토했던 도덕적 문제 중에서 가장 어려운 것이다. 그리고 그것이 어려운 이유는 그 세목을 개괄할 가치가 있는 근거들이 너무 복잡하기 때문이다.

먼저, 다른 생물에 대한 우리의 책임을 확고히 할 때, 우리는 상식이나 직관, 일반적 관행, 법률, 심지어는 전통적 도덕철학으로부터도 아무런 도움을 받지 못한다. 상식과 일반 관행은 잔혹행위를 금하는 것 외에는 우리의 의무에 대해 아무것도 말하지 않는다. 동물이 겪는 고통과 죽음은 대부분 잔인함에서 기인하지 않기 때문에 이것은 거의 도움이 되지 않는다.

동물에 대한 사랑과 잔인함에 대한 지나친 강조는 전통적 동물복지운동이 저지른 가장 끔찍한 실패이다. 대부분의 과학자와 농업 종사자는 잔인하지는 않지만, 무수히 많은 동물을 침습적으로 사용한다. 또한 무언가를 사랑한다고 해서 그 대상을 반드시 또는 충분히 도덕적으로 다루는 것을 뜻하지는 않는다. 나는 내가 알고 있는 대부분의 외과의를 사랑하지 않는다. 심지어 그들을 좋아하지도 않는다. 그래도 나는 그들을 도덕적으로 대해야 한다. 마찬가지로 자신의 애완동물을 사랑하는 많은 사람이 부적절한 먹이를 주는 것에서부터 운동을 시키지 않는 것에 이르기까지 무수한 방식으로 애완동물을 학대하고 있다.

동물에 대한 우리의 직관은 일관적이지 않다. 소에게 낙인찍는 행위를 비난하는 사람들이 태연스럽게 자기가 기르는 개의 꼬리나 귀를 짧게 자른다. 법률도 별반 도움이 되지 않는다 — 법의 관점에서 동물은 재산, 즉 사유 재산이거나 공유 재산 중 하나일 뿐이다.

비합리적인 사회적 편견을 성찰하는 동물복지법도 쥐, 생쥐 또는 길든 동물은 동물로 고려하지 않는다. 이 법안의 취지에서, 연구에 사용되는 죽은 개는 동물이지만, 살아 있는 쥐는 동물이 아니다. 전통적 도덕철학도 도움이 되지 않기는 매한가지이다. 그 역사의 대부분 기간에, 다른 생물에 대한 우리의 책임이라는 주제에 대해 사실상 침묵으로 일관했기 때문이다. 지난 3천 년의 기간보다 최근 10여 년 동안 이 주제에 관한 더 많은 도덕철학적 글들이 써졌다.

이 모든 것은 앞에서 우리가 논했고 다른 곳에서 깊이 탐구한 과학의 이데올로기의 주요 요소들에 의해 한층 더 복잡해진다.[13] 1920년부터 1970년대 중반까지, 행동주의는 과학 이데올로기의 주된 구성요소였다. 그리고 그것은 동물이 의식을 가지는지, 심지어는 동물이 고통을 느끼는지조차 확실히 알 수 없다고 주장하는 독단적 교조였다. 실제로 이 교조는 아직도 여러 분야에서 받아들여지고 있다 — 최근 미 농무부의 한 조사관은 어떤 의학연구자가 개는 고통을 느낄 만큼 고도로 발달된 대뇌피질이 없다는 말을 했다고 전했다.

그밖에도 나는 이 주제와 연관된 여러 가지의 변형된 이야기를 수없이 듣는다. 저명한 가축 통증 전문가는 대다수의 수의사가 지금도 동물을 억제하는 수단으로 마취를 사용하고 있다는 말을 내게 해주었다. 이 사실은 내가 이 주제에 관여하기 시작한 초기에 명문 수의과대학에서 강연을 하면서 순진하게도 최소한 수의사들은 동물이

13) B. E. Rollin, "Animal Consciousness and Scientific Change", in *New Ideas in Psychology* (미출간) ; R. E. Rollin, "Animal Pain", in *Advances in Animal Welfare Science* (미출간).

고통을 느낀다는 사실을 의심하지 않을 것이며, 그렇지 않다면 왜 그들이 마취와 무통각(無痛覺)에 대해 연구하겠느냐고 발언했을 때 직접 확인되었다. 격노한 부학장이 자리에서 벌떡 일어나 이렇게 소리쳤다.

"그것은 화학적 억제를 위한 방법들입니다."

무통각 처치는 실험실 동물들에게 사실상 전혀 사용되지 않으며, 수의학적 임상 처치에서는 아주 드물게 사용된다. 얄궂게도 설치류 동물들이 무통각 처치를 가장 적게 받는데도 불구하고, 통증과 무통각에 대한 연구는 설치류를 상대로 가장 많이 이루어지며, 용량에 따른 반응곡선도 잘 알려져 있다.

대부분의 과학연구, 농사, 그리고 일상적 활동의 상당 부분은 동물 착취를 기반으로 이루어진다. 따라서 동물을 도덕적 범주에서 생각하지 않는 편이 더 쉽고 편하다. 그럼에도 불구하고 상식은 우리가 동물에게 가하는 행동이 동물에게는 중요하다는 것, 동물도 육체적·정신적 요구와 이해관계를 가진다는 것, 그리고 그러한 요구와 이해관계가 왜곡되고 침해되었을 때, 그들도 육체적·정신적 고통을 받을 수 있다는 것을 결코 부정하지 않는다.

지난 10년 동안, 사회는 우리가 동물에게 도덕적 의무감을 가진다는 사실을 막 이해하기 시작했다. 그리고 이때부터 동물권(動物權) 운동이 일어났는데, '1980년대의 베트남'이라고 불린 이 운동은 결코 무시할 수 없는 규모의 국제적 움직임이었으며, 동물에 대한 전통적인 대우의 많은 부분에 대해 문제를 제기하였다.

이런 사건들을 겪으면서 과학자 사회의 점차 많은 사람이 동물의 도덕적 지위에 대해 진지하게 생각하기 시작했다. 지난 8년 동안,

나는 전 세계 30여 개의 수의대학과 온갖 분야의 과학자, 변호사, 농학자, 심리학자, 정부 관계자, 농부, 방목업자, 그리고 그 밖의 수십 개에 달하는 집단을 상대로 이 주제에 관해 강의했다. 나는 국회와 주의회에서 증언했고, 세 나라 정부의 여러 기관에 자문했다. 지난 10년 동안, 나는 동물 이용에 대한 윤리 가이드를 개발하기 위해 노력했다. 나는 그 윤리가 우리 모두가 살아 있는 민주 사회의 덕목으로 공유하는 도덕적 가정을 논리적으로 따르는 것이라고 믿는다.

다시 말해, 나 자신의 윤리를 만들고 그것을 타자에게 강요하는 것이 아니라, 소크라테스를 따라 타자에게서 그들 자신의 도덕적 가정에 수반되어 있는 동물에 대한 가정을 이끌어 내기 위해 (그들은 이를 아예 자각하지 못할 수 있거나 자각하지 못할 때가 많다) 노력했다. 이러한 윤리는 모든 영역에서 즉각적인 사회 변화를 끌어내는 청사진으로서가 아니라 아리스토텔레스가 말한 대로 우리가 추구할 목표로서, 그리고 우리의 행동을 평가할 잣대로써 필요하다. 이러한 윤리가 없다면, 의사이자 연구자인 내 동료 해리 저먼(Harry German) 박사가 멋지게 표현했듯이, 우리는 해야 할 일과 하고 있는 일을 혼동하는 경향이 있다.

시간의 제약으로 나는 동물을 위한 이러한 이상을 대략적으로 개괄할 수밖에 없다. 이 주제에 관해 좀더 깊이 알고 싶은 사람들을 위해, 나의 저서 《동물권과 인간의 도덕》(*Animal Rights and Human Morality*)을 추천한다.[14] 대담하게 이야기하면, 나는 사람들이 도덕적 장이나 도덕적 관심과 숙의 범위에서 동물을 제외하기 위한,

---

14) Rollin, *Animal Rights*.

합리적으로 방어 가능한 근거를 제시할 수 있는지 스스로 숙고할 것을 촉구한다. 동물이 외바퀴 손수레보다는 어린아이에 더 가깝다는 것은 분명하다. 여러분은 동물을 다치게 할 수 있고, 우리가 그들에게 하는 행동은 그들에게 중요하다. 동물을 도덕이라는 영역에서 배제하기 위해 인용되는 표준적이고 역사적으로 널리 퍼진 차이점 중 그 어느 것도 합리적 검증을 통과하지 못할 것이다.

사람에게는 영혼이 있지만 동물에게는 없다는 주장, 사람이 동물에 비해 진화적으로 우월하다는 주장, 사람이 동물보다 힘이 세다는 주장, 사람은 합리적이지만 동물은 그렇지 않다는 주장 등은 동물을 도덕적 장이나 사회적으로 퍼져 있는 도덕 개념의 범위에서 배제하기에는 충분하지 못하다. 다시 말해, 우리의 도덕적 논리에 의거하면 그 논리를 동물에까지 확장하는 것을 막을 방법이 없다는 뜻이다. 그리고 그것은 그리 힘든 일도 아니다.

민주주의 사회에서 우리는 개인이 — 국가, 제국, 민족, 그리고 그 밖의 추상적 실체들이 아니라 — 도덕적 관심의 기본 대상이라는 것을 인정한다. 다수, 즉 더 많은 사람에게 이익이라는 측면에서(즉, 최대 다수의 최대 행복을 위해) 수많은 사회적 결정을 일반적으로 내림으로써 우리는 가끔 이러한 관점을 맞바꾸려고 한다. 이러한 셈법에서 각 개인은 하나로 계산되기 때문에 누구의 이익도 무시되지 않는다. 그러나 이러한 결정은 어떤 경우든 소수자를 억누를 수 있는 위험을 야기한다. 따라서 민주 국가는 다수의 이익에 의해 개인이 침해받지 않도록 확실히 지켜주는, 개인 주위에 쳐진 보호울타리인 개인의 권리라는 개념을 발전시켰다. 이 권리는 인간 본성에 대한 — 사람들에게 핵심적이고, 그것이 침해되거나 왜곡될 경우 대부분 사람들에게 문제가 되는 (또는 우리가 문제가 된다고 생각하는), 인간의 요구와 이해관계에 대한 — 설득력 있는 가정들을 기반으로 한다.

예를 들어, 우리는 언론의 자유를 보호한다. 설령 아무도 그 사람의 생각을 듣고 싶지 않더라도 말이다. 마찬가지로 우리는 집회의 권리를 보호한다. 자신만의 친구와 자신만의 신념을 선택할 권리, 그리고 설령 어떤 범죄자가 엄청난 액수의 공금을 횡령하여 은닉했기 때문에, 그 사람을 고문하는 것이 일반의 이익을 위한 것이라 하더라도 고문 받지 않을 권리를 보호한다. 그리고 이 모든 권리는 단지 추상적인 도덕관념으로 머무는 것이 아니라, 법률 제도 속에 들어 있다.

이 논리가 동물에게까지 확장되는 것은 자명하다. 동물 역시 천성을 (즉, 그들의 존재에서 핵심적이며 그것이 침해되거나 왜곡될 경우 그들에게 문제가 되는 근본적 이해관계) 가지고 있다. 이러한 요구와 이해관계의 집합이 — 육체적이고 정신적·유전적으로 암호화되어 있으며, 환경적으로 발현된 — 동물의 본성을 이룬다. 나는 아리스토텔레스를 따라 그것을 동물의 목적인(*telos*)이라고 부른다. 그것은 돼지의 돼지스러움(*pigness*), 개의 개스러움(*dogness*)이다.

이러한 개념은 신비스러운 것이 아니다. 사실 그것은 현대 생물학에서 나온 것이다. 따라서 가령, 최근에 국립보건원(NIH)의 한 사람이 이 개념을 조롱한 것처럼, 과학자들이 동물의 유일한 본성은 사람에게 봉사하고 죽는 것이라며 이 개념을 경멸할 때, 바로 사용할 수 있는 쟁점으로 기여할 것이다.

우리의 지위에 대한 논리에 따르면, 동물의 목적에 의해 결정되는 동물의 기본 이익 역시 도덕적으로나 법률적으로 보호되어야 한다. 이것은 권리에 대한 논의의 실제 가치이다. 따라서 동물에게 적용할 때 그리고 이러한 적용을 앞질러 방해하기 위해 동물과 사람 간의 도덕적으로 타당한 차이를 들먹일 수 없을 때, 내가 사회적으로 용인된 우리 도덕 개념의 논리적 확장으로 받아들이는 것이 바로 이것이다.

심지어 이성적으로도 동물이 사람과 똑같은 권리를 갖지 않는다는 것은 자명하다. 그것은 동물이 사람과 동일한 본성을 갖지 않기 때문이다. 따라서 나는 거북이 투표권을 가지거나 개가 짖을 권리를 가진다는 식의 주장으로 나의 입장을 조롱거리로 만들지는 않을 것이다.

최근 들어 나는 이러한 윤리와 분명한 관련이 있는 수의학이나 연구를 위한 동물 이용 등에서 이를 되도록 실질적으로 현실화하기 위해 헌신했다. 그렇다면 동물 유전공학에 대해서는 무엇이라고 할 것인가?

먼저 내가 제기한 목적 개념을 둘러싸고 빚어진 모든 오해를 해결해야 할 것이다. 일부 유전공학 반대자들은 내 관점에서 목적 개념은 불가침이며 그것을 바꾸는 것은 비도덕적이라는 주장을 했다. 그에 대해 나는 이렇게 말했다.

> 내가 주장한 것은 동물의 목적을 감안할 때, 그 목적의 일부인 특정 이익이 불가침이라는 것이다. 따라서 굴을 파는 습성을 가진 동물의 경우, 그 동물을 우리에 가두어 굴을 파지 못하게 하는 것은 잘못이다. 그러나 나는 굴을 파는 동물의 목적을 바꿔 더는 굴 파기가 중요하지 않게 하는 것이 잘못이라고 주장한 적은 결코 없다.

이러한 개념들을 농장동물의 유전공학에 적절히 적용하면, 다음의 사실로 인해, 매우 흥미롭다. 그것은 현재 농업의 집약적 동물 이용방식이 대부분 동물을 그들의 본성에 맞지 않는 환경적 맥락으로 강요하는 과정을 포함한다는 것이다. 그 결과, 우리는 닭의 부리 제거, 약품과 화학물질의 광범위한 이용과 같은 인위적 장치들에 영구적으로 의존할 수밖에 없으며, 또한 '생산 질병'과 끊임없이 싸워야 한다. 조방농업도 나름의 문제를 가지고 있지만, 최소한 그 문제점은 사람이 고안한 관리방식에 비하면 동물에게 자연적인 것이다.

이상적으로 말하면, 동물의 복지 관점에서 볼 때, 끊임없이 그 정도를 더해 가는 집약화에서 우리 사회가 벗어나야 한다고 생각한다(그렇게 되면 분명 사회적·경제적 이득을 얻을 수 있을 것이라고 나는 생각한다). 그러나 모든 가능성을 고려하면, 집약화의 증가는 앞으로도 계속될 것이다. 따라서 농장동물의 유전공학과 관련된 사람들에게 제기되는 주된 도덕적 도전은 동물의 행복이나 그 본성의 충족을 희생시키고 효율성과 생산성을 위해 동물을 변형하는 사태를 피하는 것이다. 물론 주로 경제적 압력으로 인해 내 권고는 실천되기 어려울 수도 있다. 앞서 내가 이것이 진정한 도덕적 도전이라고 말한 까닭이 바로 이것이다. 이 권고를 저해하는 또 다른 요인은 지금까지 동물복지가 포괄적인 농업적 의사결정이나 그 의사결정에 기여하는 연구에 도입되지 않았다는 (그것이 전체적인 운용의 경제 생산성에 영향을 주는 한) 사실이다(이 사실은 미 농무부의 고위관리 집단이 내게 솔직하게 확인해주었다).

그럼에도 불구하고 농장동물을 포함해서 모든 동물의 복지에 대한 대중적 관심이 점차 고조되고 동물에 대한 강한 도덕적 주장들이 제기된다는 것을 고려하면, 이러한 도덕적 지향성이 농업에 포괄되어야 한다는 것은 피할 수 없는 의무이다. 그리고 유전공학이 이러한 지향성이 느껴질 수 있는 훌륭한 장이라는 사실은 명백하다.

이 분야의 사고를 인도할 기본원리를 찾는 것은 어려운 일이 아니다. 그 최소 원리는 동물이 스스로 가지고 있지 않은 유전자를 주입받아, 그 결과로 더는 고통받아서는 안 된다는 것이다. 이상적으로 말하면, 그들은 덜 고통받고 더 행복해져야 한다.

따라서 나는 유전공학으로 날개와 다리, 그리고 깃털이 없는 닭을 만들어 에너지를 낭비하지 않고, 식품 펌프에 걸어놓을 수 있게 하려는 식의 (실제로 제안된 적이 있는) 시도는 지극히 비도덕적이라고 생각한다. 마찬가지로 돼지의 유전체를 조작해서, 그 동물이 여전히 움직이려는 심리적 충동을 가지고 있는데도 다리 없는 돼지를 만들려는 (역시 실제로 제안되었던) 시도 역시 잘못이다.

다른 한편, 유전공학이 명확하게 규정된 환경에 적합하도록 이용되어서 괴로움, 지루함, 고통, 스트레스, 질병 등과 같은 목적과 환경 사이의 갈등이 사라지고 동물의 행복으로 이어진다면, 거기에는 도덕적 문제가 없다. 따라서 누군가 닭의 육체적·정신적 요구를 유전적으로 변화시켜 모든 증거를 통해 (선호 검사, 스트레스에 대한 심리적 징후, 스트레스의 행동 징후, 동물 개체의 생산성, 그리고 건강상의) 그 동물이 행복하다는 것을 입증한다면, 비록 나를 포함해서 많은 사람이 필경 미적 근거로 여전히 마음이 편치 않겠지만, 내가 지금까지 상세히 설명한 이론에 따르면 도덕적으로 수용가능할 것이다.

따라서 유전공학이 아무리 적게 적용되더라도, 사람에 미치는 영향과 별개로, 사전에 동물복지(動物福祉)에 대한 고려가 이루어져야 하는 것은 자명하다. 그리고 이러한 고려는 우리가 앞서 논의한 위원회의 공식적 책임의 일부가 되어야 한다. 따라서 누군가가 더욱 큰 소를 만들기 위해 유전공학을 이용할 계획을 제안한다면,[15] 우리는 해당 연구자에게 그 동물의 관절이 추가 무게를 견딜 수 있고, 이러한 유전자 조작을 통해 동물에게 새로운 고통이 주어지지 않는다고 믿을 만한 충분한 근거를 제공할 것을 요구해야 한다.

이러한 방식으로, 우리는 최소한 동물의 이익을 우리의 이익과 함께 평가하도록 확인하고 보증하는 작업을 시작할 수 있을 것이다. 키메라의 창조처럼 완전히 새로운 미개척지의 경우, 그로 인해 고통이 수반되지 않는다는 사실을 훨씬 강력하게 입증할 책임이 제안자에게 부과되어야 할 것이다.

내 견해를 요약하면, 동물 유전공학은 그 자체로는 전통적 동물 육종이나 그 밖의 다른 도구와 마찬가지로 도덕적으로 중립적이다. 만약 그 도구가, 그로 인한 예측 가능한 위험을 통제하고 동물복지가 그 목표와 책임자의 마음속에 명백히 지켜져, 사람과 동물에게 이익을 주도록 현명하게 사용된다면, 도덕적으로 아무런 문제가 없고 큰 이익을 가져다줄 것이다. 반면, 단지 그런 유전공학이 있으므로, 그리고 기껏해야 경제적 편의주의와 '효율성'을 고려하거나 그 개발을 누그러뜨리는 도덕적 사고를 결여한 채, 지식 그 자체의 추구를 위해 사용된다면, '프랑켄슈타인 괴물'에 내포되어 있는 최악

---

15) 이 글을 쓰는 과정에서 훌륭한 대화를 나누었고, 소중한 비평을 해준 다음 분들에게 감사드린다. Linda Rollin, M. Lynn Kesel, David Neil, Murray Nabors, Robert Ellis, George Seidel, Dan Lyons.

의 공포가 실증될 수도 있다.

이러한 선택의 일차적 책임이 주어지는 사람들에게 다음과 같은 사실을 상기하며 결론을 맺겠다. '프랑켄슈타인'은 실제로 과학자의 이름이었음에도 불구하고, 거의 모든 사람은 그것을 '괴물'의 이름으로 생각한다.

제 18 장

인간의 이익을 위한 동물이용의 윤리•

R. G. 프레이*

오늘날 동물을 대상으로 한 두 가지 인간활동에 많은 관심이 집중되고 있다. 하나는 의학연구나 그 밖의 과학훈련을 위한 실험재료로 동물을 이용하는 것이고, 다른 하나는 식품, 의복, 그리고 이윤을 얻기 위한 원천으로 동물을 이용하는 것이다. 이러한 관심 중 많은 부분은 동물에게 괴로움과 고통을 주고, 결국 사망에 이르게 하는 의학과 농업활동에 대한 우려에서 비롯된다. 그리고 동물해방운동가들 외에도 많은 사람이 이러한 활동에 대한 도덕적 방어가 필요하

• 저자의 허락을 얻어 재수록하였다. 이 글의 출전은 다음과 같다. "On the Ethics of Using Animals for Human Benefit", in *Issues in Agricultural Biotechnology*, T. B. Mepham ed. (Nottingham: Nottingham University Press, 1995), pp. 335-344.

* 〔역주〕 R. G. Frey. 미국 볼링그린 주립대학 철학과 교수로, 안락사 문제에 관한 논문을 많이 썼다.

다고 생각한다.

필자는 이러한 견해에 동의하지만, 다른 한편으로는 이러한 도덕적 변호가 최소한 동물과 관련된 우리의 행동 중 많은 부분을 포괄할 수 있으며, 책과 논문을 통해 (참고문헌을 보라) 이러한 변호의 철학적 근거를 제시하기 위한 시도가 이루어져 왔다고 믿는다. 이 글은 이러한 변호의 한 측면을 검토할 것이다. 그것은 우리가 동물을 다루고 그들과 상호작용하는 모든 것의 근본이지만, 지금까지 거의 논의된 적이 없었다. 이 글의 나머지 부분은 단순한 농업활동 이상으로 많은 것을 포괄하기 위해, 토론의 관점을 가능한 한 넓게 잡을 것이다. 왜냐하면 여기에서 다루어지는 주제 자체가 매우 광범위하기 때문이다. 그 주제란 우리가 동물을 다루는 방식에 대한 윤리적 사고에 사람과 동물의 삶의 비교 가치에 대한 우리의 관점들을 어떻게 포괄할 수 있는가이다.

우리가 동물을 대상으로 하는 많은 행동은 분명 윤리적 쟁점을 일으킨다. 예를 들면 다음과 같다.

우리는 자신의 수명을 연장하거나 삶의 질을 향상하기 위해 동물의 삶을 얼마나 비참하게 만들 수 있는가?

사람이 얻는 이익은, 그 이익이 얼마나 큰지와 무관하게, 동물에게 고통과 괴로움을 어느 정도 부과하는 것까지 정당화할 수 있는가?

동물에게 영구적 손상을 주거나 유전자를 변형하는 침입적 기술 중에서 어떤 종류가 우리 자신의 건강과 복지를 위해, 가령 기능성 우유를 만들거나 이윤을 창출하는 데 대한 우리의 관심으로 인정받을 수 있는가?

사람의 질병을 이해하고 치료하고 사람의 죽음을 늦추기 위해,

고기나 가죽 제품에 대한 사람들의 요구를 만족시키기 위해 또는 애완동물이나 동물원의 동물에 대한 사람들의 욕구를 충족시키기 위해 얼마나 많은 건강한 동물의 생명이 사용되고 희생될 수 있는가?

그리고 특정 동물종의 이용은 문제가 되는가?

오늘날 동물과 관계가 있는 사람이라면 누구나 우리가 자신의 복지를 향상하기 위해 종종 다른 생물의 처지를 악화시킨다는 사실을 받아들이지 않을 수 없다. 그런 사람들에는 우리에게 식품, 의복, 건강관리, 그리고 반려동물의 서비스를 제공하기 위해, 다른 사람이 동물과 맺는 상호관계를 이용하는 사람들도 포함된다. 우리가 부분적으로 동물을 희생시키는 대가로 우리의 삶의 질을 사들인다는 (실제로 우리의 삶 자체와 건강까지도) 사실을 모르는 사람은 없다. 따라서 우리는 스스로의 행동에 대한 책임이 있으므로 인간의 이익을 위해 동물을 사용하는 것이 도덕적으로 정당함을 입증해야 한다. 특정 조건에서는 인간의 이익을 위한 동물 이용이 정당화될 수 있다. 그러나 이런 식으로 모든 것을 정당화하고 그것을 방어하기란 쉬운 일이 아니다.

이 글에서는 동물연구와 인간의 이익을 위한 동물의 일반적 이용에 내재된 어려움 중 하나를 다룰 것이다. 이 논의는 농업에만 국한되지 않고, 거기에 포함된 많은 쟁점을 두루 포괄할 것이다. 특히 대부분 사람들이 자신의 삶의 질을 위해, 그리고 그 질을 수용가능한 수준으로 유지시키는 데 없어서는 안 된다고 생각하는 영역인 의학과 과학에서의 동물 이용 문제를 다룰 것이다.

동물 이용을 옹호하는 데에는 여러 가지 주제가 포함된다. 그중 많은 부분은 저자들의 과거 출간물에서 상세히 다루어졌다(참고문헌을 보라). 이 장의 목적은 왜 우리가 도덕적 정당화라는 과제를 피할 수 없는지 지적하고, 일반적인 유형의 정당화가 사람에 대해 얼마나 심각한 함축을 가지고 있는지 보여줄 것이다.

가장 중요한 것은 정당화에 대한 이 주제가, 가장 근본적 측면에서, 동물에게 가하는 고통이 아니라는 점이다. 고통은 고통이며, 그 대상이 사람이든 동물이든 크나큰 해악이다. 그것은 마치 그렇지 않은 것처럼 가장하는 종차별주의 또는 차별대우의 한 형태이다. 고통에 관한 한, 고양이를 산채로 태우는 것이나 어린아이를 산채로 태우는 것이나 다르지 않다. 따라서 감정을 가진 생물체에게 고의로 고통을 가하는 행위는 그 정당성을 입증해야 한다.

그러나 우리의 근본적 관심사는 인간의 이익을 위해 동물에게 고통을 주며 이용하는 것이 아니라 인간 이익을 위해 동물을 이용한다는 사실 자체이다. 왜냐하면 먼저 우리가 인간의 이익을 위한 동물 이용을 정당화할 수 있을 때에만, 동물에게 고통을 주며 이용하는 문제의 정당화란 주제로 나아갈 수 있는 것이 분명하기 때문이다. 물론 오늘날 동물복지에 대한 논의에서 우리의 모든 눈과 마음이 고통에 집중되는 것은 사실이다. 실제로 고통은 중요한 주제이다. 그러나 그렇다고 해서 동물의 이용 자체가 더 근본적이라는 사실을 배제하지는 않는다. 이 문제를 만족스럽게 다룰 수 없다면, 우리가 도덕적으로 진지하지 않다면, 동물 이용을 포기해야 하는가라는 문제가 제기될 것이기 때문이다. 그렇다면 우리는 이런 물음에 대처할 준비가 되어 있는가?

책무의 문제에 대해 많은 언급이 있었다. 오늘날 의학을 비롯한 그 밖의 과학연구자들이 이미 잘 알려진 책략으로 우리에게 지워진 책무를 면제하기 위해 시도를 하곤 한다. 그러나 그런 책략은 모두 무위로 끝나는 것 같다. 가장 중요한 다섯 번째로 넘어가기 전에 4가지 책략에 관해 언급할 필요가 있을 것이다.

① 동물들은 전혀 거리낌 없이 서로를 이용하는 것처럼 보이는데 굳이 우리가 그들을 이용하는 데 도덕적 저항감을 나타낼 필요가 있겠는가?

인간은 성찰적 생물이다. 기껏해야 성찰적·도덕적 생물이다. 그리고 우리가 도덕적 사고를 할 수 없는 생물들에 자신들의 행동을 도덕적으로 고려하도록 할 수 없다는 사실은 지적 존재인 인간과 과학자들에게도 같은 것을 요구할 수 없다는 것을 입증한다. 실험실에서 동물에게 가하는 모든 것 그리고 우리의 삶의 질을 향상시키기 위해 직접적이든 간접적이든 동물에게 행하는 모든 것은 고의적이고 의도적으로 이루어진다. 그리고 우리는 그러한 고의적·의도적 행동에 대해 책임이 있다.

② 왜 과학자들은 승인된 프로토콜, 프로젝트 허가, 검사면허 등을 통해 법률이 자신들의 행위를 승인했다고 주장하면서도 그 책임을 법에 떠넘기지 못하는가? 왜 그것으로 문제가 끝나지 않는가?

이 물음에 대한 짧은 답변은 흔히 우리가 법이 허용하는 것보다 도덕적으로 더 엄격한 행동 기준을 부과한다는 것이다. 예를 들어, 영미법 어디에도 사람을 구조할 법적 의무는 없다. 어떤 사람이 해변에 서서 물에 빠진 사람을 보고만 있어도 법에 저촉되지 않는다. 과연 우리는 그런 사람에 대해 무슨 말을 하겠는가? 그들이 자신은 법조문을 따랐을 뿐이라고 주장할 때, 도덕적으로, 그들에게 무슨 말을 할 것인가?

설사 우리가 하는 일이 법적으로 허용되더라도, 실제로 우리는 자신이나 타인에 대해 그 이상을 기대하는 경향이 있다. 거기에는 동물과 관련된 행위도 포함된다. 가령 동물의 생명을 빼앗는 행위, 동물의 유전자를 변화시키는 행위, 동물을 우리에 가두는 행위, 고의적으로 동물을 질병에 걸리도록 하는 행위, 동물을 농부, 제약회사 또는 연구실험실 등의 소유자들이 이용하도록 하기 위해 주도면밀하게 보살피는 행위 등이 모두 포함된다. 만약 누군가가 법이 이러한 일을 허용했고 자신들이 하고 있는 일이 도덕적으로 정당하다고 생각하는 이유를 설명하기 위해 아무런 시도도 하지 않는다면, 도덕적으로 진지한 사람들은 우려하게 될 것이다. 실제로 중요한 것은 법이 무엇을 정했는지가 아니라, 도덕적으로 진지한 우리 각자가 어떻게 살아갈 수 있는가이기 때문이다.

③ 만약 자신의 아이가 굶어 죽어간다면, 동물사육의 결과물인 축산물을 얻을 수만 있다면 고통이 수반되든 그렇지 않든 간에 동물사육을 선호하지 않겠는가? 자신의 아이가 에이즈와 연관된 질병에 걸려 죽어간다면, 그 치료법을 연구하기 위해 어떤 종의 동물을 대상으로 하든 무제한 실험에 동의하지 않겠는가?

물론 그럴 것이다. 우리가 격앙된 순간에 성찰적이고 도덕적인 사고를 하지 못하는 이유가 그 때문이다. 우리가 흥분된 상태에서, 차분할 때 성숙하고 공평하며 성찰적 판단을 내려 결정에 이르게 된 것을 또한 지지할 것이라고 추론할 수 있을지 매우 의문스럽다. 말기 암환자는 그 치료법을 찾는 연구에 국립보건원의 전체 예산을 지출하는 쪽을 선호할 것이다. 그러나 차분한 상태에서는 우리 중 그 누구도 그것이 한정된 자원의 현명한 배분이라고는 생각하지 않을 것이다. 자신이 처한 상황에서 지적·감정적으로 초연할 수 있다면 말기 암환자들도 그렇게 생각하지 않을 것이다. 최악의 시간에는 말할 것도 없고, 최고의 시간에도 공평한 도덕적 사고를 하기란 어렵다.

④ 농업에 종사하는 사람들 그리고 과학자와 수의사들은 실제로 동물에게 이로운 일을 하지 않는가? 그들은 자신들의 동물을 돌보고, 보살피며, 그들이 건강하고 편안한지 조사하고, 가능하면 그들의 처지를 개선하려고 하지 않는가?

그러나 이 주장은 요점을 놓치고 있다. 가령 그것이 사실이라고 하자. 그렇지만 중요한 것은 그들이 결국 우리 자신의 이익을 염두에 두고 그런 행동을 하고 있다는 사실이다. 애완동물은 우리에게 중요한 의미를 가진다. 우리는 어느 정도까지 동물 자체를 위해 보살펴 주고 싶어 하지만, 실제로 우리가 잘 대해주고 싶은 대상은 애완동물이다. 농장동물들은 그들을 통해 돈을 버는 농부의 수단이다. 실험실 동물을 잘 보살펴야 하는 까닭은 실험의 오염인자를 줄이기 위해 건강한 동물들이 필요하기 때문이다. 예를 들어, 어떤 수의사가 동물 자체를 위해 동물을 보살피는 일에 종사할 수 없거나 모든 수의사가 이따금이라도 이런 목적을 가질 수 없다는 것을 부정하는 것이 결코 아니다. 비록 극소수이기는 하지만 다른 사람의 애완동물을 치료하기 위해 병원에 데리고 가는 사람들이나 다른 농부의 아픈 소를 돌봐달라고 구조를 요청하는 농부들, 다른 실험실의 연구 동물을 부양하기 위해 비용을 치르는 실험실들이 있다. 수의사들의 치료는, 성공할 경우, 동물들이 인간 사회에서 하던 역할로 돌아가게 하기 위함이다. 그리고 그들은 자신들이 하고 있는 일이 무엇인지 분명히 알고 있다. 따라서 우리는 무수히 많은 방식으로 이루어지는 우리의 체계적인 동물 이용이 마치 아무런 사심도 없는 양, 그리고 오로지 그들의 이익을 위한 것인 양 가장할 수 없다.

따라서 앞에서 개괄한 책략으로는 우리의 일반적인 동물 이용에 관한 도덕적 정당화에 대한 요구를 회피할 수 없을 것이다. 예를 들어, 동물을 계속 이용하고 싶어 하는 과학자들은 좀더 강력한 논거, 즉 그들이 도덕적 책무라는 어떤 비난의 예봉도 피할 수 있게 해주는 논변에 호소하고 싶은 생각이 들 것이다. 그리고 그들은 이러한 논거를 바로 마련할 수 있을 것이라고 생각할지도 모른다. 그 논거는 동물이 도덕적으로 중요성을 가진다는 것을 부인하고, 동물이 도덕적 집단의 일부이며 우리가 도덕적 우려를 할 만한 정당한 근거를 가진다는 것을 부인하는 것이다. 그러나 과학자 간에 널리 퍼졌던 이러한 논거는 오늘날 더는 통용되지 않는 것 같다. 왜냐하면 과학자들 행동 자체가 그 논변이 거짓임을 입증하기 때문이다.

그렇다면 도덕적으로 가치가 없는 동물이라는 주장은 어떻게 보아야 하는가? 이 물음에는 고통과 괴로움 그리고 그들의 삶이라는 두 가지 답이 주어질 수 있다. 고통과 괴로움에 대해서는 윤리위원회, 전문학회, 정부규제기구, 온갖 종류의 연구 가이드라인, 학술지와 연구비 지원기관들의 동료평가정책 등이 많은 것들을 보장하려고 시도하고 있다. 그들은 동물의 고통과 괴로움을 억제할 것을 주장한다. 그들은 가능한 한 고통을 제한하도록 촉구한다. 그들은 적용가능한 분야에서 약물로 고통을 완화하고, 약효가 떨어지기 전에 죽일 것을 촉구한다. 또한 그들은 제안된 실험계획 과정에서 실험의 성격으로 인해 고통과 괴로움을 주는 것에 대한 정당화를 모색

한다. 정부의 위원회를 비롯해서 전문적인 감시 위원회들은, 연구 프로토콜에 의해 승인을 받았더라도, 이러한 문제들이 적절하게 고려되지 않는 연구에 대해 문제를 제기할 수 있다. 이 모든 것은 명백한 사실이다.

그러나 누군가 동물이 받는 고통이 문제가 된다고 느끼면서, 동물의 삶은 문제가 되지 않는다고 생각한다면 이상한 일이다. 고통과 괴로움에 대한 모든 우려는 부분적으로 단지 이러한 요소들이, 사람이든 동물이든, 그들의 삶에 부정적 장애를 부과하는 방식에 대한 우려일 따름이다. 그들의 삶이 가치 있다고 생각하지 않는다면, 동물을 파멸하고 그들의 질을 형편없이 저하시키는 문제에 대해 왜 관심을 가져야 하는지 또는 그들의 희생을 정당화하기 위해 실질적이고 잠재적인 이익을 열거하는 데 왜 그토록 많은 노력을 기울여야 하는지 이해하기 어렵다.

동물의 삶에 '약간의' 가치라도 있다고 생각한다면, 동물의 삶의 질을 의도적으로 파괴하거나 고의로 저하시키는 행위는 도덕적으로 진지한 사람들이 관심을 가질 수 있고, 가져야 하는 중요한 주제이다. 동물의 도덕적 지위를 부정하는 사람들은 사람과 동물의 고통과 괴로움 그리고 삶의 파괴와 연관된 사례들 사이에 진정한 도덕적 차이가 있다는 것을 입증해야 한다.

그러나 사람을 불태우는 것과 고양이를 태우는 것, 사람에게 퇴행성 질환을 감염시키는 것과 고양이에게 같은 질병을 감염시키는 것, 그리고 사람과 고양이에게 출혈을 일으켜 죽음에 이르게 하는 것 사이에 엄밀하게 어떤 차이가 있는가? 사람에게 그런 행위를 하는 것이 더 나쁘다고 말할 사람도 있겠지만, 그런 입장이 인정해야 하는 것은 그런 일을 고양이에게 하는 것은 도덕적으로 별다른 문제가 되지 않는다는 것이다. 고양이에 관한 한, 고통으로 인해 삶의 질이 극도로 저하되고 결국 죽음에 이른다 해도 도덕적으로 우려할 사항은 아무것도 없다. 달리 말하면, 이런 일을 사람에게 하는 것은 나쁘겠지만, 현재의 관점에 따르면, 다른 종의 구성원을 대상으로 하는 것은 나쁘지 않다는 것이다.

여기에서 우리는 종의 구성원에 속하는지의 여부만으로 어떻게 이런 차이가 발생할 수 있는지 설명할 의무가 있다. 고통과 괴로움에 관한 문제에서는 사람과 동물의 사례에서 아무런 차이가 없는 것처럼 보인다(그리고 고양이를, 가령 설치류처럼 감각을 느끼는 다른 주체로 대체한다 해도 마찬가지이다). 최소한 어느 정도 가치를 가지는 생명을 파괴하는 문제에 관한 한, 가치 있는 생명을 파괴하는 사람들은 어떤 종의 구성원인지에 따라 비슷한 두 가지 살해 행위를 어떻게 도덕적으로 구분할 수 있는지 설명할 책임을 져야 한다.

동물에게 가해지는 모든 것을 정당화하는 것이 무엇인가라는 질문을 할 때, 흔히 주어지는 답은 직접적이든 간접적이든, 드러난 것이든 암묵적이든 간에 사람이 얻는 이익이다. 그로 인해, 무엇을 이익으로 볼 것인가, 어떤 이익이 동물의 고통과 괴로움 그리고 희생을 정당화할 수 있는가, 얼마나 큰 이익이 이러한 수준의 희생을 정당화하는가, 연구의 반복된 복제가 정말 이익을 가져오는가, 아니면 중요한 의학실험을 포함해서 그런 실험들이 그 과정에서 가치 있는 생명을 희생시키는 끔찍한 대가를 치를 만한 가치가 있는가 등의 주제에 대한 방대한 문헌들을 낳았다. 이런 쟁점들을 통해 우리는 총체적인 일련의 도전들에 직면한다. 이 도전들은, 아무리 작더라도 이익이 있다면, 그것이 가치 있는 생명을 반복적으로 파괴하는 행위를 정당화하는지 물음을 제기한다. 또한 어떤 실험에 고통과 괴로움 그리고 어떤 실험에 생명 손실이라는 값비싼 비용이 따르고, 무엇이 '값비싼 비용'인지에 대한 결정이 늘 우리의 권한 밖이라고 가정할 수밖에 없을 때, 그 실험이 허용되거나 계속되어야 하는지에 대한 물음을 제기한다.

이처럼 동물의 생명가치를 부인하려는 유혹은 연구자들이 저항하기 힘들 정도로 큰 것 같다. 그런 유혹은 연구자들을 도덕이라는 올가미에서 풀어 주고, 그들이 도덕적 의구심에서 벗어나 자유롭게 연구할 수 있게 하며, 한 종의 이익이 다른 종에 대한 의도적이고 고의적인 위해나 파괴를 어떻게 정당화할 수 있는지 입증해야 하는 힘겨운 과제에서 해방케 한다. 그러나 연구자들은 이러한 유혹에 저항해야 한다.

물론 우리의 도덕성이 우리에게 스스로의 삶을 지탱하고 삶의 질을 향상시키도록 허용해야 한다고 늘 주장할 수 있다. 그것을 의심하는 사람은 아무도 없다. 진짜 문제는 우리가 우리의 삶을 유지하고 향상시키기 위해 설정해야 할 한계이다. 자신의 보존을 위한 연구라면 모든 것이 허용될 수 있는가? (이 물음은 일상생활에서 나오는 다음과 같은 질문과 유사하다. "자신을 구하기 위해 다른 사람을 희생시킬 수 있는가?")

요약하면, 동물의 이용과 처분에서 중요한 윤리적 쟁점들이 발생하였고 따라서 이러한 활동의 도덕성을 입증해야 한다. 그것이 단지 고통과 괴로움을 주는 문제에 관심을 기울이고 동물에 대한 적절한 보살핌과 관리를 위한 실험실 정책을 따르는 것으로 그쳐서는 안

된다. 우리는 가치 있는 생명의 파괴, 즉 살해(殺害)라는 문제에 계속 직면하고 있다. 그리고 살해의 결과로 우리에게 주어진다고 가정되는 이익이 무엇이든 간에, 이 문제는 여전히 남는다. 이 문제를 정면으로 다루지 않고 피해갈 방도는 없는 것 같다.

이제 살해와 그 정당화의 주제를 다룰 차례이다. 이 문제는 우리를 농장동물에 대한 관심에서 멀어지게 할 수 있다고 여겨진다. 그러나 살해에 대한 논의에 내재하는 것처럼 보이는 주제, 즉 어떻게 우리가 사람을 동물과 구분하는가?라는 주제는 실제로 모든 영역에서 이루어지는 사람과 동물의 상호작용에 대한 토론에서 핵심이다.

일반적으로 다음과 같은 견해가 널리 받아들여지고 있는 것처럼 보인다. ① 동물의 생명은 어느 정도의 가치를 가진다. ② 모든 동물의 생명이 똑같은 가치를 가지는 것은 아니다. ③ 사람의 생명은 동물의 그것보다 훨씬 가치가 높다. 필자는 이것이 중요한 논거라고 생각하는데, ④ 우리가 사람에게 더 높은 가치를 부여하는 것을 종(種) 차별적 관점으로 정당화할 수 없다는 동물 해방론자들의 주장은 옳은 것 같다.

여기에서는 동물이 아닌 사람의 생명이 성스럽다는 주장을 둘러싼 논의에 관해 상세하게 다룰 여유가 없다. 그러나 최소한 두 가지는 언급해야 할 것 같다.

첫째, 기독교에 근거한 우리의 많은 윤리적 규범이 우리에게 다른 피조물이나 자연에 대한 지배권을 주었다는 것은 매우 편리하다. 어쩌면 서양인들은, 다른 종교가 금하고 있는 데 비해 기독교가 우리에게 다른 피조물과 자연에 대한 지배권뿐 아니라 우리의 목적을 위해 다른 생물을 도살할 권리까지 주었다는 경이로운 사실에 경탄하면서, 용서받을 수 있을지도 모른다. 그러나 기독교인 사이에서도 기독교가 우리에게 이런 권리를 부여하지 않았다는 주장이 점점 늘고 있다. 다른 피조물에 대한 지배라는 개념 대신 청지기 의식(*stewardship*)*이라는 개념이 제기되고 있으며, 따라서 최소한 그 의도에서는 탐욕적 인간 의지에 저항하는 개념이 주장되고 있다.

둘째, 과학과 과학연구, 농업계의 많은 사람은 믿음이 깊지 않으며, 그들의 도덕적 관점이 종교에 기반을 두거나 종교에서 나온다고 생각하지 않으며, 지금 우리가 직면하고 있는 도덕적·사회적 문제를 다루기 위해서 신의 존재를 둘러싸고 또 한 차례 논쟁을 할 필요가 없다고 볼지도 모른다. 그러나 그들은 자신들이 하는 일을 정당화할 필요가 있다.

여기에서 시사하는 것은 동물 생명을 이용하고 파괴하는 것에 대한 정당화의 경계가 무엇이 생명을 가치 있게 만드는가에 대한 설명뿐 아니라, 사실상 우리 모두가 그렇게 믿고 있듯이, 왜 사람의 생명이 동물의 생명보다 가치 있는가에 대한 비(非)종차별적 설명까지 포함한다는 것이다. 무뇌아나 회복 불가능한 혼수상태에 빠진 성인이 대형 유인원보다 더 가치 있는 생명이라는 주장은, 왜 어린아이나 성인이 더 가치 있는 생명을 가졌는가에 대한 물음을 함축적으로 제기한다.

결국 우리는 우리의 과제를 달성하지 못하고 더 큰 가치에 대한 종교적 단언으로 회귀하는 것처럼 보일 수도 있다. 그러나 생명의

---

* 〔역주〕 기독교 교회의 창조교리에서 연역한 교리로, 이 세상의 삼라만상은 인간의 것이 아니라 신에게서 '위탁받았다'는 개념이다. 이 개념에 따르면 사람들은 위탁받은 피조물을 관리하고 보살필 의무가 있다.

가치에 대한 비종교적·비종차별적 설명이 동물의 생명보다 사람의 생명이 더 가치 있는가에 대한 설명을 할 수 있다는 관점이 제기될 수도 있다.

앞에서 든 예, 즉 사람과 고양이를 죽이는 경우, 사람들은 사람을 죽이는 것이 더 나쁘다는 반응을 보일 수 있다. 그러나 우리는 어떤 종에 속한다는 사실이 '더 나쁘다'는 것과 일치할 수 없음을 살펴보았다. 그렇다면 무엇이 그것을 더 나쁘게 하는가? 충분한 답변이 무엇이든 간에, 그 일부는 사람의 생명이 고양이의 생명보다 더 가치 있다는 우리의 신념과 밀접한 관계가 있는 것 같다. 이 관점은 고양이의 생명이 가치 있다는 것을 허용한다. 따라서 동물 생명의 가치를 부인하는 극단적 입장으로 함몰되지 않는다. 그 입장은 고양이의 생명이 사람의 생명과 같은 가치를 갖지 않는다는 관점을 견지한다.

그러나 중요한 것은, 특정 종(種)의 구성원이라는 사실 외에 사람의 생명을 더 가치 있게 만드는 무언가가 있음을 입증할 수 없는 한, 이러한 신념은 그 자체가 종차별주의라는 죄를 범한다는 사실이다. 만약 우리가 이것을 입증할 수 있다면, 우리는 사람을 죽이는 것과 고양이를 죽이는 것 사이의 진정한 도덕적 차이를 주장할 수 있을 것이다. 그렇게 되면 우리는 이 차이를 이익에 대한 논거로 사용해서 동물 사용의 일부를 정당화할 수 있을 것이다.

그렇다면 어떤 생명을 더 가치 있게 만드는 것은 무엇인가? 왜 사람의 생명은 고양이의 그것보다 더 가치 있는가?

다른 곳에서 제기된 이 물음에 대한 답은 다음과 같다(참고문헌을 보라). 생명의 가치는 그 삶의 질, 그 풍부함의 질, 그리고 향상 능력과 질 향상의 여지와 함수 관계에 있다. 실제로 오늘날 의학 윤리의 많은 영역에서 삶의 가치를 삶의 질로 보는 관점이 일반적이며, 삶의 가치가 그 내용 또는 경험에 달려 있는 것으로 간주한다.

고양이와 설치류는 경험, 더욱이 연속적으로 전개되는 경험을 가지고 있으므로, 그들에게는 어느 정도의 삶의 질과 가치가 있다. 그러나 관찰과 과학이 이 동물들의 삶에 대해 가르쳐 주는 모든 것은 그 풍부함이 우리의 그것과 비교할 수 없음을 시사한다. 왜냐하면 삶을 풍부하게 할 수 있는 능력이 턱없이 모자라기 때문이다. 우리가 고양이나 설치류와 많은 행동을 공유한다는 것은 분명하다. 우리도 먹고, 잠을 자고, 생식한다. 그러나 이런 행동이 우리가 가진 다양한 요소로 이루어진 삶의 풍부함을 모두 소진시키는 일은 결코 없다. 우리는 그 외에도 음악, 미술, 문학, 문화 일반, 우정과 사랑, 과학과 온갖 종류의 산물들, 그리고 성찰의 즐거움을 누린다. 이것들 또한 우리에게 전형적인 가치의 원천이며, 그렇게 될 수 있는 삶의 방식들인 셈이다.

요약하면, 어떤 고양이나 설치류도 우리가 살아가는 수준에서 살았던 적은 한 번도 없었다. 그리고 그들에 대한 우리의 지식 중에서 그들이 그렇게 살아갈 것이라고 확신할 요소는 하나도 없다. 따라서 우리는 각각의 삶의 가치가 다르고, 그 차이는 종을 근거로 한 것이 아니라 질과 풍부함을 근거로 한다고 판단한다.

자율성은 우리가 원하는 삶을 살아가는 데 도움이 된다. 원하는 것을 확보하도록 자신의 삶을 이끄는 것, 자신의 삶의 영역에 대해 책임을 지기 위해 중요한 문제에 대해 독자적 선택을 하고 그에 따라 어느 정도 행동의 자유를 확보하는 것, 자신이 어떻게 살아갈지 스스로 결정하고 그에 따라 삶을 빚고 형성하는 것, 이러한 모든 기회가 삶에 비옥한 영역을 열어 주고, 그 결과 삶의 질과 가치에 영향을 미친다(물론 마찬가지로, 이 중 어느 것도 자율성의 행사로 발생하지 않을 수 있다. 삶의 가치가 자율성 행사를 통해 증가된다는 이유만으로 그것이 불가피하거나 항상 증진되는 것은 아니다). 요점은, 분명 동물들이 삶의 가치를 증진시킬 수 있는 이러한 가능성들을 박탈당하고 있다는 것이다.

가령, 우리가 고양이의 후각과 청각이 우리보다 뛰어나다는 것을 인정한다고 하자. 이 사실이 고양이의 삶의 질을 향상시켜, 고양이가 우리가 가진 능력의 많은 부분을 결여하고 있음에도 불구하고, 고양이의 삶의 가치를 우리의 삶의 가치에 근접하도록 높일 수 있겠는가? 즉, 예를 들어, 우리가 가진 모든 능력의 행사를 통해 우리에게 부여된 삶의 질이 고양이가 가진 단 하나의 능력으로 고양이에게 부여되는 것은 불가능하지 않겠는가? 우리가 이 가능성을 허용해야 하는 것처럼 보이지만, 그것이 사실이라고 믿을 어떤 이유도 없는 것 같다. 그리고 평범한 연구용 동물이나 농장동물들을 향해 동물 사다리를 내려갈수록 우리가 그것을 믿어야 할 이유는 훨씬 줄어드는 것 같다(만약 우리가, 야생종이든 아니든, 영장류를 향해 사다리를 타고 올라간다면, 이들의 삶이 더 풍부하다는 주장이 좀더 설득력을 얻을지도 모른다).

우리의 삶의 질을 논하는 데 적합한 것이 동물의 삶의 질을 논하는 데에도 적합하다는 것은 확인되지 않았다. 그 차이를 인정한다면, 우리의 부가적 재능을 감안할 때, 그 차이가 동물의 삶을 우리의 삶의 풍부함에 근접할 수 있게 해준다고 생각하는 이유를 제시해야 한다. 그 이유는 관찰이나 과학으로 우리가 아는 동물의 능력과 일관되어야 한다. 관찰이나 과학으로 확인할 수 없는 동물의 능력을 지어낼 순 없는 일이다.

현재 우리가 관심을 가지는 삶의 질이라는 관점으로 삶의 가치를 가늠한 결과는 자명할 것이다. 일반 성인의 삶은 동물의 그것보다 훨씬 가치가 크다. 그리고 이것이 사람을 죽이는 것이 더 나쁜 이유이다. 더 큰 가치에 대한 주장은 단지 어떤 종의 구성원인지의 여부가 아니라, 삶의 질과 풍부함에 달려 있다. 그리고 풍부함에 대한 우리의 관점은 사람의 삶의 풍부함을 평가하는 기준을 아무런 수정도 가하지 않고 그대로 동물에게 적용할 것을 요구하지 않는다. 그 기준을 마주잡이로 적용하면 어떻게 되겠는가? 그렇다면 '바로 그 기준에 의해', 풍부함의 측면에서 동물의 삶이, 사람의 삶에 근접한다는 증거가 어디에 있겠는가? 우리는 동물에 대해 미심쩍은 점을 선의로 해석해서는 안 되는가? 그렇다. 만약 이 쟁점이 해결된다면 그러하다. 그렇지만 증거는 어디에 있는가?

처음부터 언급되었던 논변의 복잡함이 이제 나타날 차례이다. 질과 풍부함을 근거로 사람의 삶이 동물의 삶보다 더 가치 있다는 믿음에 대한 변호가 있다. 그러나 누구나 모든 사람의 삶의 질과 풍부함이 같지 않다는 것을 알고 있다. 우리 모두는, 어른이든 아이든, 삶의 질이 급격히 추락한 비극적인 사례들에 대해 알고 있다. 실제로, 그중 일부의 경우, 그 삶이 보존할 만한 가치가 있는가라는 물음이 제기될 수 있다. 온갖 질병을 가지고 있으며, 중증 장애를 가진 신생아가 그런 예에 해당한다. 과연 그 아기의 삶을 며칠 더 늘리기 위해 끝없는 수술을 계속해야 하는가? 퇴행성 질병의 말기 증상을 앓는 성인의 경우는 어떠한가? 우리는 지속적으로 죽음의 순간을 연장하려고 노력해야 하는가? 다른 누구에게도 부과하기를 원하지 않는 비극적인 삶의 질을 가진 인간 생명이 있으며, 그들의 삶이 가치 있다는 주장은 단지 가식에 불과하다는 것을 우리 모두는 알고 있다. 〔안락사와 의사의 도움을 받는 자살(*physician-assisted suicide*)이 대중 논쟁의 중요한 주제가 되는 까닭은 이런 사례들이 있기 때문이다.〕

추상적으로 모든 사람의 생명은 존귀하다. 그러나 의료인이나 그 밖의 사람들은 오래 전부터 실제로 일부 사람들의 삶의 질이 비극적으로 낮기 때문에 일반 성인의 삶의 질에서 크게 벗어난다는 사실을 알고 있다. 그런 삶을 사는 사람이 진심으로, 절박하게, 그리고 냉철하게 죽고 싶어 해도 말이다. 이런 삶이 가치 있다는 주장은 때론 신뢰감을 상실할 수 있다.

그러나 모든 사람의 삶의 가치가 같지 않다면, 그들의 풍부함뿐만 아니라 그에 대한 기회도 심하게 차단되기 때문에 (실제로 뇌가 없는 어린아이의 경우 이러한 가능성 자체가 차단되었다), 우리는 어떤 사람의 삶이 비극적 수준에 도달해서 정상적이고 건강한 동물의 삶의 질보다도 낮은 수준으로 떨어질 가능성에 직면하게 된다. 이러한 극단적 상황에서 우리의 논변은 우리에게 동물의 삶이 사람의 삶보다 더 가치 있다는 결론을 내리도록 강요한다. 그리고 이것은, 우리들 대부분이 그러하듯, 동물의 이용을 사람이 얻는 이익으로 정당화하는 사람들에게 함의를 가진다.

사람의 이익을 위한 망막 실험의 예를 들어보자. 이 실험에서 낮은 삶의 질을 가진 사람에게 그보다 높은 삶의 질을 가진 동물을 이용하는 것을 어떻게 정당화할 것인가? 만약 이익 논변을 계속 적용한다면, 그 이익이 사람이나 동물에 대한 실험에서 모두 얻을 수 있다는 사실을 깨닫게 될 것이다. 그렇다면 사람의 삶의 질이 이용되는 동물의 그것보다 낮은 경우에조차 동물을 이용하는 논거는 무엇인가? 일관적으로 이익 논변을 적용할 경우, 우리는 이처럼 두려운 가능성과 직면하게 된다.

이 모든 경우에서 우리에게 필요한 것은 어떤 질이든, 그것이 아무리 낮더라도, 사람의 삶이 가치의 측면에서 어떤 질의 동물의 삶도 능가한다는 것을 보증해 주는 무엇이다. 우리는 아직 사람의 삶의 질이 추락할 수 있는 비극적 깊이에 대한 탐구를 시작하지 않았다. 그러나 그런 보증은 존재하지 않는 것 같다. 따라서 이런 불행한 사람을 대상으로 하는 의학실험이 변호되지 않는다는 점이 강조된다.

여기에서 시사하는 것은 만약 우리가 이익 논변을 계속 채택하고, 동물을 계속 이용해야 하는 이유로 사람과 동물의 삶의 상대적 가치를 들먹인다면, 이런 불행한 사람들을 대상으로 한 의학실험을 상상하지 않을 수 없다는 사실이다. 사람과 동물의 삶의 상대적 가치가 항상 사람에게 유리하지 않기 때문이다. 의학실험에서 참인 것은 동물 이용에서 우리가 마주치는 모든 사례에서도 참이다. 만약 우리가 동물에게 하는 행동을 왜 사람에게 할 수 없는지 정당화하기 위해, 우리가 동물에게 하는 행위의 근거를 이익 논거와 사람과 동물의 삶의 비교 가치로 삼는다면, 우리 입장을 뒷받침하는 논리는 틀림없이 우리 중에서 가장 불운하고 약한 사람들을, 같거나 비슷한 방식으로 이용하는 것을 상상하게 만든다. 이미 논했듯이, 이러한 결과를 피할 수 있는 유일한 방도는 아무리 비극적으로 황폐화되었더라도 모든 사람의 삶이, 아무리 그 질이 높더라도, 모든 동물의 삶의 질보다 높다는 것을 보증하는 무언가를 인용하는 것이다. 그리고 저자는 그런 것이 어디에도 없다는 것을 알고 있다.

따라서 사람에게 이익이 된다는 이유로 동물을 이용한다는 일반적인 정당화는 우리가 직면할 수밖에 없는 결과를 가져온다. 즉, 우리가 동물에게 가하는 행동을 이런 식으로 정당화한다면, 우리는 사람을 같거나 비슷한 방식으로 이용하는 사태를 상상하지 않을 수 없는 것이다. 우리가 불운한 사람을 이러한 방식이나 그와 비슷한 방식으로 이용할 수 없다면, 동물에 대해서도 이러한 정당화를 그만두어야 할 것이다. 그렇지 않으면 우리는 사람의 사례를, 모든 사람의 사례를 특수하게 만드는 셈이 된다. 그렇게 되면 우리는 일종의 모순에 빠지기 때문에, 그것이 동물 이용을 가능하게 해주는 한, 삶의 질 논거를 계속 사용하게 된다. 그러나 그 논거가 사람에 대해 가지는 함축을 알게 되는 순간, 우리는 그 논거를 철회하게 된다.

우리는 왜 단순하게 우리 자신을 편애할 수 없는가라는 물음에 대한 답은 '우리는 그럴 수 없다'가 아니다. 그 답은 이러한 편애주의의 근거를 조사하는 것이다. 만약, 늘 그렇듯이, 그것이 특성이나 고유성 때문이라는 사실이 밝혀진다면, 그러한 특성이나 고유성을 결여하는 사람에 대해서는 어떻게 이야기하겠는가? 종(種) 구성원이라는 근거를 제외한다면, 우리는 모든 사람이 가지고 있지만 동물에게는 없는 어떤 특성이나 고유성을 언급할 것인가?

그렇다면 그냥 종차별주의를 승인하고, 그것을 근거로 삼지 않는 까닭은 무엇인가? 즉, 왜 단순히 '우리와 같은 종류'를 편애할 수 없는가? 여기에서의 문제는 우리와 같은 종류라는 판정을 어떻게 제한할 것인지 결정하는 것이다. 가령 '우리와 같은 종류'가 '백인 남성'으로 정의된다고 가정해 보자. 오늘날 도덕적 판단에서 이런 계층에 대한 편애가 드러나면 강력한 반발을 초래할 것으로 예상된다. 그렇다면 우리와 같은 종을 '인간종'으로 규정하는 것이 덜 차별적이고, 완벽하게 수용가능한 형태의 편애주의라는 것을 어떻게 판단할 수 있는가?

이 대목에서, 우리가 스스로에게 유리하도록 아무리 그 밖의 특성이나 고유성을 열거해도, 모든 사람이 그런 특성이나 고유성을 갖지 않을 수 있다는 사실, 그리고 모든 동물이 고유성과 특성을 가질 수 있다는 점을 기억할 필요가 있다.

우리가 신을 믿고 종교를 받아들이는 이유가 바로 여기에 있다고 말할 수 있다. 그렇게 되면, 우리는 우리가 요구하는 마술적 요소, 즉 사람의 삶의 질이 아무리 낮을지라도 아무리 높은 질을 가진 동물의 삶보다 더 가치 있다는 것을 보증하는 마술적 요소를 제공해 주는 이야기를 할 수 있을 것이다. 우리들 각자는 이러한 방책에 만족할 수 있는지에 관해 스스로 결정해야 한다. 그리고 부분적으로, 이것은 이런 방책을 마련한 종교를 얼마나 잘 변호할 수 있는지에 달려 있다.

마지막으로, 이것이 동물과 사람의 삶의 비교 가치에 대한 유일한 설명이 아니라는 것은 명백하다. 물론 필자의 관점으로는 그것이 오늘날 의학 윤리의 다양한 영역에서 통용되는 관점과 일치하지만 말이다(마찬가지로, 이것이 삶의 풍부함에 대한 유일한 설명도 아니다). 어떤 사람들은 우리가 동물계에 대한 우리의 관계를 완전히 다시 고려할 것을 촉구할지도 모른다. 만약 우리가 동양 종교나 그 밖의 의사종교적 형이상학을 받아들인다면, 분명 우리는 동물에 대해 다른 관점을 가지고, 그 관점을 고수하게 될 수도 있을 것이다. 실제로, 어떤 종교적 자극을 받지 않더라도, 우리는 동물계와 (그리고 무생물 환경과) 우리의 관계에 대해 다른 관점을 갖게 될지 모른다. 시를 통해서, 우리 사회를 구성하는 개인 간에 나타나는 문화적 차이를 통해서, 그리고 다른 시대와 문화의 미술을 접하면서 이것은 매우 분명해진다. 동물과 인간의 관계에 대한 서로 다르면서도 가능한 관점을 통해, 동물과 사람의 삶의 비교 가치에 대해 서로 다르면서도 가능한 설명들이 도출될 수도 있다. 그러나 이러한 비교 가치에 대한 서로 다른 설명이 가능하다는 사실만으로는 '그 자체'로 어떤 설명이 적절한 것인지 알 수 없다.

이런 설명은 견실한지에 관해 논증해야 한다. 만약 비교 가치에 대한 어떤 주장이 그 사람이 종교나 종교적 형이상학을 수용하는지에 달려 있다면, 엄밀한 검토를 받아야 하는 대상은 종교나 형이상학이 된다. 종교나 형이상학의 틀 내에서만 우리가 믿으려는 것과 동물과 연관된 모든 것을 연결할 수 있다면 그것은 여기에서 요구되는 관점이나 형이상학에 대한 엄밀한 검토가 아니다. 물론 이러한 엄밀함은 여기에서 개진된 삶의 비교 가치라는 관점에 반드시 적용되어야 한다. 이 과정에서 그 무엇도 면제될 수 없다. 이 문제에 관해 이미 수립되었거나 정확한 견해란 없기 때문이다.

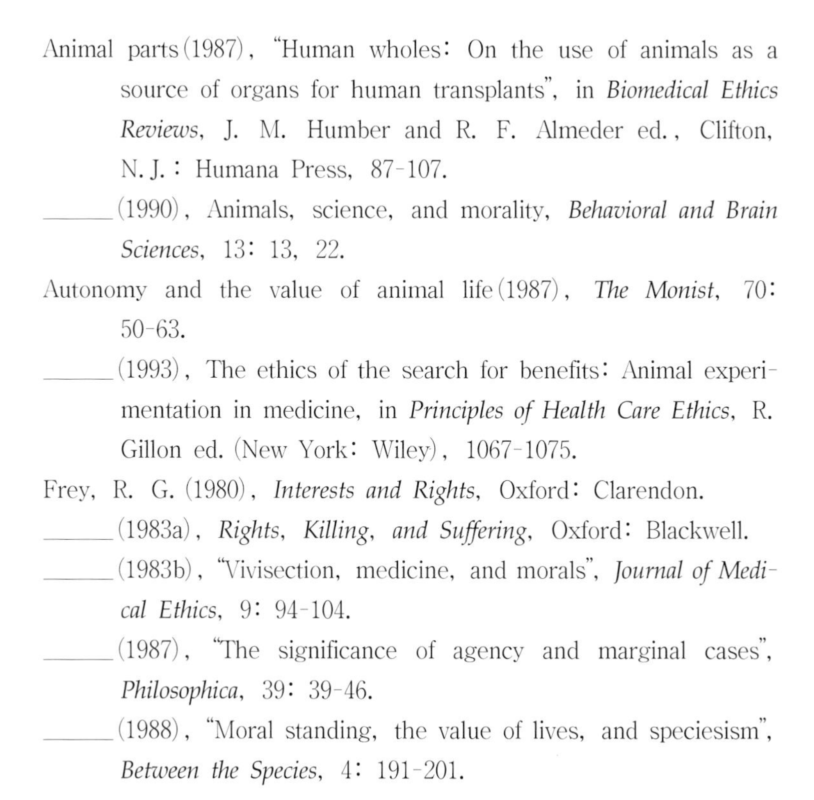

■ 참고문헌

Animal parts(1987), "Human wholes: On the use of animals as a source of organs for human transplants", in *Biomedical Ethics Reviews*, J. M. Humber and R. F. Almeder ed., Clifton, N. J.: Humana Press, 87-107.

______(1990), Animals, science, and morality, *Behavioral and Brain Sciences*, 13: 13, 22.

Autonomy and the value of animal life(1987), *The Monist*, 70: 50-63.

______(1993), The ethics of the search for benefits: Animal experimentation in medicine, in *Principles of Health Care Ethics*, R. Gillon ed. (New York: Wiley), 1067-1075.

Frey, R. G. (1980), *Interests and Rights*, Oxford: Clarendon.

______(1983a), *Rights, Killing, and Suffering*, Oxford: Blackwell.

______(1983b), "Vivisection, medicine, and morals", *Journal of Medical Ethics*, 9: 94-104.

______(1987), "The significance of agency and marginal cases", *Philosophica*, 39: 39-46.

______(1988), "Moral standing, the value of lives, and speciesism", *Between the Species*, 4: 191-201.

* Frey, R. G.의 1980, 1983a년 두 권의 저서는 저자의 관점을 뒷받침하는 윤리이론에 대한 배경적 독해를 제공한다.

제 19 장

생의학 연구에서의 동물이용에 대한 옹호•

칼 코헨*

의학연구분야에서 연구대상으로 동물을 사용하는 문제는 두 가지 근거에서 널리 비난받는다. 첫째, 그것은 동물의 '권리'에 위배된다.[1] 둘째, 그것은 지각력이 있는 생물에게 피할 수 없는 '고통'을 준다.[2] 그러나 두 가지 논변은 모두 견고하지 않다. 첫 번째는 권리에 대한 잘못된 근거에 기반하며, 두 번째는 그 결과에 대한 잘못된 계산을 토대로 한다. 따라서 둘 다 확실하게 폐기해야 마땅하다.

• 저자의 허락을 얻어 다음 글을 재수록하였다. "The Case for the Use of Animals in Biomedical Research", *New England Journal of Medicine*, 315 (1986) : 865-869.

* 〔역주〕 Carl Cohen. 미시간 주립대학 철학 교수.

1) T. Regan, *The Case for Animal Rights* (Berkeley: University of California Press, 1983).

2) P. Singer, *Animal Liberation* (New York: Avon, 1977).

올바로 이해하면, 권리는 당사자가 타자에 대해 행사할 수 있는 주장 또는 잠재적 주장을 말한다. 이러한 주장이 대상으로 삼을 수 있는 것은 개인, 집단, 공동체 또는 (아마도) 인류 전체이다. 권리 주장의 내용 또한 채무 변제, 고용주의 차별대우 금지, 국가의 불간섭 등으로 다양하다. 진정한 권리에 대해 제대로 이해하려면, 우리는 '누가' 그 권리를 가지고 있는지, '누구를 대상'으로 삼는지, 그리고 그 권리가 '무엇인지'에 대해 알아야 한다.

여기에 권리의 다른 원천들이 더해지면 더 복잡해진다. 어떤 권리는 헌법이나 법률에 기반하고(예를 들어, 배심원에 의해 재판을 받을 피고의 권리), 어떤 권리는 도덕적이지만 아무런 법률적 주장도 갖지 않는다(가령, 당신이 내게 한 약속을 지키도록 할 권리). 그리고 어떤 권리는(예를 들어, 도둑질이나 강도를 당하지 않을 권리) 도덕과 법률에 모두 근거한다.

이러한 대상, 내용, 권리의 원천, 그리고 불가피한 갈등과 같은 서로 다른 요소들이 한데 얽혀 복잡한 그물망을 이룬다. 이렇듯 복잡하지만 일반적인 권리는 대개 명백하다. 그것은 도덕적 행위자들의 사회 내에서 이루어지는 모든 주장 또는 잠재적 주장이다. 권리는 실질적으로 타인에 대해 도덕적 주장을 하거나 할 수 있는 존재들 사이에서만 발생하고, 명료하게 방어될 수 있다. 따라서 모든 권리는 반드시 사람의 그것이어야 한다. 권리의 소유자는 사람, 즉 인간이다.

이러한 도덕적 능력이 발생하는 인간의 속성에 대해서는 고대와 현대의 철학자들이 다양하게 기술했다. 자유의지의 내적 인식(아우구스티누스[3]), 인간 이성에 의한 도덕적 법률의 속박적 성격에 대한 파악(아퀴나스[4]), 객관적 윤리질서에 대한 인간의 자의식적 참여(헤겔[5]), 유기적 도덕 공동체에서의 인간 구성원 자격(브래들리[6]), 다른 도덕적 존재에 대한 인식을 통한 인간 자아의 발전(미드[7]), 행동의 올바름에 대한 근본적이고 직관적인 인지(프리차드[8]) 등이 그런 예에 해당한다.

그중에서 영향력이 가장 큰 학자는 인간이 고유한 도덕의지와 이 의지의 사용에 수반되는 자율성을 보편적으로 가진다고 강조한 임마누엘 칸트였다.[9] 인간은 순전히 도덕적인 선택에 직면한다. 인간은 타인과 자신을 위해서 도덕적인 법을 수립한다 — 반면 개나 쥐는 분명 그렇지 않다. 인간은 자기억제적이며 도덕적으로 '자율

---

3) Augustine, *Confessions*, bk. 7(A. D. 397) (New York: Pocket Books, 1957), pp. 104-126.

4) Thomas Aquinas, *Summa Theologica*(A. D. 1273), Philosophic texts (New York: Oxford University Press, 1960), pp. 353-366.

5) G. W. F. Hegel, *Philosophy of Right*(1821; London: Oxford University Press, 1952), pp. 105-110.

6) F. H. Bradley, Why Should I Be Moral? in *Ethical Theories*, A. I. Melden ed. (1876; New York: Prentice-Hall, 1950), pp. 345-359.

7) G. H. Mead, The Genesis of the Self and Social Control, in *Selected Writings*, A. J. Reck ed. (1925; Indianapolis: Bobbs-Merrill, 1964), pp. 264-293.

8) H. A. Prichard, Does Moral Philosophy Rest on a Mistake? in *Readings in Ethical Theory*, Sellars W. Hospers ed. (1912; New York: Appleton-Century-Crofts, 1952), pp. 149-163.

9) I. Kant, *Fundamental Principles of the Metaphysic of Morals*(1785; New York: Liberal Arts Press, 1949).

적’이다.

동물에게는 (즉, 일반적으로 사용하는 단어로 사람이 아닌 동물을 뜻한다) 자유로운 도덕적 판단 능력이 없다. 동물은 도덕적 요구를 하거나 그에 대해 반응할 수 있는 능력을 가진 존재가 아니다. 이것이 이른바 동물의 권리에 대한 주장의 핵심이다. 권리를 가지려면 의무규칙을 이해할 수 있는 능력이 있어야 한다. 그것은 자신을 포함해서 모든 것을 통제할 수 있는 능력이다. 이러한 규칙을 적용할 때, 권리소유자는 자신의 이익과 정의 사이에서 발생할 수 있는 갈등을 인식해야 한다. 자기 규제적인 도덕적 판단이 가능한 존재들로 구성된 집단에서만 권리 개념이 올바로 사용될 수 있을 것이다.

사람은 이러한 도덕적 능력을 가지고 있다. 이러한 의미에서 사람은 자기억제적이며 도덕규칙에 의해 지배되는 공동체의 구성원이다. 따라서 사람에게는 권리가 있다. 반면 동물은 이러한 도덕적 능력을 갖지 않는다. 그들은 도덕적으로 자기억제적이지 않으며, 진정한 의미에서 도덕적 집단의 일원이 아니다. 따라서 동물에게는 권리가 없다. 그러므로 동물을 대상으로 하는 실험에서 우리는 그들의 권리를 침해하지 않는다. 왜냐하면 동물에게는 침해당할 권리가 없기 때문이다.

아무리 단순한 형태라 해도 우리는 동물의 생명에 대해 분명 자연스러운 경외심을 품는다. 그러나 권리의 소유는 도덕적 지위를 전제로 하며, 대다수의 생물은 이러한 지위를 갖지 않는다. 따라서 우리는 생명체가, 단지 살아 있다는 것만으로, 그 생명에 대한 ‘권리’[10]를 가진다고 생각해서는 안 된다. 모든 동물이 단지 살아 있고 이해관계를 가진다는 이유만으로 ‘생명권’을 가진다는 주장은 표현의 남용이며 전혀 근거가 없다.

그렇다고 해서 우리가 동물에 대해 원하는 대로 모든 행동을 할 수 있는 도덕적 자유를 누린다는 뜻은 아니다. 그것은 분명 사실이 아니다. 동물을 다룰 때, 우리는 다른 사람을 다룰 때와 마찬가지로 권리에 근거해서 우리에게 반하는 주장이 발생하지 않도록 할 의무를 진다. 권리에는 의무가 따르기 마련이다. 그러나 우리가 해야 하는 많은 일이 다른 사람의 권리와 결합되어 있는 것은 아니다. 권리와 의무는 서로 교환되는 것이 아니며, 그렇게 생각한다면, 심각한 오해이다.

몇 가지 예를 들면 이해에 도움이 될 것이다. 내부적인 서약이 이루어지면 책임이 발생한다. 의사들은 환자들에 대해 단지 환자의 권리만을 기반으로 하지 않을 의무를 진다. 교사는 학생들에 대해, 양치기는 개에 대해, 그리고 카우보이는 말에 대해 의무를 가진다. 의무는 지위의 차이로부터 발생할 수 있다. 성인은 어린아이와 놀이를 할 때 아이를 특별히 보살펴야 할 의무가 있으며, 아이들은 새끼 애완동물을 데리고 놀 때 특별히 보살필 의무를 진다.

의무는 특수한 관계에서도 발생할 수 있다. 내 아들의 대학 수업료를 지급하는 것은, 능력이 있다면 내가 감당해야 할 부담이겠지만, 아들은 그에 대해 아무런 권리가 없다. 내가 기르는 개는 매일 운동을 하고 수의학적 보살핌을 받을 아무런 권리도 없지만, 나는 개를 위해 이런 보살핌을 제공할 의무가 있다. 의무는 특별한 행동

10) B. E. Rollin, *Animal Rights and Human Morality*(New York: Prometheus), 1981.

이나 상황에서도 발생할 수 있다. 한 사람이 다른 사람으로부터 받은 특별한 친절에 대해 감사하고, 곤경에 처한 개를 구할 의무도 있다 — 물론, 은혜를 베푼 사람이나 죽어가는 개 모두 권리 주장을 하지 않았겠지만 말이다.

분명한 것은, 우리가 사람과 동물에 대해 의무를 가지는 근거는 다양하며 단순하게 정식화될 수 없다는 것이다. 어떤 사람은 지각력을 가진 생물에게 불필요한 위해를 가해서는 안 된다는 보편 의무가 있다고 주장한다(악행 금지 원칙). 어떤 사람들은, 당사자가 그에 합당한 능력을 가질 때, 지각력을 가진 생물에게 선행을 베풀어야 할 의무가 있다고 주장한다(선행의 원칙).* 동물을 다룰 때 최소한 자비롭게 행동해야 할 의무가 있다는 것을 — 우리가 지각력을 가진 다른 생물에 대해 감수성이 있는 인간으로서 가져야 하는 관대함과 관심으로 대해야 한다는 — 부인할 사람은 거의 없을 것이다. 그러나 동물을 자비롭게 대하는 것과 그들을 사람이나 권리가 있는 존재처럼 대하는 것은 다르다.

이 글에서 대응할 필요가 있는 공통된 반대 논변은 다음과 같이 표현할 수 있을 것이다.

> 만약 권리를 가진다는 것이 도덕적 요구를 할 수 있고, 도덕적 법률을 적용하며 파악할 수 있다는 것을 뜻한다면, 그런 능력이 결여된 많은 사람은 — 뇌 손상을 입은 사람들, 혼수상태에 있는 사람들, 그리고 노인성 치매 환자들 — 권리를 가질 수 없을 것이다. 그러나 그것은 터무니없는

---

* 〔역주〕 ① 악행 금지 원칙, ② 선행의 원칙, ③ 자율성 존중의 원칙, ④ 정의의 원칙이 생명의료윤리의 4가지 원칙에 해당한다.

주장이다. 이것은 (비평가들의 결론에 따르면) 권리가 도덕적 능력의 유무에 달려 있지 않다는 것을 입증한다.[11]

그러나 이 반론은 성공적이지 못하다. 그것은 인간성의 본질적 특성을, 그것이 마치 사람을 분류하는 여과기라도 되는 듯, 잘못 다루고 있다. 사람을 동물과 구분하는 도덕적 판단 능력은 사람에게 차례차례 부과되는 테스트가 아니다. 불구나 무능력으로 인해 사람의 본성인 도덕적 기능을 충분히 발휘할 수 없다고 해도, 그 이유로 인해 그 사람이 도덕적 집단에서 배척되지 않는다. 중요한 것은 한 종류의 일원이라는 사실이다. 사람은 자신의 자발적 동의가 있을 때에만 실험대상이 될 수 있는 종류이다. 그들이 자유롭게 내리는 선택은 존중되어야 한다. 동물은, 이론상, 스스로를 위해 자발적으로 동의나 포기를 하거나 도덕적 선택을 할 수 없는 종류이다. 불구가 되었어도 사람이 가지는 특성을 동물은 결코 가질 수 없다.

역시 흔하게 제기되는, 두 번째 반론은 다음과 같이 표현할 수 있을 것이다.

사람이나 동물을 능력으로 구분하는 것은 성공적이지 않을 수 있다. 동물도 논리적으로 생각한다. 동물 역시 서로 소통한다. 또한 자신의 새끼를 열심히 보살핀다. 그리고 갈망과 선호를 나타낸다. 도덕적 능력의 요소들은 — 합리성, 상호의존성, 그리고 사랑 — 인간에게서만 배타적으로 나타나는 것이 아니다. 따라서 (비평가들은 이렇게 결론 내린다) 사

11) C. Hoff, *Immoral and Moral Uses of Animals*, *N Engl J Med* 302(1980) : 115-118.

람과 다른 동물 사이에 확고한 도덕적 차이란 어디에도 없다.[12]

이 비판은 핵심을 놓치고 있다. 사람과 동물이 구분되는 결정적 지점은 소통 능력, 논리적 사고력, 상호의존성, 새끼에 대한 보살핌, 선호 표현 또는 그 밖의 어떤 능력도 아니다. 사람의 가족과 원숭이 가족 간의 유사성 또는 사람 집단과 늑대 집단 간의 유사성 등은 완전히 요점을 빗겨난 것들이다. 여기에서 행동의 패턴은 문제가 아니다. 실제로 동물도 때론 놀라운 행동을 보여 준다. 조건반사, 공포, 본능, 지능은 모두 종(種)의 생존에 기여한다. 그렇지만 동물은 도덕적 행위자 집단의 일원이 되지 못한다.

도덕적 판단을 하는 행위자는 실질적인 삼단논법에서 윤리적 가정의 일반성을 파악할 수 있어야 한다. 사람도 때론 비도덕적 행동을 한다. 그러나 사람만이 — 늑대나 원숭이가 아니라 — 도덕적 규칙을 적용하여 특정 행동을 해야 하는지, 해서는 안 되는지 판단할 수 있다. 사람이 자신에게 부과하는 도덕적 구속은 고도로 추상적이며, 흔히 그 행위자의 자기이익과 갈등을 빚는다. 동물들 사이에서 나타나는 공통된 행동은, 가장 지적이고 애정을 느끼게 하는 경우조차, 이러한 근본적 의미에서 자율적 도덕성과 비슷하지 않다.

진정한 도덕적 행동은 내적 차원과 외적 차원을 모두 갖는다. 따라서 법률에서 어떤 행동이 범죄가 되는 것은 오직 나쁜 행동, 즉 위법성이 나쁜 마음, 즉 범행 의도를 가지고 이루어질 때뿐이다. 반

12) D. Jamieson, Killing Persons and Other Beings, in *Ethics and Animals*, H. B. Miller and W. H. Williams ed. (Clifton, N. J. : Humana Press, 1983), pp. 135-146.

면, 어떤 동물도 범죄를 저지를 수 없다. 동물을 재판에 회부하는 것은 근본적인 무지의 발로이다. 그와 비슷하게 도덕적 권리에 대한 주장 역시 동물에게 적용할 수 없다. 사자에게 새끼 얼룩말을 먹을 권리가 있는가? 새끼 얼룩말은 먹히지 않을 권리를 가지는가? 이런 물음은 동물에게 속하지 않는 권리 개념에 호소하기 때문에 올바른 이해를 주지 못한다. 생의학 연구가 '동물권'(動物權)을 위배한다는 이유로 비난하는 사람들도 똑같이 큰 실수를 저지르는 것이다.

'종(種)차별'을 옹호한다

일부 비평가들은 동물권이라는 근거를 버리고, 그 대신 동물이 지각력을 가지며 고통과 스트레스를 느낀다는 사실에 기댄다. 우리는 가능한 한 동물에게 고통을 주지 말아야 한다는 것이다. 비평가들은 거의 모든 동물실험이 그들에게 고통을 주며, 즉시 그만둘 수 있으므로 중지되어야 한다고 말한다. 그들이 추구하는 목적은 가치 있는 일이다. 그러나 그 목적이 사람에게 고통을 주는 것을 정당화할 수 없으며, 동물에 의해 그 고통이 덜어지지 않는다. 따라서 실험실의 동물 사용은 종결되거나 — 대폭 줄어야 한다(비평가들은 이렇게 결론짓는다).

이처럼 변형된 주장은 본질적으로 공리주의이고 종종 분명히 그러하다. 이 논변은 동물실험의 결과로 나타나는 고통과 즐거움의 전체 결산에 기반을 둔다. 말과 개를 지각력이 있는 다른 생물들과 비교했던 제러미 벤담의 말이 자주 인용된다.

"문제는 그들이 추론하는지의 여부도 아니고, 그들이 말을 하는가도 아니다. 그것은 그들이 괴로워하는가이다."

동물이 괴로워하는 것은 분명하며 불필요한 고통을 주지 말아야 한다는 것도 분명하다. 그러나 이처럼 논쟁의 여지가 없는 전제를 토대로, 동물에게 스트레스를 주는 생의학 연구가 크게 (또는 전적으로) 잘못이라고 추론한다면, 비평가들은 두 가지의 심각한 오류를 저지르게 된다.

첫 번째 오류는, 흔히 명시적으로 옹호되는 것으로, 지각력을 가진 모든 동물이 동등한 도덕적 지위를 가진다는 가정이다.

이 견해에 따르면, 개와 사람 사이에 아무런 도덕적 차이도 없다. 따라서 개가 받은 고통은 사람이 겪는 고통과 똑같이 평가되어야 한다. 비평가들에 따르면, 이러한 동등성을 부정하는 것은 다른 종(種)보다 한 종을 부당하게 편애하는 것이다. 즉, '종차별주의'이다. 종의 도덕적 평등성에 대해 가장 영향력 있는 주장을 편 사람은 피터 싱어(Peter Singer)였다.

> 인종차별주의자들은 다른 인종의 이익과 자신들의 이익 사이에 갈등이 생기면 자기 인종 구성원들의 이익에 더 큰 중요성을 부여함으로써 평등 원리를 위배한다. 성차별주의자들은 자신이 속한 성의 이익을 편애하면서 평등성의 원리를 위배한다. 이와 비슷하게, 종차별주의자들도 자신의 종의 이익이 다른 종 구성원들의 더 큰 이익을 짓밟도록 허용한다. 그 패턴은 모든 경우에 동일하다.[13]

---

13) P. Singer, Ten Years of Animal Liberation, *New York Review of Books*, 31(1985) : 46-52.

이러한 논변은 견실하지 못한 정도를 넘어 터무니없기까지 하다. 이 주장은 허울뿐이고 의도적으로 조작된 말장난인 대구법(對句法)으로 공격적인 결론을 끌어낸다. 인종주의에는 아무런 합리적 근거도 없다. 다른 인종의 일원이라는 사실 외에 어떤 다른 이유도 없이 사람에 대한 존중이나 관심에 차등을 두는 것은 인종 자체의 본질에 기초하지 않는 완전한 부정의이다. 설령 잘못된 사실적 신념에 근거해서 행동했다고 하더라도, 인종차별주의자는 중대한 도덕적 잘못을 저지른다.

왜냐하면 인종 간에는 타당한 도덕적 차이가 전혀 없기 때문이다. 그동안 이런 식의 차이가 있다는 가정은 엄청난 참사로 이어졌다. 성차별 역시 마찬가지이다. 한 성이 다른 성에 비해 더 큰 존중이나 관심을 받을 권리는 없다. 여기에는 논쟁의 여지가 없다.

그러나 생물종 사이에서는 — (예를 들어) 사람과 고양이나 쥐 사이에서 — 도덕적으로 타당한 차이가 엄청나다. 그리고 이 차이는 거의 일반적으로 인정되고 있다. 사람은 도덕적 성찰을 한다. 사람은 도덕적으로 자율적이다. 사람은 도덕적 집단의 일원이며 자신의 이익에 반하는 올바른 주장을 인정한다. 사람은 권리를 가진다. 사람의 도덕적 지위는 고양이나 쥐의 그것과 크게 다르다.

나는 종차별주의자이다. 종차별주의는 단지 설득력이 있을 뿐 아니라 올바른 행동을 위해 필수적인 무엇이다. 왜냐하면 종 사이에서 도덕적으로 타당한 구별을 하지 않는 사람들은 거의 확실하게 자신들의 진정한 의무를 오해하기 때문이다. 종차별주의를 인종차별주의에 비유하는 것은 음험하다. 모든 민감한 도덕적 판단은 의무가 주어지는 대상의 서로 다른 본성에 대한 고려를 요구한다. 만약 모든 생물 형태를 — 또는 척추동물의 생명? — 동등하게 다루어야 한다면, 따라서 연구 프로그램에 대한 평가에서 설치류의 고통이 사람의 고통과 똑같이 간주된다면, 우리는 다음과 같은 결론을 내리지 않을 수 없을 것이다.

① 사람과 설치류 모두 권리가 없다.

② 설치류도 사람이 가지는 모든 권리를 가진다.

두 가지 선택지 모두 터무니없다. 그러나 모든 종의 도덕적 평등성이 옹호돼야 한다면 둘 중 어느 하나를 받아들이지 않을 수 없다.

사람은 다른 사람들을 도덕적으로 고려할 의무가 있다. 이것은 동물에 대해서는 가질 수 없는 수준의 배려이다. 어떤 사람들은 사람과 동물 모두를 치료하고 부양하는 의무를 삶의 일차적 임무로 떠맡는다. 이 임무를 완수하려면 많은 동물을 희생시켜야 할지도 모른다. 생의학 연구자가 동물에게 인간에 대한 봉사를 요구하지 않겠다는 신념 때문에 자신들의 직업적 목표의 효율적인 추구를 포기한다면, 그들은 객관적으로 자신들의 임무를 다하는 데 실패할 것이다. 종 사이의 도덕적 차이에 대한 인정을 거부하는 것은 재난으로 이어지는 확실한 길이다.

미국에서 가장 큰 동물권 단체는 '동물을 윤리적으로 대우하는 사람들'(People for the Ethical Treatment of Animals: PETA)이다. 이 단체의 공동 대표인 뉴커크(Ingrid Newkirk)는 동물 대상 실험을 '파시즘', '인간지상주의'라고 불렀다. 그녀는 이렇게 말했다.

> 동물해방주의자들은 '사람' 동물(*human animal*)을 갈라내지 않습니다. 따라서 인간이 특수한 권리를 가진다고 말할 아무런 합리적 근거도 없습

니다. 쥐는 돼지이고 개이고 소년이지요. 그들 모두 포유류입니다.[14]

생의학 연구에서 동물 이용에 반대하는 근거를 그로 인해 발생하는 이익과 고통의 최종 결과에 대한 계산에서 찾는 사람들도 마찬가지로 중대한 두 번째 오류를 저지른다. 설령 모든 생물이 겪는 고통이 동등하게 다루어져야 한다는 주장이 사실이라 해도 — 물론 절대 그렇지 않지만 — 설득력 있는 공리주의적 계산은 실험실 연구에서 동물을 사용한 결과와 사용하지 않은 결과를 모두 평가해야 한다.

동물권에 의존하는 (그러나 그것은 오류이다) 비평가들은 이러한 연구가 가져오는 이로운 결과를 무시해야 한다고 주장할지도 모른다. 그들에게는 권리가 으뜸 패이고, 이익이나 혜택은 그것을 위해 포기되어야 한다. 그러나 장기적 이익과 혜택의 관점에서 분명한 틀을 갖춘 논변에는 연구에 동물을 사용하지 않음으로써 발생하는 불리한 결과 그리고 오직 동물을 이용해서만 얻을 수 있는 모든 성취까지 포함되어야 할 것이다.

따라서 동물 이용으로 얻는 이득의 총합은 정량화의 한계를 넘어선다. 끔찍한 질병의 제거, 수명 연장, 심한 고통의 회피, 생명 구조, 삶의 질 향상 (사람과 동물 모두에 대한) 등이 동물을 이용한 연구를 통해 이루어졌다. 이러한 이득은 너무도 커서 조직적으로 진행되는 이러한 비판들은 스스로의 결론을 확립하지 못할뿐더러 오히려 그 결론을 뒤엎는다. 생의학 연구에서 동물 이용을 억제하는

---

14) J. Bentham, *Introduction to the Principles of Morals and Legislation* (London: Athlone, 1970).

것은 공리주의적 근거로 볼 때 도덕적으로 잘못이다.

연구에 동물을 이용하여 발생하는 이익과 고통이 균형을 이룰 때, 우리는 동물을 사용하지 않았다면 귀결했을, 지금도 고통받고 있었을, 그리고 오랫동안 계속될 끔찍한 고통을 저울 위에 올리는 데 실패해서는 안 된다. 그동안 사라진 모든 질병, 개발된 모든 백신, 고통을 줄이기 위해 고안된 방법, 발명된 모든 외과 수술절차, 몸에 주입된 모든 보철 장치들 — 사실상 현대의 모든 의학적 치료법들이, 부분적이든 전체적이든, 동물을 이용한 실험으로 가능했다.

또한, 이러한 균형 맞추기에서, 우리는 미래에 획득 가능하게 될 인간 (그리고 동물) 복지(福祉)의 예측 가능한 이득을 무시해서는 안 된다. 만약 이러한 연구를 단념하거나 줄인다면 그러한 이득은 얻지 못하게 될 것이다.

자신들의 연구로 실험대상인 동물에게 야기할 수 있는 고통에 둔감한 의학 연구자들은 거의 없다. 동물 이용실험에 반대하는 사람들은 흔히 그들이 부과하게 될 제한의 결과가 얼마나 잔인한 것인지 알지 못한다.[15] 헤아릴 수 없이 많은 사람이 — 지금은 누군지 알 수 없지만 실재하는 사람들이 — 이러한 선의의, 그러나 근시안적 동정심의 결과로 극도의 고통을 겪게 될 것이다. 사람과 동물 사이의 도덕적으로 타당한 차이를 마음속에 새긴다면, 그리고 연관된 모든 고려사항을 저울질한다면 장기적 결과에 대한 계산은 생의학 연구에서의 동물 이용을 압도적으로 지지할 것이다.

---

15) K. McCabe, "Who Will Live, Who Will Die?", *Washingtonian Magazine*, August 1986, p. 5.

결론적 소견

대체

만약 다른 방법을 이용하여 같은 결과를 얻을 수 있다면 — 시험관 실험, 컴퓨터 시뮬레이션 등 — 동물에 대한 인도적 처우를 주장하는 사람들은 동물실험의 중단을 요구할 수 있다. 일부 동물실험에 대한 비판은 핵심을 정확하게 지적했다.

그러나 현재 살아 있는 동물을 사용하는 대부분의 실험에서 대안적 기법들이 곧 사용될 것이라고 믿는 것은 심각한 오류이다. 수면 위로 현실화된 다른 방법들도 — 또는 활용가능한 방법들 — 약, 절차 또는 백신의 생물시험을 충분히 대체할 수 없다. 만약 살아 있는 동물에 대한 검사가 금지된다면, 재조합 DNA 기술의 성공으로 활짝 열린 새로운 의학적 가능성의 강물은 실개울로 줄어들고 말 것이다. 초기의 시도가 큰 위험을 수반할 경우, 살아 있는 동물을 이용하지 않고서는 연구가 진전될 수 없다. 향후 임상적 응용에 결정적으로 중요하다는 사실이 밝혀질 수 있는 지식을 추구하는 과정에서, 연구에 동물을 이용할 수 없다는 것은 완전히 손발을 묶어 놓는 것을 뜻한다.

미국의 연방규제는, 효율성과 안전성을 위해, 신약과 그 밖의 산물들을 사람에게 적용하기 전에 동물실험을 요구하고 있다.[16] 그렇

16) U. S. Code of Federal Regulations, title 21, sec. 505(i), Food, drug and cosmetic regulations; U. S. Code of Federal Regulations, title 16, sec. 1500. pp. 40-42, Consumer product regulations.

지 않다면 우리는 동물실험을 원하지 않을 것이다.

의학에서 이루어진 모든 진전은 — 모든 신약, 새로운 수술, 모든 종류의 새로운 요법 — 처음에 생물에게 시도되어야 한다. 통제된 것이든 아니든 간에 이 시도는 실험이 될 것이다. 만약 그 실험대상이 동물이 아니라면 사람이 되어야 할 것이다. 따라서 생의학 연구의 동물 이용 금지 또는 그 이용의 철저한 제한은 수많은 가치 있는 연구를 가로막거나 그 대상을 사람으로 대체하는 결과를 낳을 수밖에 없다. 이것이 연구에 동물을 사용하지 않는 결과이다. 그리고 이 결과는 대부분의 합리적인 사람들에게 받아들여지지 않는다.

축소

그렇다면 우리는 생의학 연구의 동물 이용을 최소한으로 줄여야 하는가? 아니다. 사람이 실험대상으로 사용되는 사태를 피하려면 오히려 늘려야 한다. 실험대상인 사람을 위험에 처하게 하는 의학연구는 무수히 많고, 매우 다양하다. 이러한 실험에서 발생하는 위험은 대개 피할 수 없다. 그리고 (그보다 앞서 동물을 대상으로 이루어지는 실험 덕분에) 이러한 위험은 대부분 최소화되거나 적절한 수준으로 떨어진다. 그러나 일부 실험에 따르는 위험은 매우 실질적이다.

사람에게 큰 위험을 수반하는 실험 규약이 기관윤리위원회(Institutional Review Board: IRB)에 제출되었을 때, 과연 어떤 반응이 적절할 것인가? 우리는 그 연구가 유망하며 사람 실험대상이 불필요한 위험으로부터 보호받는 한, 지원을 받아야 한다고 생각할 수 있다. 연구자들은 이런 질문을 받는 것이 옳지 않겠는가? 그 약이나 절차 또는 장치는 동물을 대상으로 한 포괄적인 검사를 통해 사람에 대한 위험을 줄이기 위해 가능한 모든 조치를 취했는가? 사람에 대한 최대한의 안전을 보장하기 위해서 사람을 대상으로 삼기 전에 동물실험을 거칠 것을 요구하는 것은 옳다.

우리는 대개 이런 식으로 사람의 안전을 높일 기회를 놓친다. 사람에서 동물로 위험을 이전시킬 수 있는 시도는 자주 고안되지 않으며, 심지어 고려조차 되지 않는다. 왜 그러한가? 연구자들의 입장에서는 실험대상으로 동물을 이용하는 쪽이 사람의 경우보다 시간과 돈이 많이 들어가는 경우가 종종 있기 때문이다. 때로는 적당한 사람 실험대상에게 접근하는 것이 빠르고 간편한 데 비해, 적당한 동물 실험대상은 다루기 힘들고, 비용이 비싸며, 복잡한 서식을 작성해야 하는 부담이 있다.

종종 의사-연구자들은 사람을 대상으로 한 경험이 더 많고, 필요한 실험대상을 어떻게 모집해야 하는지 정확하게 알고 있다. 반면, 동물과 그들을 이용하는 절차는 이 연구자들에게 덜 친숙하다. 게다가 오늘날 사람 대신 동물을 이용하는 쪽이 외부로부터 심한 반대의 표적이 될 가능성이 훨씬 높다. 요약하면, 동물이 떠맡았을 수 있고 그랬어야만 하는 위험이 종종 사람에게 가해지고 있는 것이다. 사람 실험대상을 최대한 보호하기 위해서, 나는 동물 실험대상의 폭넓은 이용이 저지되지 않고 장려되어야 한다는 결론을 내린다. 이러한 동물 이용 확대는 우리의 의무이다.

일관성

마지막으로 연구에 동물을 이용하는 것을 반대하는 사람들의 직업과 실천 사이의 모순을 지적할 필요가 있다. 이처럼 연구자 개인에 대한 관찰을 하는 의도는 의학연구에서 동물 이용을 거부하는 일관된 입장이 너무 높은 비용을 초래하기 때문에 비평가들 자신도 감당할 수 없다는 것을 입증하기 위해서이다.

동물을 계속 먹으면서 생의학적 연구를 위해 동물을 죽이는 행위를 비난하는 것은 모순이다. 마취와 사려 깊은 동물 관리는 실제로 동물이 실험실에서 받는 스트레스의 수준을 도살장의 경우보다 낮춘다. 두 맥락에서 죽음과 불안감이 크게 다르지 않는 한, 일관된 반대자라면 모든 형태의 육식을 그만두어야 할 뿐 아니라 동물을 대상으로 실험을 하는 다른 사람들에게도 열성적으로 육식 반대운동을 해야 할 것이다.

또한 동물 가죽으로 된 외투와 신발의 착용을 단호하게 거부해야 하고, 동물을 원료로 이용하는 기업에 취업해서도 안 되며, 동물에게 죽음이나 불행을 야기하는 모든 상업적 발전도 거부해야 한다.

대부분 사람들은 식품과 의복, 주거를 위해서 동물을 죽이는 행위를 전적으로 합리적이라고 판단한다. 이처럼 도처에서 동물이 이용되고 있다는 사실, 그리고 그에 대한 도덕적 지지의 보편성은 연구에서의 동물 이용을 반대하는 사람들에게 피할 수 없는 어려움을 가져온다. 그토록 많은 동물 이용은 도덕적으로 타당하다고 판단하면서, 어떻게 동물의 과학적 이용은 가치가 없다고 판단할 수 있는가?

연구에 이용되는 동물의 수는 사람의 욕구를 충족시키기 위해 사용되는 전체 중, 극히 일부에 불과하다. 대개 저속한 다른 방식으로도 충족 가능한 이러한 욕구가 훨씬 많은 동물 소비를 도덕적으로 정당화하는 데 비해, 인간에 대한 이해와 건강 증진을 위해 그보다 훨씬 적은 수에 대해 제기되는 요구는 정당화될 수 없다는 것은 받아들이기 힘들다.

연관된 동물 숫자는 논외로 치더라도, 동물 한 마리에서 도출한 이용 가치 측면에서의 차이 역시 방어할 수 없다. 한 마리의 양이 새로운 피임약이나 새로운 보철장치 시험에 이용되는 것보다는 슈퍼마켓 선반에 저민 양고기로 올라가는 것이 더 정당화하기 힘들 것이다. 물론 불필요한 동물의 살해는 나쁘다. 그러나 식량이나 편의를 위해 일반적으로 이루어지는 도살이 옳다면, 그보다 덜 일반적이지만 더 인도적인 의학연구를 위한 동물 이용은 더 옳은 일일 것이다.

음식, 옷, 주거, 상거래, 오락 등 모든 영역에서 철저한 채식주의자만이 비평가들이 채택하는 일관된 입장을 견지할 수 있다. 종차별주의를 맹세코 부정한다면 사람들에게 엄청난 비용을 치르게 해서라도 물고기와 갑각류 역시 똑같은 정도로 보호해야 한다. 이런 입장을 일관되게 견지하는 비평가들은 극소수이다. 이것이 동물과 사람의 도덕적 구별을 거부하는 태도가 모순임을 밝히는 귀류법(歸謬法)이다.

연구를 위한 동물 이용 반대는 두 가지의 다른 논변을 기반으로 한다 — 이른바 동물권을 토대로 하는 논변과 동물에게 미치는 결과를 기반으로 하는 논변이 그것이다. 나는 두 종류의 논변이 모두 실패할 수밖에 없다고 주장했다. 우리에게는 분명 동물에 대한 의무가 있다. 그러나 동물은, 연구로 침해되는 부분에 대해, 우리에게 주장할 아무런 권리도 가질 수 없다. 동물연구의 결과에 대한 계산에서, 우리는 반드시 그 결과로 — 사람과 동물 모두 — 얻게 되는 장기적 이익을 평가해야 한다. 그리고 그 계산에서 우리는 모든 생물종의 도덕적 평등성을 가정해서는 안 된다.

제20장

인공생명●

농장동물 생명공학의 철학적 차원들

앨런 홀랜드*

길든 동물(*domesticated animal*)의 범주, 즉 그 본성이 인간에 의해 유전적으로 변형된 동물들은 철학적으로 특수한 문제들을 제기한다. 지금까지 철학자들은 이 문제에 대해 충분한 주의를 기울이지 않았다. 이 주제는 새로운 유전공학 기법들에 의해 변형이 더욱 진전되면서 훨씬 복잡해진다(이 맥락에서 '유전공학'은 동물에 대한 유전자 변형, 즉 동물의 DNA에 대한 직접적 변형으로 정의된다. 때로는 '형질 전환' 변형이라고도 불린다).

● 저자의 허락을 얻어 재수록하였다. 원문은 다음과 같다. "Artificial Lives: Philosophical Dimensions of Farm Animal Biotechnology", in T. B. Mepham ed., Issues in *Agricultural Biotechnology* (Nottingham, U.K.: Nottingham University Press, 1995), pp. 293-304.

* 〔역주〕 Allan Holland. 영국 랭커스터대학 철학 및 공공정책 교수.

전통적 수단이나 형질전환 수단으로 탄생한 동물은 다윈이 '인위 선택'이라고 부른 것의 대상이 되었다. 인위 선택은 이 장의 제목이기도 한 '인공생명'에 대한 언급을 정당화한다. 이에 대비되는 것은 야생동물이며, 그 본성은 '자연이 그들을 만들었다'는 것이다. 덧붙여서 모든 농장동물이 길든 것은 아니며, 사슴이나 연어는 분명히 예외이다. 그러나 여러 범주들이 상당히 겹치기 때문에 길든 동물에게 초점을 맞추는 구실로 삼기에 충분하다. 그들의 철학적 지위와 윤리적 대우라는 두 가지 측면에서 제기되는 분명한 문제들이 있다. 그러나 더 어려운 문제를 다루기 전에 먼저 두 가지 예비적 관점들을 개괄하기로 하자.

야성이 부르는 소리?*

길든 동물의 대우를 논하는 한 가지 방식은 그들의 지위를 야생동물의 지위와 비교하는 것이다. 이러한 비교 관점에서 동물에 대한 우려는 몇 가지 '갇힌 상태'에 집중된다. 그것이 동물원이든, 농장이든, 실험실이든 또는 애완동물이든 간에, 동물이 갇혀 있다는 것은 사람들에게 지나치다는 인상을 줄 수 있다. 그렇지만 야생에서의 생활은 무척 힘들다. 존 스튜어트 밀은 다음과 같은 유명한 관찰을 했다.

* 〔역주〕 잭 런던의 《야성의 부름》(*The Call of the Wild*)의 제목이기도 하다. 잭 런던은 캐나다 북부를 무대로 전개되는 한 개의 특이한 삶을 다룬 이야기를 통해 동물의 야성과 길든 동물의 문제점을 잘 표현했다.

틀림없는 사실은, 사람이 서로에게 행한 행동으로 교수형을 당하거나 감옥에 갇히는 등의 거의 모든 일이 자연의 일상사라는 것이다(Mill, 1968).

스티븐 보스톡(Stephen Bostock)*은 동물원에 대한 그의 최근 저서에서 동물원의 동물들에 주목했다. 특히 그는 동물원에 있는 동물들이 사고사나 질병으로부터 보호받고 있으며 '결코 나쁜 처지가 아니'(Bostock, 1993)라는 관점을 제기했다. 만약 그 주장이 대부분 야생동물인 동물원의 동물들에게 사실이라면, 갇힌 상태에서 길러지는 (또는 최소한, 무의식적으로라도 갇힌 상태에 적합한 형태로 선택되는) 농장동물의 경우에는 더욱 그러하지 않겠는가?

지금까지 보험통계적 추정을 하려는 진지한 시도는 없었던 것으로 보인다. 그러나 전반적인 인상은 길든 동물에 비해 야생동물이 더 많은 새끼를 낳지만 수명은 짧은 것 같다 — 길든 동물이 도살을 위해 번식된다는 사실을 계산에 포함한다 해도 말이다.

그러나 이런 연상과는 반대로, 수많은 야생동물의 비참한 생활이 길든 상태에서 경험하는 훨씬 더 지독한 상황들의 상당 부분을 정당화하는 데 기여할 수 있다는 개념은 받아들이기 힘들다. 족제비의 엄니에 물려 상처를 입어 결국 죽음에 이르는 어린 토끼를 목격하는 것만으로, 우리가 집에 돌아가서 길든 동물에게 심한 부상을 입히

---

* 〔역주〕 스코틀랜드 글래스고 동물원의 교육담당자이자, 동물의 갇힌 상태가 감옥에 갇힌 사람과 다르다는 주장을 제기한 《동물원과 동물권, 동물 관리의 윤리》(*Zoo and Animal Rights, the Ethics of Keeping Animals*)의 저자이다.

거나 심지어 죽이는 행위를 — 그 상태가 야생에서 겪는 것보다 더 고약하지 않다는 이유로 — 정당화할 수 있겠는가? 결국 이런 개념은 후자의 경우 우리에게 선택의 여지가 있으며, 길든 동물은 우리의 선택의 결과로 존재한다는 사실을 간과하고 있다. 물론 모든 동물이 다른 동물의 '선택'의 결과로 존재하게 되었으며, 특히 인간이 그러하지만, 대부분의 길든 동물은 특수하게 사람의 목적에 봉사하기 위해 태어났다. 그리고 아직 왜 그들의 삶이 그들의 것이 아닌 잣대로 판단되어야 하는가에 대한 논변은 없다. 게다가 그들은, 그들의 관점이 아닌, 사람의 관점에서 자신의 삶을 살아간다. 그들의 처지가, 가령 길들인 '울새'나 도시 여우와도 전혀 다른 이유는 바로 그 때문이다.

공 생?

흔히 주장되는 사람의 자연 '지배'는 조금 과장된 것 같다. 개쑥갓이나 냉이, 고양이와 울새는, 불쌍한 재배자가 생활공간과 쓰레기 처리장, 그리고 작물 경작을 위한 '훌륭한 토지'로 만들기 위해 열심히 노력해서 새로 갈아엎은 토양을, 염치도 없이 이용하지 않는가! 그리고 민달팽이와 배추흰나비, 쥐와 지빠귀는 농부의 땀의 결실인 과일들을 얼마나 게걸스레 먹어치우는가! 꿀을 먹는 벌이 식물에게 좋은 일을 해주는 것은 분명하지만, 오로지 자신들의 이익만을 추구하는 것은 분명하다. 그러나 다윈 자신은 "그것은 약탈당하는 식물에게 엄청난 이득이 된다"고 말했다(Darwin, 1901).

그렇다면 누가 누구를 관리하는가? 벌인가 꽃인가? 같은 질문을 사람과 그들이 기르는 동물의 관계에 대해서도 제기할 수 있을 것이다. 실제로 '인간'에 의한 인위 선택을, 다른 모든 것에 의한 효율적 선택인, 자연선택과 구분하는 것은 지나치게 편협하며, 따라서 인위 선택만을 그 성격상 유일하게 지배적인 것으로 해석하는 것이라는 주장도 가능하다. 이번에도 다윈이 했던 말을 인용해 보자.

"자연적 조건에서 살아간다면, 곤충은 많은 사례에서 고등동물의 분포구역과 심지어는 그 생존까지도 조절하고 있는 것이 확실하다" (Darwin, 1899).

진화적 관점에서도 다양한 종류의 길든 동물은, 분명 그 숫자에 관한 한, 상대적으로 성공적이었다고 볼 수 있다. 예를 들어, 가금(嘉禽)의 경우를 이런 맥락에서 생각해볼 수 있다. 그렇다면 우리는 그들의 '곤경'을 어디까지 우려해야 하는가?

그러나 여기에서도 사람과 길든 동물의 관계에 대한 공생적 관점은 그 관계가 어떻게 발전할 수 있는지 그리고 우리가 이상적으로 추구해야 할 것이 무엇인지에 대한 설명으로는 꽤 유망할지 모르지만, 실제로 일어나고 있는 일에 대한 설명으로는 많은 것을 결여하고 있다. 우리는 진화적 성공에 대한 기준을 설정하려는 시도에 수많은 함정이 도사리고 있다는 것을 알지만, 숫자 자체는 빈약한 지표에 불과하다고 말할 수 있을 정도의 사실은 밝혀졌다. 게다가 이 논변은 길든 동물의 삶이 자연과정이라는 상대적 항구성이 아니라 단명한 인간의 의도와 목적에 결정적으로 달려 있다는 사실을 특히 간과하고 있다.

많은 경우, 단지 동물 개체의 생명만이 아니라 그 생명형태 자체가 사람이 제공하는 문화적으로 우연한 버팀목들에 의존하고 있다. 그리고 이 버팀목들이 없다면, 길든 동물이라는 생명형태는 무너질 것이다. 물론 자연 과정도 전적으로 신뢰할 만하지는 않으며 자연적 대격동이 일어날 수 있다. 그리고 길든 동물도 그런 사태에 똑같이 영향을 받는다. 그러므로 사람과 길든 동물의 관계는 매우 특수한 방식으로 불평등하다.

지금까지 검토한 두 가지 관점 모두 정당성을 인정받기 위해서 '자연적이란 무엇인가?'에 대해, 서로 다른 방식으로, 호소한다.

첫 번째 관점은 우리가 야생동물을 보고 거기에서 발견하는 사실을 통해 길든 동물의 삶을 판단해야 한다고 주장한다. 야생 상태를 보면 농장동물들이 대체로 나쁘지 않게 생활한다는 결론을 내릴 수밖에 없다는 것이다. 두 번째 관점은 길들이기라는 제도 자체를 자연 현상으로 해석하도록 권유하면서, 이러한 관점이 비판으로부터 이 제도를 어느 정도 보호해준다고 주장한다.

각각의 관점이 유용하지만 길든 동물 일반, 그리고 특별한 예인 농장동물에 대한 우리의 책임의 본질에 대해 충분히 만족스러운 설명을 제공하지는 않는 것 같다. 이 대목에서, 여러 접근방식 중에서, 길든 동물들의 지위를 변호하기 위해서가 아니라 비판하기 위해서 자연적인 것을 예증하는 접근방식들을 좀더 깊이 고찰할 필요가 있다.

유용성 원리

농장동물의 특수 사례를 검토하면, 농업적 목적을 위한 길들이기가 그와 연관된 많은 동물의 육체와 삶에 상당한 중압을 준다는 데에는 의문의 여지가 없다. 그것은 이들이 처해 있는 환경과 이들에게 주어진 유전적 능력 모두에서 기인한다. 지금도 여전히 30년 전에 브람벨 위원회(Brambell Committee, 1965)가 적절한 삶을 위한 최소한의 요구로 확정한 5가지 자유 중 하나 이상을 박탈당한 농장동물들이 있다. 5가지 자유는 돌아서기, 털 다듬기, 일어서기, 눕기, 몸을 뻗기이다.* 육체적 체질, 행동의 목록 또는 심리사회적 요구 등에서 한두 가지를 제약받는 동물들은 아주 많다.

논의를 간결히 하기 위해, 웹스터는 육체적 체질에 초점을 맞추면서, 하루에 35리터의 우유를 생산하는 프리슬란트 젖소가 프랑스 횡단 여행을 하는 자전거 선수에 맞먹는 부하의 노동을 하고 있다고 주장했다(Webster, 1990). 또 다른 예는 영국 정부의 농장동물복지위원회가 최근 강조했던 구이용 영계의 다리 문제이다. 이 닭에서 나타나는 이상 증상은 '걸음걸이가 약간 기형인 것에서부터 새들이 날개를 이용하여 균형을 잡으면서 간신히 힘들게 움직일 수 있는 정도의 최악의 경우에 이르기까지' 폭넓은 범위에 걸쳐 있다(RSPCA,

* 〔역주〕 1964년에 발간된 루스 해리슨의 《동물기계들》(*Animal Machines*)은 동물복지운동의 효시로 인정받는다. 이 책에 자극을 받은 영국 정부는 위원회를 만들어 집약축산의 동물복지문제를 다루었다. 여기에서 나온 것이 최소한의 움직임의 자유를 정한 '다섯 가지 자유'이다. 이후 1993년 FAWC는 새로운 다섯 가지 자유를 제안, 오늘날 전 세계적으로 받아들여지고 있다.

1992). 이러한 조건의 원인으로 '최근 닭의 과도하게 빠른 성장속도'가 언급되고 있다.

형질전환 변형이 길든 동물이 받는 중압을 상당히 더해 줄 수 있다는 데에는 의문의 여지가 없다. 이 문제와 연관해서, 성장속도를 높이기 위해 설계된 유전공학의 형태들이 — 흔히 크기를 증대시키기보다는 성장속도를 빠르게 하는(Seidel, 1986) — 일반적으로 거론된다.

최근 애버딘의 로웨트 연구소에서 진행 중인 또 다른 예는, 성공이 입증될 경우, 양의 배란주기를 통제하는 것으로 알려진 유전자를 찾아낼 수 있다고 한다(*The Times*, July 12, 1993). 만약 그 유전자를 제거하면, 암양이 계속 배란을 해서 1년 내내 새끼를 낳을 수 있게 될지도 모른다. 이러한 개발을 어떻게 판단해야 하는가?

이 대목에서 공리주의라는 '회계장부'를 꺼낸 사람들이 있다. 공리주의자는, 옳고 그름의 문제가 모든 관련 당사자들의 만족이나 이익 혹은 이해관계의 균형을 저울질해서 결정된다고 믿는 사람들이다 — 이 맥락에서 관련 당사자에 비인간 동물이 포함될 수 있다. 그것은 철학자를 포함해서 많은 사람이 지지하는 입장이며, 일반적으로 사람-동물 관계에 포함되는 많은 문제에 공통적인 호소력을 발휘한다.

이 접근방식에 따르면, 설령 동물복지 전반에 대한 유전공학의 영향이 부정적인 것으로 밝혀진다 해도 그 기술은 여전히 사람에게 발생하는 이익에 의해 정당화될 것이다. 그 본질적 이유는 만족과 이익, 불만족과 비용이 공약 가능하며, 따라서 상쇄되거나 맞교환될 수 있는 무엇으로 간주되기 때문이다. 여기에서 가장 바람직한 행동경로는 최대 다수에게 최대 행복을 보장하는 것이다.

이러한 접근방식에서 야기되는 쟁점들은 이 자리에서 충분히 다루기에는 너무 방대하다. 여기에서는 그 입장이 이론적 수준에서 크게 불만족스럽고, 그 결과에서 반직관적이라는 점을 지적하는 정도로 충분할 것이다. 이 주장을 뒷받침하는 두 가지 논거를 살펴보자.

하나는 이익과 비용이 비교평가 과정에서 비판 없이 셈에 포함되도록 허용해서는 안 된다는 것이다. 이익의 근원과 본성이 그 이익이 수용가능한 것인지에 차이를 줄 수 있어야 한다.

가장 단순한 형태의 공리주의 신조어인 쾌락(快樂)을 예로 들면, 분명 쾌락은 부정하거나 치욕스럽게 얻어질 수도 있다. 많은 돈을 받는 것은 대부분 사람에게 이익으로 간주될 것이다. 그러나 그 돈이 강도질로 얻은 것이라면 많은 사람은 그 돈을 받을 수 없을 것이다. 요약하면, 이익의 수지균형은 수용가능성을 결정할 수 없다. 왜냐하면 이익이란 받아들여지는 것을 전제로 하기 때문이다.

두 번째 논변은 비용과 이익의 계산이 둘 사이의 관계라는 문제를 무시할 수 없다는 것이다. 비용을 지급함으로써 얻는 이익은 그렇지 않은 이익과 마찬가지로 간주될 수 없다.

인간관계라는 영역에 속하는 사례를 들면, 우리는 동력 운송장치가 주는 이득, 좀더 구체적으로는 그것이 표상하는 자유가 그로 인해 발생하는 생명의 손실보다 중요하다고 생각하는 것 같다. 그러나 트로이를 공격하던 함대에 순풍을 확보하기 위해 자신의 딸 이피게네이아를 희생시킬 수밖에 없었던 그리스 신화의 아가멤논처럼, 동력 운송수단이 주는 이점이 미리 일정 수의 생명을 희생해야만 확보될 수 있다면, 우리는 그 문제를 아주 다르게 보았을 것이다.

칸트의 원리

칸트의 원리란 사람들을 쾌락과 고통의 수지균형과 교환이라는 단순한 계산에서 벗어나 결코 서로를 수단으로 취급하지 못하게 금하고, 나아가 오로지 '목적'으로써만 다루도록 명하는 '칸트' 체계로 향하게 하는 주장이다. 이 접근방식은 다른 주체의 불리한 상황을 보상하거나 정당화하기 위해서 한 주체의 유리한 상황을 이용하는 것을 금한다. 만약 이 원리가 사람 사이의 관계에 적용된다면, 왜 유사한 원리를 사람과 동물의 관계에 적용해서는 안 되는지 이해하기 힘들다. 종류를 구분하기 힘들게 하는 경향이 있는 '권리'라는 말의 사용을 피하겠지만, 이 원리는 동물의 권리가 가지는 호소력의 주된 배후이다.

칸트 자신은 동물이 '합리적 본성'을 가진다고 생각하지 않았기 때문에 이러한 적용을 승인하지 않을 것이다. 따라서 이러한 믿음을 위해 칸트를 따라갈 필요는 없다. 실제로 이 논의의 목적을 위해, 농장동물들이 단지 생물학적 삶을 살 뿐 아니라 전기적(*biographical*) 삶을 산다고 — 다시 말해서 그들이 나무처럼 살아 있을 뿐 아니라 생명의 주체로서의 경험을 가지는 지각력 있는 존재라고 — 가정할 것이다(Rachels, 1990). 그렇다고 해서 그들이 칸트가 생각한 것처럼 합리성을 — 그것은 도덕적 법칙에 따를 수 있는 능력을 포함한다 — 가졌다는 것을 함의하지는 않지만, '그들의 종류에 따르는' 정도의 합리성은 가진다고 가정할 것이다. 게다가 '모든' 종류의 합리성이 타자를 존중하면서 다루는, 즉 목적으로만 다루는 '유일한' 근거인지는 확실치 않다.

또 하나의 좀더 오래된 관점은 모든 생물의 조직된 생활 형태에서, 동일한 중요성은 아니더라도, 공통된 중요성을 찾는다. 이것은 모든 생물이 그 특수한 생명형태가 완수해야 할 '텔로스'(이것을 문자 그대로 번역하면 '목적'이나 '목표'를 뜻한다)를 가진다는 관점이며, 그 뿌리는 아리스토텔레스까지 거슬러 올라갈 수 있다.

칸트 원리의 확장은 우리에게 생물의 텔로스(목적)를 존중할 것을 명한다. 이 관점에 따르면, 타자들은 평등하고, 어떤 생물이 그 목적을 발현할 능력을 부인하는 조건에 처하도록, 의도적이든 불가피한 결과든, 강제해서는 안 된다. 이것이 '형질전환 변형이 유전적 온전성을 침해하거나 생물체나 종의 목적에 어긋나기 때문에 나쁘다'고 주장하는 사람들 중에서도 특히 마이클 폭스(Michael Fox)의 관점이다(Fox, 1990).

여기에서 이러한 주장에 두 가지 요소가 있다는 것을 주목할 필요가 있다. 하나는 목적 존중의 원칙에 대한 언명(言明)이고, 다른 하나는 '목적'을 유전적 온전성과 구분하는 것이다. 두 가지 입장 모두 정당화가 필요하다.

첫 번째에 관해서는, 칸트의 원리를 사람의 영역을 넘어 확장할 경우 합리적 본성을 목적으로 다루어야 한다는 원래의 명령에 제공되는 특징적인 정당성을 상실하게 된다는 점을 인식해야 한다. 그러나 확장된 원리를 위해 대안적 근거를 제공하려는 노력은 부족하지 않을 만큼 이루어졌고, 대안적 정당성을 찾을 수 있을 것으로 가정되었다.

리건은 그 자체로 가치를 가지는 모든 생물을 존중해야 할 의무를 주장했다(Regan, 1979). 다른 사람들은 (비인간) 생물 본성이 복잡하고 예측하기 어렵다는 점 그리고 인간 이외의 생물들이 '인간의 의지로부터 독립된 관계의 중심'이라는 사실을 언급했다(Colwell, 1989). 또한 생물다양성의 지속을 지지하는 모든 주장이, 어떤 형태로는, 생명형태에 대한 존중의 원칙을 인정한다는 점도 언급할 필요가 있다.

두 번째 요소의 경우, 텔로스가 어떤 유전학 이론이 수립되기 전에 확인되었다는 사실을 고려하면, 유전적 온전성과 텔로스 사이의 관계는 비(非)본질적인 것과 같다. 이 점을 수용하는 것의 함의는 유전자 조작이 '그 자체'로 텔로스를 위배하지 않는다는 것이다. 텔로스를 위배하는지는 그러한 조작의 '결과'에 따라 달라질 것이다.

'텔로스'

그러나 현장 과학자들의 상당수는 이러한 논의를 신비주의나 기껏해야 과학적 관점이 미신을 몰아내고 남은 개념적 잔존물 정도로 간주하면서 텔로스라는 개념을 잘 받아들이려 하지 않는다.

롤린은 원래의 아리스토텔레스 개념을 재도입한 것이 자신이었다고 주장하는 점에서 별반 도움이 되지 않는다(Rollin, 1986a, 더 노골적으로 그는 그것이 '독단의 혼수상태'에서 비롯되었다고 말했다). 실제로 그는 자신이 도입한 개념을 아리스토텔레스의 개념과 동일시하는 실수를 저질렀다. 아리스토텔레스의 과학에서 텔로스는 중요한 설명요인이다. 그 생물의 주된 특성의 본성과 그 존재에 (실제로, 그것으로부터 만들어진 물질에 고유한 특성을 제외한 모든 특성) 대한 설명은 생물의 텔로스, 즉 그 존재가 완전히 만개한 단계('그것을 목표로 오게 된')를 준거로 삼는다.

게다가 이른바 목적인(*final cause*)은 그것이 돼야 할 최상의 존재에 기인해 작용한다(Aristotle, 1979). 따라서 아리스토텔레스의 관점에서, 육식동물이 날카로운 앞니를 가지는 것은 아무런 이유가 없는 것이 아니라 사냥감을 물어서 먹이로 삼아야 하는 — 앞쪽의 잇몸 자체가 좁아서 폭이 좁은 돌출물만을 지지할 수 있다는 역학적 원인을 근거로 — 필요성에 있다. '한 종의 구성원으로서 가지는 동물 본성과 이익'을 의미한다고 설명하는(Rollin, 1986b; cf. Rollin, 1989) 롤린의 '텔로스' 개념은 과거 개념의 일부만을 존속시키고 있다.

그는 텔로스를 이전의 과학적 세계관에 배태된 부분으로 만들었던 인과적 역할이라는 짐을 버렸다. 실제로 그것이 그가 그 순수성을, 얼마간 정당하게, 지킬 수 있었던 이유이다(물론, 어떤 의미에서 목적론적 설명이 여전히 유효하지만, 그것은 다윈 이론이 실제로는 그렇지 않을 때도 상당한 목적론적 요인이 작동하는 것처럼 보이는 이유가 무엇인지 설명하기 때문으로 생각된다).

실제로 롤린은 '목적' 개념이 종의 개념으로도 훌륭하게 성립하며, 현장 과학자들이 꽁무니를 뺄 필요가 없다고 주장한다. 한정된 의미에서는 그것이 사실일 수 있다. 그러나 여전히 논쟁이 벌어질 수 있는 근거가 있다. 왜냐하면 종에 대한 서로 다른 설명들이 있고, 롤린은 현재 생물과학의 모든 분과들이 '동물 종류의 존재'를(Rollin, 1986a) 전제한다고 말하면서 그런 차이를 그럴싸하게 얼버무렸기 때문이다.

지금 우리는 과학자들 자신이 (그리고 다른 사람들도) 혼란스러워

하는 경향이 있는 물음에 관해 다루고 있다. 그것은 "과연 종이 실재하는가?"라는 물음이다. 그것은 '자연' 종의 구성원까지도 종 특유의 본성을 가지는지, 그리고 일반적으로 우리가 '동물'의 '본성'에 대해 말할 수 있는지에 대한 의문이다. 그것은 '목적'의 축소된 개념과 매한가지이다. 오늘날 종에 대한 여러 가지 그럴듯한 설명들은 이것을 주장하지 않는다.

이른바 종의 분지(分枝) 개념에 따르면, 어떤 종은 두 가지 종 형성 사건의 계통에 불과하다. 특정 종의 성원들을 하나로 묶어 주는 것은 공통된 '본성'이 아니라 계통적 연관성이라는 것이다(Ridley, 1989). 〔종을 잡종형성 개체군으로 보는 마이어(Mayr, 1987)의 개념과 종을 역사적 개체로 특징화하는 기셀린(Ghiselin, 1987)의 개념도 비슷한 함축을 가진다.〕

기준을 둘러싸고 생물 집단에 초점을 맞추는 진화적 선택압의 뚜렷한 경향성과 유전자의 불굴성으로 인해, 편리하게 '종'이라고 불리는 이들 개체군의 개별 구성원들이 매우 비슷한 '본성'을 나타내는 경향이 있을 것이다. 그러나 이것은 우연적인 사실에 불과하다. 비슷한 성질을 가진다고 해서 같은 종의 구성원은 아니다〔이 모든 것은, 역사적 계통을 재구성하기가 힘들거나 때로는 불가능하지만, 생리적이거나 유전적인 본성의 유사성은 종(種) 정체성의 실질적 기준으로 사용될 수 있다는 사실과 모순되지 않는다〕.

따라서 모든 동물이 종 특유의 본성을 가진다는 생각은 조금 미심쩍다. 그러나 모든 동물이 부모로부터 물려받은 개별적 본성, 즉 육체적 구성, 행동의 목록, 그리고 심리사회적 능력을 가지고 있다는 것은 말할 수 있다. 나아가, 중요한 사실은 이 개념이 야생동물과 길든 동물에 동등하게 적용된다는 사실이다. 따라서 어떤 동물이 그 본성을 표현하는 수단이 불필요하게 부정되지 않는 것이 중요하다면, 그것은 야생동물이나 길든 동물 모두에 해당된다.

인간에 의해 인간을 위해 선택된 육체적·행동적·심리적 특성은 실재하며, 그것의 발현을 거부하는 것의 함의는 심각하다. 그것은 동물이 자연적으로 가지고 있는 것이기 때문이다. 야생동물과 길든 동물의 유사성과 차이점에 대한 다윈의 연구가 (저자가 알고 있는 한, 아직 다른 연구에 의해 대체되지 않았다) 보여 주는 것은 일반적으로 자연에 더 큰 균일성이 존재한다는 사실이다. 즉, 야생동물에서는 한 개체에서 다음 개체로 이어지는 일관성이 존재하며, 길든 동물들 사이에서는 그보다 큰 변이성이 있다는 것이다(Darwin, 1899).

그렇다고 길든 본성이 어떤 의미에서 덜 '실재'한다는 것을 뜻하지는 않는다. 모든 분지에서 길든 동물의 개별 본성을 아무리 열성적으로 존중하고 싶어도, 그것은 다른 문제이다. 예를 들어, 기존 농장동물의 품종은 '동물 자신의 관점에서 볼 때' 덜 이상적일 수 있다. 그리고 이것이 그 품종이 사라지는 것을 허용하는 근거가 될 수 있다. 그렇다고 그 결정이 반드시 그 동물 자체에 대한 존중의 결여를 시사하는 것은 아니다. 오히려, 그러한 동물들이 존재하지 않는 편이 낫겠다는 합리적 판단이라는 점에서, 그 동물의 잠재적 후손에 대한 존중을 시사하는 것이다.

자연적인 텔로스 원리

텔로스 원리의 존중이 유전공학의 실행에 미치는 영향을 고려하면, 폭스가 텔로스 개념을 다루는 방식이 조금 혼란스럽다는 점을 인정해야 할 것이다. 왜냐하면 그는, 늑대의 '늑대성'과 돼지의 '돼지성'을 언급하면서, 야생동물'과' 길든 동물 모두의 예를 통해 그것을 입증하고 있기 때문이다. 그러나 그가 동물의 텔로스에 대한 유전자 조작에 반대하는 주된 근거는 그것이 자연적인 것을 변화시키기 때문인 것 같다(Fox, 1990). 그러나 늑대의 '늑대성'과 달리 돼지의 '돼지성'은 전적으로 자연적이지 않으며 인간이 도입한 변형의 결과라는 점을 고려하면, 자연적이라는 것에 대한 호소는 길든 동물의 유전자 조작을 변호하지 못한다. 그리고 이는 폭스의 의도와 명확히 상반된다.

실제로 이러한 결과를 받아들이는 필자들이 있다. 자연적인 생물체, 종과 체계 등이 본질적 가치를 가진다고 보지만, '어떤 기술적 수단에 의한 것이든, 길든 동물의 유전자를 변화시키는 것에 대한 반대에서 아무런 윤리적 근거도 찾을 수 없다'고 말하는 콜웰도 그런 필자 중 한 명이다. 사람이 야생 상태이든 길든 상태이든 모든 동물 개체를 보살펴야 하는 규범적 의무를 진다는 것을 인정하지만, 콜웰은 길든 종이 이미 '가치를 잃었으며', 형질전환 조작이 근본적으로 통상적인 유전자 변형과 전혀 다르지 않다고 추론한다(Colwell, 1989).

그러나 콜웰의 입장을 따르려면 합당한 근거가 제공되어야 할 것이다. 그리고 이 주제에 대한 전체적인 접근방식의 일반화에는 자연적인 것에 대한 숭배가 작동한다. 단지 자연적인 것에 대한 인정만으로는 이유가 되지 않는다. 왜냐하면 거기에는 자연적인 것은 본질적으로 가치 있고, 자연적이지 않은 것은 그렇지 않다고 추론하는 기본적 오류가 포함되기 때문이다. 필경 이런 추론에는 창조주가 자신의 피조물에 대해 자신이 좋아하는 일을 할 자격이 있다는 감정이 작용했을 것이다.

그러나 우리는 우리 아이들에게 이런 관점을 적용하지 않는다. 그리고 유전공학자들이 자신의 창조물과의 관계에서 부모가 자식에게 하는 것처럼 중요한 역할을 하지는 않는다. 게다가 우리는 일반적으로 비슷한 행동 기준을 아이들에게 적용해야 한다고 생각한다. 우리가 그 아이들을 낳았든 그렇지 않든 간에 말이다. 그리고 우리는 일반적으로 우리가 만들어낸 것에 대해서는 훨씬 큰 보살핌의 책무가 있다고 생각한다.

폭스가 제기했던 입장에 대한 요청뿐 아니라 콜웰에 대한 또 다른 대응에 대해서도, 네덜란드의 생물학자 페어후그(Verhoog)는 동물의 자연적인 텔로스를 파괴하는 것이 실제로 가능한지 의문을 제기했다.

"우리는 사람이 동물의 텔로스를 '변화'시킬 수 있거나 새로운 텔로스를 창조한다고 말할 때, 이 텔로스라는 용어를 잘못 사용하고 있습니다"(Verhoog, 1992).

그 때문에, 길든 동물들은, 더욱 최근의 선조들에 의해 길들이기의 역사가 진행되면서 그들에게 다소간 (목적이) 덮어씌워 졌음에도 불구하고, 여전히 자연적인 텔로스를 가지고 있다 — 그것은 천부적 자질로 돌릴 수 있는 그 본성의 일부이다. 그러나 동물이 타고난 자질을 빼앗는 방식으로 그 밖의 어떤 것이 이루어졌든 간에, 그것은 그 동물에게 새로운 텔로스를 부여하지 않았으며, 단지 외부에서 사람의 텔로스를 동물에게 부과했을 따름이다. 이것은 길들이기 과정 자체가 비판적 검토에 열려 있다는 것을 뜻한다. 이미 자행된, 동물의 자연적인 '목적'에 대한 침입이 그런 경우이다.

페어후그의 관점은 우리에게 이러한 가능성을 상기한다는 점에서 소중하다. 좀더 열렬한 일부 신기술 옹호자들은 만약 형질전환 조작이 전통적 형태의 유전자 변형과 비교해 중요한 새로운 쟁점을 전혀 제기하지 않는다면 변호해야 할 일은 모두 끝났다고 너무 쉽게 가정한다. 그러나 이런 입장은 지나치게 자기만족적이다. 여기에서 얻을 수 있는 것은, 전통적 공학의 '궤적'이라고 부를 수 있는 것이 자연스럽게 형질전환 조작으로 이어지기 때문에, 과거에 수용가능하다고 생각된 실행들을 재검토할 필요가 있다는 깨달음이다. 그렇다고 반드시 모든 형태의 길들이기의 거부나 실제로 형질전환 조작의 배격으로 이어지는 것은 아니다.

그러나 그것은 지금까지 생각했던 것보다 수용가능성에 대해 훨씬 엄격한 조건들을 적용한다. 즉, 문제의 동물이 그 자연적 텔로스를 발현하는 것을 허용하는 형태의 길들이기나 형질전환 조작만이 허가될 것이다.

그러나 텔로스를 경시하는 것이 단지 자연적인 것에서의 이탈이라면, 유전공학 전체에 대해 어떤 반대가 가능한지 설득하기 어렵다. 그 부분적 이유는, 비판과는 반대로, 이것이 이 기술이 포괄하는 바에 대한 서술과 그리 다르지 않기 때문이다.

자연에서 벗어나는 것이 왜 그토록 나쁜가? 우리는 농장동물 종

(種)의 — 농장의 개, 거위 또는 양과 같은 다양한 종의 — 가축화 역사가 만족스럽게 기능할 수 있는 이들의 능력을 결코 심각하게 손상하지 않았다고 생각한다. 그리고 재배된 식물과 길든 동물의 모든 영역에 걸쳐 덜 만족스러운 변종과 품종들이 있는 것처럼, 자연종의 소실을 애도하듯이 그 소실을 한탄할 만한 많은 (인위적인) 품종도 있다. 나아가 야생동물의 사례가 보여 주듯이, 길든 동물도 야생에서 생존가능하고 번성할 수 있는 개체군을 형성하기 위해 원래의 '야성'을 회복할 필요는 없다.

피할 수 있는 위해의 원칙

동물의 텔로스를 존중하지 못하는 가장 분명한 행위는 피할 수 있는 위해를 가하는 것이다. 여기에는 고통이나 스트레스의 모든 형태가 포함될 것이다. 그리고 다양한 형태의 상해, 질병이나 무능화 등도 — 예를 들어, 거세와 같은 — 포함된다. 설령 이런 질환의 바람직하지 않은 성격이 감지되거나 경험되지 않더라도 마찬가지이다.

그렇다면 유전공학의 결과로 만족스럽지 않은 삶을 살아가는 유전공학 동물이 위해를 입었다는 주장은 타당한가? 여기에는 최근 앳필드(Attfield, 1994)가 제기한 특수한 어려움이 있다. 그것은 '태어나게 하는 것'만으로도 그 생물에게 위해를 '줄 수 있다'는 생각을 받아들이기 어렵다는 문제이다. 무언가에 해를 주는 것은 분명 그 생물의 조건을 얼마간 악화시키는 것이기 때문에 그리고 그런 일이 일어나려면 먼저 그 생물이 어떤 조건에 처해야 하고, 그런 다음 악화되어야 한다.

파핏의 연구를 인용하면서 앳필드는 이런 상황에서도 위해를 가할 수 있다고 강력히 응답했다. 주된 이유는 '살아갈 가치가 없는 삶' 심지어는 살지 않는 편이 나은 삶이라는 개념을 기반으로 할 때, 이런 동물을 탄생하게 함으로써 그 동물에게 이런 삶을 부과하는 것 자체가 해를 입히는 것이라고 생각할 수 있기 때문이다('원치 않는 생명'에 대한 소송이 시작되고 있는 미국의 최근 법정 사례들을 비교해보라).

그러나 과연 우리가 살 만한 가치가 있는 '올바른' 삶을 어떻게 판단할 것인지를 둘러싸고 판결의 어려움은 여전히 남는다. 이 문제에 대한 한 가지 관점은, 태어나지 않는 것과 비교해 살 만한 가치가 있는 삶이 명백히 이익이라는 것이다. 따라서 그것은 분명 해가 아니다. 그에 대비되는 관점은 살 만한 가치가 있는 생명은 유전공학으로 향상될 수 있었을 것이기에 향상되지 않은 한 해를 입은 것이라는 주장이다.

그러나 변형된 자연에 기인하든 아니면 특정 형태의 집약축산과 같은 조건에 처해 있었기 때문이든 간에, 길든 동물이 만족스럽지 않은 삶에 직면하게 되었을 때, 유전공학자가 주장하는 것은 고통의 원인 제거가 아니라 그 동물의 체질을 고통에 무관심하게 만드는 것이라는 점을 생각해 보자. 이런 일이 벌어질 가능성을 과장하거나 그런 일이 발생하기 힘들다는 것을 과소평가할 의도는 없다(Seidel, 1986). 그보다는, 가령, 집약축산에 대한 복지적 우려에 대응해서 개발 유형의 증거로 거론될 수 있는 사례로 고려되어야 할 것이다(잘 알려져 있듯이 철학자들은 구체적인 문제를 다루기 싫어한다).

롤린은 분명한 답을 제시한다.

> 특정 동물의 텔로스의 다양한 측면을 거스르는 것이 잘못이라는 이유 때문에, 텔로스가 주어지면 그것을 바꾸는 것이 나쁘다고 주장할 수 없다. … 내 견해로는 그런 종류의 동물 개체들이 변화 이전보다 이후에 더 불행하거나 더 고통받을 가능성이 있는 경우에만 텔로스의 변화가 나쁘다(Rollin, 1986a).

그렇게 되면, 그가 동물의 체질을 고통에 무관심하도록 만드는 유전 기술의 적용에서 어떤 잘못도 찾아낼 수 없다는 것은 분명하다. 그리고 이런 동물이 해를 입었다고 기술하는 것은 받아들이기 어려울 것이다. 그러나 이것이 이런 종류의 형질전환 조작이 반론으로부터 자유롭다는 것을 의미하는가?

설령 '텔로스를 변화시키는 것은 나쁘다'는 결론이 '텔로스를 거스르는 것은 나쁘다'는 전제에서 나오는 것이 아니라는 롤린의 주장이 옳다고 하더라도, 텔로스를 변화시키는 것이 잘못이라는 주장은 — 다른 근거로 — 여전히 옳다. 특정 언명이 다른 언명에서 나오지 않았다는 주장과 그 언명이 참이 아니라는 주장은 다르다.

주목해야 할 다른 한 가지 점은 고통에 대한 무관심이 표현형에서 발현되는 방식은 여러 가지가 있을 수 있지만, 일종의 '감소된 능력'이나 민감성의 감소를 가져오는지는 알기 어렵다는 것이다. 이러한 근거에서 롤린의 주장을, 마찬가지로 고려할 가치가 있는, 반대 주장과 비교할 수 있다. 다른 조건이 동일하다면, 가능한 경우, 고통을 최소화해야 한다는 데에는 일반적 합의가 있을 것이다. 그러나 고통의 경험과 고통의 수용력(*capacity to suffer*) 사이에는 분명하고도 중요한 차이가 있다. 그 차이로 인해, 고통을 줄여야 한다는 사실에서, 설령 그것이 나쁜 것이 아니더라도, 고통의 수용력을 줄여야 한다는 논변으로 이어지지 않는다고 롤린에게 답할 수 있다.

정말 그러한가? 가능한 모든 방법으로 고통을 줄여야 한다는 주장을 제기할 수 있다. 그런데 그것을 달성하는 가장 효율적인 방법은 고통의 수용력을 줄이는 것이다. 따라서 고통의 수용력을 줄이는 것은 나쁘지 않다. 그러나 이 논변은 옳을 수 없다. 고통을 줄이는 훨씬 효율적인 방법은 고통으로 괴로워하는 당사자를 없애는 것이기 때문이다!

이 논변의 첫 번째 전제가 신뢰할 수 없음은 분명하다. 그것은, 설령 그런 권리가 주어지더라도, 동원할 수 있는 모든 방법으로 고통을 줄여야 한다는 것은 참이 아니기 때문이다. 이 입장은 어느 쪽에서도 더 나은 논거를 찾을 수 없는 막다른 골목에 다다른 것 같다. 이 상황을 타개하려면, 또 하나의 원칙을 검토해야 할 것이다.

능력 감소의 원칙

좀더 진전된 제안은 한 부류의 동물의 능력을 제한하려는 계획 자체가 불쾌한 시도라는 것이다(Attfield, 1994; cf. Holland, 1990). 어떤 동물능력을 제한하는 것은 그 텔로스를 존중하는 데 실패한 것이다.

"그렇지 않다면 (그 동물이) 누렸을 삶의 질보다 떨어지고 제약된 삶을 주는 것은 나쁘다."

앳필드는 이렇게 주장한다.

"덜 제약적인 삶이 가능했을 (동물에게) 불구의 삶을 주는 것은 나쁘다."

그러나 감소된 능력을 가진 동물을 탄생시키는 종류의 유전공학을 배척하려는 시도에는 두 가지의 어려움이 있다. 그것은 단지 그런 동물이 태어났다는 사실만으로 그 생명이 해를 입었다는 주장에서 부딪히는 것과 같은 문제들이다. 하나는 감소된 상태 또는 조건에 대한 논의는, 그렇지 않았다면 획득했을 어떤 상태나 존재 조건과의 비교를 전제한다는 것이다. 이 점을 인지한 앳필드는 "보다 높고 풍부한 능력을 가진 생물이 존재할 수 있다는 점에서 … 그 대신 더 낮고 빈약한 수준이 있다"는 사실에 그 손실이 있다고 주장한다.

그러나 이 주장이 넘어야 할 장애물은 만약 생명이 이러한 관점에서, 즉 그 적합성이 문제가 되는 감소된 형태로 탄생하지 않았다면, 아예 태어나지 않았을 수도 있다는 점이다. 그 경우, 만약 그 생명이 다른 식으로 존재하지 않았다면, 어떻게 그 본성이 어떤 종류의 '감소'하는 것으로 여겨질 수 있겠는가?

위해(危害)의 경우와는 달리, 이런 점에서 시간을 거슬러 그 존재가 비존재와 비교될 수 없다는 것은 분명하다. 어떤 생명이 전혀 존재하지 않는 편이 나을 수 있으므로 탄생 자체로 위해를 입을 수 있다는 데에는 모두 동의할 수 있다. 그러나 그 생명이 아예 태어나지 않았다면 덜 '감소된' 형태의 존재로 되었을 것이라는 데에는 절대 동의할 수 없다.

또 하나의 문제는 어떤 의미에서 '감소된', 특히 더 복잡한 생명형태를 대체한 것으로 생각되지 않는 생명형태가 태어난 것이 왜 나쁜지 밝히기 어렵다는 점이다. 지금 우리는 위해라는 개념의 한계를 넘어서는 상황에 대해 논의하고 있기에 이런 물음을 제기할 수 있다.

그것이 왜 해로운가? 앳필드는 '열등하거나 제한적인 삶의 질'을 가져오는 것이 바람직하지 않다는 논변에 호소하면서 이 어려움을 피한 것 같다. 이 어려움은 서로 다른 '질'들을 순서에 따라 배열할 수 있다면 크게 줄었을 것이다. 그러나 유전공학 생물이 '열등하고' 덜 복잡한 생명이라면, 그들의 삶의 질이 열등하다는 암시를 입증하기 위해 몇 가지 논거가 필요하다. 그것은 감소된 형태의 새로운 생명을 기술하기 위해 앳필드가 계속 사용했던 '불구'라는 표현의 경우도 마찬가지이다.

불구의 생명이 바람직하지 않은 것은 분명하다. 그러나 지금 우리가 검토하고 있는 것은 유전공학자가 살 만한 가치가 있는 생명으로 간주되는 것을 재설계했을 때, 무엇이 바람직하지 않을까하는 것이다. 그리고 정확히 문제가 되는 조건은 더는 '불구'가 아니라, 그 동물이 살아가는 환경에 관한 것이다.

전자의 문제, 즉 '왜 해로운가'라는 물음에 대한 한 가지 답은 특정 동물이 존재하지 않았을 때 얻을 수 '있었던' 것과 얻을 수 있었을 것 간의 차이를 관찰하는 것이다. 그렇지 않았으면 '존재하지 않았을' 유전공학 생명형태에 대해서는 참이었을지라도, 다른 방식으로 '존재했을 수' 있었다는 의미는 계속 남는다. 이것은 유전공학자가 아무리 뛰어나더라도 기적을 행할 수는 없기 때문이다. 특히 그들은 생명을 '새로' 창조할 수 없으며, 이미 존재하는 것을 조작할 뿐이다.

대개 이것은 생명의 접합자 단계이다. 이 단계는 아직 개체의 정체성이 수립되기 전이다. 이 생식체는 아직도, 그렇지 않았으면 유전자 변형되었을, 개체의 개념을 정립할 수 있는 충분한 근거를 가지고 있으며, 따라서 '감소된' 생명을 받게 된 유전공학 생명체와 비교되는 개체이다. 〔이 주장은 철학자 솔 크립키(Saul Kripke, 1980)의 연구를 기반으로 정체성이 다음 세대와 후속 세대에까지 이어진다는 정체성의 강한 원리에 의존한다. 즉, 그들이 그렇게 되었을 수 있는 개체 개념에 여전히 의미를 부여할 수 있다는 것이다.]

후자의 문제에서는(감소가 왜 나쁜가?), 인정하건대 아주 확실한 무언가를 밝히기는 힘들다. 이러한 절차에 '생명-부정의 무언가가 있지 않은 한에서. 다시 말해, 생명을 형성하는 과정 자체가 사주되지 않는 한에서는 그러하다. 여기에는 무언가 다른 것들이 포함된다. 예를 들어, 특정 생명형태에 유독한 물질을 생산하게 하는 것처럼 명백하게 생명을 위협하는, 그리고 표면적으로 '더 심한' 생명-부정인 것처럼 보이는 절차들에 개입하는 것이 그런 경우이다.

특정 생명형태에 대해 적대행위를 하는 것은, 어떤 의미에서, 그 독립적인 지위를 인정하고 일종의 존중을 나타내는 것이다. 이런 식으로 유전적으로 초래된 감소 역시 '자연적인' 진화적 진전과는 달리 더 단순한 생명형태로 향하는 것처럼 보인다. 이런 일은 흔하지는 않지만(McShea, 1991) 일어난다. 그리고 자연적인 경우에 대해서는 어떤 비난도 없을 것이다.

칸트 재고

그러면 마지막으로, 앞에서처럼 질병이나 상해 또는 적어도 '일부' 질병과 상해에 대한 저항성을 부여하기 위해 유전자 조작기법을 사용하는 문제에 대한 몇 가지 유보 조건에 관해 생각해 보자. 이번에도 질병이나 상해에 대한 저항성이 표현형에 발현되는 여러 가지 방식이 있을 수 있다. 그러나 여기에서는 어떤 형태의 감소된 능력을 포함하는 식으로 해석하는 방식이 별반 설득적이지 못한 것 같다. 실제로 생명 향상으로 그 능력을 해석하는 쪽이 훨씬 그럴듯하다.

이번에도 롤린의 입장은 매우 분명하다.

> 텔로스를 변화시킬 수 있다고 가정하자. 육종, 자연선택, 유전공학, 그리고 그 밖의 모든 방법을 통해 T1이 T2가 되고, 새로운 텔로스를 가진 동물들이 선조에 비해 특정 질병이나 상해에 더 강해졌다고 상상해 보자. … 이러한 변화는 그 자체로는 나쁘지 않은 것은 자명하다(Rollin, 1986a).

그러나 이러한 유전공학의 '적극적' 적용조차도 그 자체의 목적을 가지는 이성적인 자연을 수단으로 다루지 못하게 하는 칸트의 금지와 유사한 무엇과 충돌한다. 설령 그 수단이 문제의 동물에게 이로운 것으로 간주될 수 있다고 해도 말이다. 칸트가 자살을 단죄한 것은 바로 이러한 이유에서였다. 칸트는 자살에 마치 이성적 본성이 고통을 경감시킨다는 명분에 종속되는 것처럼 이성적 본성을 대하는 태도가 포함되어 있다고 믿었다.

비슷한 방식으로, 질병에 덜 취약하게 하려고 동물의 본성을 바꾸는 것은 그 동물의 본성을 덜 존중하는 것이다. 왜냐하면 그것은 동물의 모든 본성을 질병으로부터 구한다는 목적에 종속시키는 것이기 때문이다. 핵심적으로, 그것은 그 주체 자체보다 주체의 상태를 더욱 존중한다. 우리는 여기서 기본 가치에 접근하고 있다. 모든 사람이 칸트의 자살 비판에 혹은 비판의 근거에 동의하지는 않을 것이다. 그러나 일단 동물의 텔로스를 변화시키는 것이 무엇인지 충분히 이해하면, 결국 이러한 절차가 칸트의 비판이라는 궤도에서 완전히 벗어나지 못할 수 있다는 것을 깨닫게 될 것이다.

결 론

사람들의 말에 따르면, 유전자 조작이라는 수단으로 '어떻게' 다양한 결과들이 나타나는지에 관한 우리의 이해는 급속히 늘어나고 있다. 그러나 우리가 '무엇을' 하는가에 대한 이해도 같은 속도로 확장되고 있는지는 확실치 않다. 이러한 성찰 연습은 그런 이해에 도움을 주기 위한 시도였다.

끝으로, '입증 책임'과 잠깐 고별해 보자. 모든 입장은 저마다의 이론적 책임을 지고 있다. 이 장에서 필자는 '우려하는 회의자'의 원리와 가정을 비판적으로 검토하기 위해, 모든 것을 꾸밈없이 드러내려고 시도했다. 그것은 글로버가 했던 다음과 같은 경고를 의식했기 때문이다.

"우리가 처음부터 전체를 볼 수 있었다면, 쉬운 단계를 거쳐 우리 중 그 누구도 선택하지 않았을 세계로 갈 수 있었을 것이다"(Glover, 1984).

그러나 유전공학자들도 자신의 원칙과 가정을 가지고 있을 것으로 추측할 수 있다. 그것들은 이런 물음을 제기한다. 유전공학의 실질적이고 계획된 적용을 고지하고 적법화하는 철학은 무엇인가? 그 원칙은 어디에 있는가? 만약 이러한 철학과 원칙이 좀더 분명히 밝혀져 비판적 검토를 위해 공개될 수 있다면, 많은 도움이 될 것이다.

■ 참고문헌

Aristotle. (1979), *The Physics*, Bks. 1-2, Edited by W. C. Charlton, Oxford: Clarendon.

Attfield, R. (1994), Genetic engineering: Can unnatural kinds be harmed? In *Animal Genetics: Of Pigs, Oncomice, and Men* edited by P. Wheale and R. McNally, London: Pluto.

Bostock, S. St. C. (1993), *Zoos and Animal Rights*, London: Routledge.

Brambell Committee(1965), *Brambell Committee Report*, London: HMSO.

Colwell, R. K. (1989), Natural and unnatural history: Biological diversity and genetic engineering, in *Scientists and Their Responsibility* edited by W. R. Shea and B. Sitter, 1-40, Canton: Watson Publishing International.

Darwin, C. Darwin, C. (1899), *The Variation of Animals and Plants under Domestication*, London: John Murray.

______(1901), *The Origin of Species*, London: John Murray.

Fox, M. (1990), Transgenic animals: Ethical and animal welfare concerns, in *The Bio-Revolution* edited by P. Wheale and R. McNally, 31-45, London: Pluto.

Ghiselin, M. T. (1987), "Species concepts, individuality, and objectivity", *Biology and Philosophy*, 2: 127-143.

Glover, J. (1984), *What Sort of People Should There Be*? Harmondsworth, U.K.: Penguin.

Holland, A. (1990), The biotic community: A philosophical critique of genetic engineering, in *The Bio-Revolution* edited by P Wheale and R. McNally, 166-174, London: Pluto.

Kant, I. (1948), *Groundwork of the Metaphysic of Morals*, Translated by H. J. Paton, London: Macmillan.

Kripke, S. (1980), *Naming and Necessity*, Oxford: Blackwell.

Mayr, E. (1987), *The Ontological Status of Species: Scientific Progress and Philosophical Terminology*, Biology and Philosophy 6: 145-166.

McShea, D. W. (1991), "Complexity and evolution: What everybody knows", *Biology and Philosophy*, 6: 303-324.

Mill, J. S. (1968), Nature: From three essays on religion, in *Collected Works of J. S. Mill*. Vol. 10. London: Routledge.

Rachels, J. (1990), *Created from Animals*, Oxford: Oxford University Press.

Regan, T. (1979), "Exploring the idea of animal rights", in *Animals' Rights: A Symposium* edited by D. Paterson and R. D. Ryder, 73-86, London: Centaur.

Ridley, M. (1989), "The cladistic solution to the species problem", *Biology and Philosophy*, 4: 1-16.

Rollin, B. E. (1986a), "On Telos and Genetic Manipulation", *Between the Species*, 2: 88-89.

______(1986b), "The Frankenstein thing", In *Genetic Engineering of Animals: An Agricultural Perspective* edited by J. W. Evans and A. Hollaender, 285-297, New York: Plenum.

______(1989), *The Unheeded Cry: Animal Consciousness, Animal Pain, and Science*, Oxford: Oxford University Press.

RSPCA(1992), *RSPCA Science Review*, Horsham, U.K.: RSPCA.

Seidel, G. E. (1986), "Characteristics of future agricultural animals", In *Genetic Engineering of Animals: An Agricultural Perspective* edited by J. W. Evans and A. Hollaender, 299-310, New York: Plenum Press.

Verhoog, H. (1992), "The concept of intrinsic value and transgenic animals", *Journal of Agricultural and Environmental Ethics*, 2: 147-160.

Webster, J. (1990), "Animal welfare and genetic engineering", In *The Bio-Revolution* edited by P. Wheale and R. McNally, 24-30, London: Pluto.

제 21 장

동물 노예제로서의 유전공학•

앤드류 린지*

이 장은 보다 나은 고기 제조기나 실험도구를 제공하기 위해 동물을 유전적으로 조작해야 한다는 생각을 절대적으로 거부한다. 동물신학**이 포괄하는 관점에 따르면 단지 인간 목적의 수단으로 동물의 유전자를 개조하는 것은 도덕적으로는 인간 노예의 제도화와 같다는 것이다. 그러므로 지배종(支配種)의 발전이라는 도덕 외에 아

• 다음 글을 재수록하였다. Andrew Linzey, *Animal Theology*(Campaign: University of Illinois Press, 1995), pp. 138-155.

* 〔역주〕 Andrew Linzey. 옥스퍼드 동물윤리센터 소장이며, 윤리, 신학, 동물복지 연구를 대학에 제도적으로 정착시킨 최초의 인물 중 한 사람이다.

** 〔역주〕 린지는 자신의 저서 《동물 신학》(*Animal Theology*)에서 '동물권은 곧 동물신학'이라고 주장한다. 동물신학은 동물에 대한 전통적인 '잔인성-친절함 윤리'(*cruelty-kindness ethic*)를 넘어, 기독교 전통의 큰 주제들을(은총, 부활, 구원, 죄, 자연법 등) 동물에게 적용할 것을 주장한다.

무런 도덕적 한계도 인정하지 않는 유전과학의 고삐 풀린 발전에는 도덕적으로 불길한 무언가가 있다. 동물의 도덕적 정의를 지지하는 사람들을 만족시킬 수 있는 것은 제도로서의 이 과학을 해체하는 길뿐이다. 현재 우리는 모든 훌륭한 창조 신학이 관용할 수 있는 절대적 한계에 도달했다.

동물 혁명

가령 매너 농장(Manor Farm)이라는 곳을 상상해 보자. 농부 존스 씨는 밤이 되어 집으로 돌아갔다. 이곳은 짐마차를 끄는 말과 소, 양, 암탉, 집비둘기, 돼지, 비둘기, 개, 당나귀, 염소 등 아주 많은 동물이 있는 보통 농장과 다를 바 없다. 유일하게 다른 점이라면 동물들이 서로 이야기를 나눌 수 있다는 것이다. 그리고 농장주가 깊이 잠든 한밤중에 중형의 흰 수퇘지 메이저 영감은 헛간에서 열린 비밀회합에서 연설을 한다. 그의 연설은 이렇게 시작된다.

> 자, 동지들, 우리의 이러한 삶의 본질이 무엇입니까? 우리, 그 본질을 직시합시다. 우리의 삶은 비참하고 고되며 짧습니다. 우리는 태어나서 간신히 목숨을 부지할 정도의 음식만을 받으며, 일할 수 있는 자는 마지막 피땀 한 톨까지 바쳐 일해야 합니다. 우리의 이용가치가 끝나는 순간 우리는 잔학무도하게 살육되고 맙니다. 영국의 동물들은 한 살이 지난 후에는 행복이나 여가의 의미를 알지 못합니다. 동물의 삶은 비참하고 노예나 마찬가지입니다. 이것이야말로 명백한 진실입니다.

메이저 영감은 더 격정적으로 연설을 이어간다.

과연 이것이 단지 자연 질서의 한 부분이란 말입니까? 우리가 있는 이 땅이 너무 척박해서 이곳에 거주하는 이들이 품위 있는 삶을 영위할 여유가 없기 때문입니까? 아닙니다. 동지들, 천부당만부당합니다! 영국은 토양이 비옥하고 기후도 좋아 현재 거주하는 어마어마한 수의 동물들에게 음식을 풍족하게 줄 수 있습니다. … 그런데 왜 우리는 이런 비참한 조건에서 계속 살아야 합니까? 그것은 인간들이 우리로부터 우리의 노동의 산물을 거의 모조리 빼앗아 가기 때문입니다. 동지들, 거기에 우리 문제의 답이 있는 것입니다. 이 모든 원인이 한마디로 요약됩니다 — 인간. 인간들을 몰아냅시다. 그러면 기아와 과로의 근원이 영원히 없어질 것입니다.

인간만이 생산하지 않고 소비하는 유일한 생물입니다. 인간은 우유를 주지 못하고 알도 낳지 못하며, 너무 허약해서 쟁기도 끌지 못하고, 토끼를 잡을 만큼 빨리 달리지도 못합니다. 그런데 인간이 모든 동물의 주인입니다. 인간은 동물들에게 일을 시키고는 굶어 죽지 않을 만큼의 극소량만 동물들에게 돌려주고 나머지는 모두 자신들이 차지합니다. … 우리 중에서 알몸뚱이 외에 더 많은 것을 가진 자는 아무도 없습니다.

끝내, 이 연설은 최고조로 치달아, 그것을 듣는 동물들의 마음을 즐겁게 해주었다.

그러면 우리는 무엇을 해야 합니까? 우리는 인간 타도를 위해 몸과 마음을 바쳐 밤낮으로 노력해야 합니다! 이것이 제가 동지들에게 드리는 메시지입니다. 반란! 반란이 언제 일어날지, 일주일이 될지 100년 뒤가 될지 알 순 없지만, 조만간 정의가 실현될 것이라는 건 현재 내 발아래 지푸라기가 보이는 것만큼이나 분명합니다.

동지들, 여러분의 짧은 여생 동안 눈을 거기에 고정하십시오! 그리고 무엇보다도 나의 이 메시지를 여러분의 뒤를 잇는 이들에게 전하십시오. 그리하여 미래 세대는 승리의 그 날까지 계속 투쟁할 것입니다.[1]

물론 여러분은 매너 농장이 어디인지 짐작할 것이다. 그건 바로 조지 오웰의 상상의 산물인 《동물 농장》에 있다. 우리는 오웰이 풍자하려고 한 것은 돼지와 말에 대한 억압이 아니라 그들의 게으르고 비생산적인 사장들에 의한 노동자 계급에 대한 억압이라는 것을 잘 알고 있다. 이 점이 오웰의 주의력을 피할 수 없었듯이, 인간과 동물에 대한 억압을 똑같이 정당화하는 데 사용된 주장들(메이저 영감이 훌륭하게 요약하고 반박한)에 유사점이 있다는 것 역시 우리의 주의를 피해 갈 수 없다.

또한 우리가 이 유사성을 알아본다면 역시 역사적으로 아주 중대한 무언가를 파악했어야 한다.[2] 왜냐하면 메이저 영감의 선동적 반론에 언급된 두 가지 주장 혹은 가정, 즉 생물의 한 종이 다른 종에 속하고 다른 종에 봉사하기 위해 존재한다는 것은 동물 영역에 국한되지 않기 때문이다.

앞에서 우리는 아리스토텔레스가 동물이 인간의 이용을 위해 만들어졌다고 — 전형적이든 비전형적이든 — 주장한 것을 언급했다. 그는 이렇게 말했다.[3]

---

1) George Orwell, *Animal Farm*, Penguin edition.

2) 두 체계 간의 극적 평행선의 예로는 다음 문헌을 참조하라. Marjorie Spiegel, *The Dreaded Comparison*, esp. pp. 37-57.

3) Arstotle, *Politics* 1. 8.

자연이 어떤 목적을 기대하지 않고는 아무것도 만들지 않는다면, 목적이 없는 것은 아무 것도 없는 것이고, 인간을 위해 그 모든 것(동물과 식물)을 만든 것이 틀림없다.[4]

여기에서 아리스토텔레스는 우리가 필요할 때 불가피하게 동물을 이용할 수 있다고 주장하는 것이 아니라 오히려 그 이용이 자연과 일치하고, 동물이 인간의 노예인 것이 '본성'이라고 주장하는 것이다. 만약 우리가 아리스토텔레스에게 본성적으로 동물이 노예임을 어떻게 아는지 묻는다면, 그 답은 그렇지 않았다면 동물들이 '거부'했을 테지만 그들이 거부하지 않았기 때문에 동물을 노예로 삼는 것은 자연스러운 귀결이라는 내용일 것이다.

그러나 이런 독창적인 주장이 아리스토텔레스의 《정치학》에서만 언급된 것이 아니라는 점을 이해하는 것이 아주 중요하다. 이번에는 자연의 패턴에 기초해 사회의 올바른 질서화를 고찰하면서, 아리스토텔레스는 '인간' 노예의 존재를 강조하고 정당화하는 데에도 동물 노예들의 예를 이용한다.

영혼과 육체 간에, 혹은 인간과 짐승 간에 차이가 있듯이 사람들 사이에도 늘 현저한 차이가 있으므로, 자신의 몸뚱이를 사용하는 것 이외에 다른 역할을 기대할 수 없는 조건의 자들, 나는 그런 자들을 본성적인 노예라고 부른다.

악명 높은 한 장(章)에서 아리스토텔레스는 인간 노예를 '도구',

---

4) Arstotle, *Politics* 1.5.

즉 재산에 불과한 것으로 기술하고 있다.[5]

"노예는 그 주인의 노예일 뿐 아니라, 한마디로, 주인에게 속한다. 반면 주인은 그 노예의 주인이지만 노예에게 속하지 않는다."

요약하면 아리스토텔레스는 동물과 인간의 노예제를 정당화하기 위해서 동일한 두 주장, 즉 한 생물이 다른 생물에 속하고 생물 한 종이 다른 종에 봉사하기 위해 존재한다는 주장을 사용하는 데 이의를 제기하지 않는다. 여성의 경우, 그들은 남자만큼은 아니지만 영혼을 소유하는 것과 그들의 합리성에 따라 일종의 반쪽 지위를 가지는 것 사이의 중간쯤에 있는 것으로 간주된다.[6]

누구에게 속하고, 누구를 위해 존재하는 요소

아리스토텔레스가 표현한 것은 우리가, 특히 기독교가 이어받아 동물은 물론이고 노예와 여성의 희생으로 발전시킨, 서구의 지적 전통에 들어 있는 '누구에게 속하고, 누구를 위해 존재하는' 요소라고 부를 수 있는 것이다. 예를 들어, 우리는 수세기 후에 아퀴나스에서 이와 동일한 주장이 그대로 반복되는 것을 볼 수 있다. 아퀴나스는 "그것이 존재하는 목적에 따라 사물을 이용하는 것은 죄가 아니다"라고 주장한다.[7]

---

5) Arstotle 1. 4.

6) Arstotle 1. 5.

7) 제 1장의 논의를 참조하라.

또한 그보다 정도는 좀 덜하지만, 여성에게서도 유사한 논리를 관찰할 수 있다. 남성과 여성이 아니라, 남성만이 신의 형상으로 만들어지고 완전한 합리성을 갖는다. 여성은 인간과 짐승의 중간이다. 아퀴나스는 이렇게 말한다.

"이차적 의미로 신의 형상은 남성에게만 나타나고 여성에게는 나타나지 않는데, 그 이유는 남성이 여성의 시작과 끝이기 때문이다."

이 말에서 아리스토텔레스 이론이 투영되는 것을 알아차리지 못하는 사람도 있을 수 있다.[8]

이 대목에서 내가 지적하는 요점은 인간이든 동물이든 노예제(奴隷制)를 둘러싼 논쟁이 끝나지 않았다는 것이다. 먼저 인간 노예제를 살펴보자. 우리 중 대다수는 인간 노예제에 대한 투쟁이 이미 200여 년 전에 승리를 거두었다고 생각한다. 그러나 그렇게 생각한다면 큰 오산이다. 노예폐지협회*는 세계 곳곳에서 다른 외양과 형식을 가장하지만 계속 유지되고 있는 노예제와 싸우기 위해 존재하고 있다.[9] 그러나 노예제 그리고 그보다 더 오래된 노예무역 문제에 초점을 맞추어 200여 년 전으로 거슬러 올라가면, 지적이고 양심적이며 덕망 있는 기독교인들이 기독교 문명 및 인간 진보와 불가분의 관계에 있는 노예무역을 거의 아무런 이의 없이 지지했다는 사실

---

8) Aquinas, *Summa Theologica* 1. 93. 4.

* 〔역주〕 17세기 이후 인간존중 평등사상과 함께 노예폐지론이 대두되었다. 영국에서는 1823년 노예폐지협회가 창설되었고, 미국에서는 1833년 노예제반대협회가 창설되었다.

9) 소유물로서의 노예, 부채 노예, 농노제, 아동 착취, 그리고 노예와 유사한 결혼 형식에 반대하는 반노예제 사회운동.

을 발견하게 될 것이다. 이 주장들이 아리스토텔레스의 생각을 그대로 되풀이하지는 않지만, 그의 영감에 크게 빚지고 있다.

홀콤(William Henry Holcombe)*이 1860년에 쓴 글을 보면 노예제는 '진보'였다. 그는 노예제를 "인간 사회의 위대한 진보적 진화와 결합하는 필수적인 연결고리"라고 주장했다. 더욱이 노예제는 '검은 인종들의 기독교화'의 자연스러운 수단이었다.[10] 노예제가 미개인들의 천박한 삶을 문명화하는 하나의 수단으로 간주된 것이다. 그리고 바로 이 점에서, 최소한 아리스토텔레스의 논리적 색조를 엿볼 수 있다고 해도 그리 억지는 아닐 것이다. 아리스토텔레스는 가축이 '인간의 지배를 받는 편이, 인간이 가축의 안전을 지켜주므로' 더 낫다는 근거로 인간 노예제를 옹호했다.[11]

데이비스(David Brion Davis)**가 지적하듯이, 우리는 노예제에 대한 아리스토텔레스의 잘 알려진 옹호가 가부장적 사회에서의 인간 '진보'에 대한 토론에 속해 있었다는 사실을 잊을 때가 많다. 이 사회는 '소(牛)가, 충분히 발달한 투표에 의해, 불쌍한 인간의 노예가 되고, 예술과 과학, 법의 발달이 이 도시 국가의 목표인 덕

---

* 〔역주〕 1860년대 미국 사회는 노예제를 둘러싸고 내전으로까지 치달은 일대 혼란을 빚었다. 당시 남부지방에서는 북부의 노예폐지론에 맞서 노예제를 지키기 위한 이데올로기가 절실했다. 유사요법 의사였던 홀콤이 발간한 팸플릿 "Theories of Slavery"는 당시 가장 영향력 있는 논리였다.

10) William Holcombe, 다음 문헌에서 인용. David Davis, *Slavery and Human Progress*, p. 23.

11) Arstotle 1.5.

** 〔역주〕 예일대학 스털링 역사학 명예교수로 노예제와 노예폐지론에 대한 연구로 잘 알려졌다.

의 완전한 실행을 뒷받침하는' 그런 곳이다.[12]

그런데 진보라는 논거로 노예제가 빈번히 옹호되었다면, 반대론자들은 어떤 근거로 그에 반대하였는가? 우리는 섀프츠베리, 윌버포스, 리처드 백스터, 토마스 클라크슨 같은 사람들이 노예무역을 잔인하고 비인간적이며 온갖 사회악의 근원으로 간주하여 반대한 것으로 알고 있다. 그런데 이들이 자주 사용하는 한 가지 논변은 '인간'이 다른 '인간들'에 대한 절대적 지배권을 갖지 않는다는 것이다. 웰드(Theodore Weld)*의 영향력 있는 정의에 따르면, 노예제는 '신의 특권'을 강탈하였다. 노예제는 "온전한 인간에 대한 침략 — 그의 힘과 권리, 향유, 희망에 대한 침략, 물건이 되기 위한 자리를 비우기 위해 인간으로서의 그의 존재를 절멸시키는 것이다".[13] 다시 말해, 인간은 물건이나 재산처럼 소유될 수 있는 것이 아니다.

이 주장은 웰드와 윌버포스, 그리고 그 밖의 18세기 개혁가들에게는 특별한 것이 아니었다. 윌버포스보다 약 1,400년 전에 태어난 니사의 성 그레고리우스가 최초로 노예제도 자체를 신학적으로 공격하였다. 그 주장은 간단하다. 인간은 값을 매길 수 없을 만큼 귀중하다. '인간은 신에게 속한다. 인간은 신의 재산이다.' 그러므로 인간은 사고팔 수 없다. 이론의 여지가 있지만, 어쨌든 그레고리우스는 서구 전통에서 '누구에게 속하고, 누구를 위해 존재하는' 요소

---

12) Davis, *Slavery and Human Progress*, p. 25.

* 〔역주〕 미국의 개혁운동가이자 교육가로, 1830년대부터 미국의 노예폐지운동을 주도한 인물 중 한 사람이다.

13) Theodore Weld, 다음 문헌에서 인용. David Davis, *Slavery and Human Progress*, p. 146.

와 결별한 최초의 인물이었다.[14]

그러나 그레고리우스의 주장은 말미에서 방향을 바꾼다. 신이 인간에게 준 것은 다른 인간에 대한 지배권이 아니라 특정 세계와 동물에 대한 지배권이므로 인간은 다른 인간을 지배할 수 없으며 따라서 소유할 수 없다고 주장한 것이다. 다시 말해, 인간은 신에게 속하기 때문에 값을 매길 수 없을 만큼 귀중하지만, 동물은 인간에게 속하므로 노예처럼 사고팔 수 있다![15] 따라서 한 종류의 노예제에서 자명한 이유를 근거로 다른 노예제를 반대하는 셈이다.

이제 우리는 내가 고찰하고자 하는 두 번째 종류의 노예제, 즉 동물의 노예제를 다룰 준비가 되었다. 동물의 경우, 우리는 인간 노예제를 정당화하는 데 사용된 주장이 거의 예외 없이 동물 노예제의 정당화에도 사용되는 것을 보았다. 인간 노예처럼 동물도 이성이 거의 혹은 아예 없다고 여겨진다. 인간 노예처럼 동물도 '본성적으로' 노예로 삼을 수 있다고 생각된다. 인간 노예제처럼 동물 노예제도 '진보적'이며, 관련 동물에게 '혜택'이 고루 돌아간다고 생각된다.

그러나 두 주장이 반복적으로 사용되면서 우리는 이미 핵심을 파악하였다. 즉, 동물은 인간에게 속하고 인간의 이익에 봉사하기 위해 존재한다. 실제로 데이비스는 그 유사성을 명백히 드러내는 방식으로 노예의 의미를 기술하였다.

---

14) 다음 문헌을 보라. Trevor Dennis, "Man beyond Price; Gregory of Nyssa and Slavery", in Andrew Linzey and Peter Wexler eds., *Heaven and Earth*, p. 138.

15) Dennis, "Man beyond Price", p. 137.

정치, 종교, 기술, 생산방법, 가족 및 인척구조, 그리고 '재산'의 의미 자체에서 일어난 역사적 변화를 고려할 때, 정말 놀라운 사실은 합법적으로 소유되거나 사용되고 매매되거나 가축처럼 양도되는 인간으로서의 노예 개념이 고대부터 거의 보편적으로 수용되었다는 점이다.[16]

이런 의문이 들 수 있다. 앞서 말한 모든 것이 유전공학 문제와 어떤 관련이 있는가? 그 답은 다음과 같다. 유전공학은 동물이 우리에게 속하고 우리를 위해 존재한다는 '절대적' 주장을 구체화한다. 우리는 음식, 옷, 스포츠 등에 늘 동물을 이용하였다. 오늘날 우리가 동물을, 심지어 매우 잔혹한 방법으로, 사육하고 있다는 것은 새로운 사실이 아니다. "새로운 것은 현재 우리가 동물을 전적으로 완전히 인간 소유물로 만들기 위해 동물의 본성을 절대적으로 정복하는 기술 수단을 사용하고 있다는 점이다."

예일대 컴퓨터 과학과 심리학과 교수 로저 섕크(Roger Schank)는 이렇게 주장한다.

"새로운 로봇이 특허를 받아야 하는 것과 같은 이유로 새로운 동물도 특허를 받아야 한다. 왜냐하면 둘 다 인간 창의성의 산물이기 때문이다."[17]

늘 그렇듯이 공학자들이 '슈퍼 동물'의 창조에 대해 언급할 때,[18] 이들이 염두에 두는 것은 동물에게 가장 바람직한 삶이 무엇인가,

---

16) Davis, *Slavery and Human Progress*, p. 13.

17) Robert Schank, 다음 문헌에서 인용. *Omni*, 1988년 1월호, *Agscene*, 1988년 5월호.

18) 다음 문헌에서 인용. "Gene Splicing Aims for Super Animals", *St. Louis Post Dispatch*, 1986년 12월 8일자.

어떻게 더 잘 먹고 환경적으로 더 흡족한 생활을 누리게 하거나 인도적으로 도살할 것인가 등의 문제가 아니다. 오히려 그들의 관심사는 동물을 어떻게 설계할 것인가, 인간 위장의 요구에 완전히 예속되는 방식으로 존재하게 만드는 방법은 무엇인가이다. 다시 말해, 동물이 인간의 노예, 즉 '물건'처럼 되는 것이며, 내가 아는 한 인간 주인이 인간 노예를 실제로 소비한 적이 결코 없다는 의미에서는 훨씬 더 그러하다. 동물사육에서 생명공학은 인간의 지배를 미화한다. 어떤 의미에서 이는 필연적이었다. 동물을 다루는 데 어떤 적절한 한계를 설정하는 데 실패하면서, 동물의 본성 자체가 비슷한 모욕을 당할 수 있는 위험이 늘 수반되었다.

오늘날 동물은 사고 팔릴 뿐 아니라 '특허를 받을 수 있는' 대상이 되었다. 즉, 효용성이 끝나자마자 폐기되는 아이들의 장난감, 껴안고 싶은 곰 인형, 텔레비전 세트 또는 쓰고 버리는 여타 소비재와 마찬가지로 소유된다.

이 지점에서도, 우리는 여전히 일부 사람들이 생각하는 만큼 아리스토텔레스로부터 멀리 벗어나지 못하고 있다. 아리스토텔레스는 자신의 저서 중 무시무시할 만큼 예언적인 한 부분에서 인간 노예가 자동화되어, 자연이나 주인의 의지가 아니라, 자신의 본성으로 노예가 되는 때를 예상한 것처럼 보인다. 아리스토텔레스는 이렇게 말한다.

"우리가 가진 모든 도구가, 우리의 명령에 따르거나 도구 자체가 요구를 인식해, 스스로 자기 일을 수행할 수 있다고 가정하면 … 숙련된 장인은 하인도 노예 주인도 필요 없게 될 것이다."[19]

어떤 사람들은 생명공학이 이렇듯 오래된 꿈을 현재의 악몽으로 바꾸었다고 주장할지도 모른다.

특허 출원과 창조 교의

특허 개념을 자세히 들여다볼수록 악몽은 더 깊어진다. 1992년에 뮌헨에 위치한 유럽 특허청은 동물에 대한 유럽 최초의 특허인 '온코 마우스'에 대한 특허권을 부여하였다. 이에 대한 논쟁은 당연히 동물이 겪는 고통 그리고 유전공학 동물이(이 경우에는 생쥐가 암을 발생하도록 유전적으로 설계되었다) 실험실 동물 중에서 더 높은 수준의 고통을 받게 될 것인지에 집중되었다. 이것은 중요한 고려사항이지만, 더욱 주의가 필요한 것은 유전공학 동물들에 대한 특허권 부여가 원칙적으로 용인될 수 있는가이다.

내 견해로는 그러한 진전은 그 동물들의 지위를 한낱 인간의 발명품에 지나지 않은 것으로 격하시켰고, 지각력을 가진 종(種)들의 복지와 자율성에 대해 모든 인류가 지고 있는, 특별히 신이 부여한, 책임을 사실상 포기한 것을 의미한다. 동물 특허는 지금도, 앞으로 영원히, 허용되어서는 안 된다.

우리는 특허권의 완전한 부여가 무엇을 의미하는지 분명히 해야 한다. 특허는 소유권의 법적 지위를 주는 것이다. 최초로 — 적어도 유럽의 맥락에서는 — 동물들이 법적으로 아무런 보살핌의 의무도 없는 재산으로 분류될 것이다. 동물은 인간의 인공물이나 발명품이

19) Arstotle 1. 4.

될 것이다. 이러한 특허 출원이 반대를 이겨내면, 유럽 윤리학 역사상 동물에게 가장 낮은 지위가 부여되는 오점을 남기게 될 것이다. 역사적으로 간혹 동물이 — 권리나 가치가 없는 존재인 — '물건'으로 여겨진 적은 있었지만, 동물 특허는 이러한 관점에서 동물을 법적으로 분류하게 되는 것이다.

이 장과 앞의 장들에서, 이러한 방식의 동물 생명 이용과 분류가 동물이 신의 피조물이라는 기독교 교리와 양립할 수 없음을 충분히 입증했기를 바란다. 기독교의 창조 교의(教義)는 우리 자신의 가치와 의미에 대한 인간의 평가가 다른 피조물의 가치를 평가하는 유일한 근거가 될 수 없다는 사실을 이해할 것을 우리에게 요구한다.

인간이 동물을 이용해도 되는지 그리고 어떤 식으로 이용할 수 있는지를 둘러싼 논쟁과 관련해, 인간 자신을 포함해서 피조물의 본성을 바꾸는 데 인간들이 어디까지 정당화될 수 있는지에 대한 논쟁이 있다. 인간은, 생명이 있든 없든 간에, 현 상태 자연의 모든 부분에 간섭해서는 안 된다는 주장은 불가능할 수 있다. 전통적인 기독교 신앙에 따르면, 창조는 '예속' 상태로 '떨어진' 것이므로 — 창조주의 관점에서 보면 — 창조는 종결된 것이 아니다. 따라서 인간이 자연을 개발할 여지가 있으며, 특히 지배의 개념은 이 행성을 돌보고 관리하는 데 인간이 적극적인 역할을 할 것을 전제하고 있다.

이러한 점을 받아들인다면, '더 나은 창조에 대한 권한부여에는 얼마간의 엄격한 제한이 따른다. 첫째, 창세기에서 가정한 권한부여는 신의 의지에 따라 선을 행할 권한이다. 그것은 사람들이 바라는 마구잡이식 창조와 관계있는 권한부여가 아니다. 둘째, 모든 사례에서 이러한 본성의 '변화'가 인간의 탐욕과 자기 이익 추구가 아닌 창조주의 설계와 일치한다는 것을 입증해야 한다.

이제 우리는 문제의 핵심에 다다랐다. 유전공학으로 창조된 동물의 본성은 '더 나아진' 것인가? 제한적이지만, 관련된 동물의 복지가 정말 향상되었는지에 관한 연구가 이루어질 수 있는 몇 가지 사례가 있을 것이다. 그러나 '온코 마우스'의 경우, 우리가 논하는 것은 개별적으로든 일반적으로든 본성이 더 나아졌는지가 아니라 고의적이고 인위적인 발병, 고통, 그리고 조기 사망이 포함된 과정이다.

더욱이 특허의 목적은 이러한 '발명'에 대해 법적 권리를 확보하여 최소한의 상업적 이익이 아니라 특허로 생기는 모든 이익을 관련 특허 소지자가 독점하도록 하는 것이다. 따라서 만약 성공을 거둔다면, 특허권 부여로 윤리적 문제의 소지가 있는 연구가 합법화되는 것은 물론, 이 연구를 수행한 사람에 대한 재정적 보상까지 이루어지게 된다.

모든 사례에서 본성이 신성불가침으로 간주되어야 한다고 주장할 수는 없지만, 간접적이든 사소한 것이든 상관없이 상상할 수 있는 모든 이익을 추구하는 것이 본성에 대한 모든 개입을 정당화한다는 생각 또한 잘못이다. 창조가 혼란스럽다고 해서 반드시 통일성이 없는 것은 아니다. 이미 존재하는 선을 유지하고 장려하는 것이 청지기 본연의 임무이다. 동물에게 고의적으로 질병을 일으키는 행위가 거룩하고 사랑이 넘치는 창조주의 설계와 양립 가능하다고 주장할 수는 없다.

게다가 엄밀히 말해서 그것은 창조 교의의 함의가 아닐 수 있으며, 잔혹성에 대한 반대는 전통적 윤리신학의 오랜 특징이었다. '온코 마우스'를 찬성하는 그 밖의 모든 주장이 가능할 수 있지만, 이 생쥐가 도덕적 필연성에 대한 모든 시험을 어떻게 통과할 수 있는지는 이해하기 어렵다. 무언가 필요하다는 것을 보여 주려면, 그것이 필수적이고 불가피하다는 것을 입증하거나, 논란의 여지가 있더라도 최소한, 그것이 더 높은 수준의 선을 위해 필요하고 그것 없이는 어떤 방법으로도 획득할 수 없다는 것을 보여 주어야 한다.

심지어 동물의 복지를 그다지 배려하지 않았던 기독교 세계의 하위 전통에도 고통을 가하는 것이 어떤 식으로든 정당화되려면 가장 엄격한 기준에서만 가능하다는 강한 신념이 있었다. 이 점에 대해 동물은 특수한 문제를 제기한다. 동물은 자신들에게 시행되는 실험절차에 동의할 수 없다. 어떤 고통을 당해도 보상 받을 수 없으며, 게다가 자신들이 받는 실험절차의 의미를 지적으로 이해할 수 없다. 어린이든, 정신지체아든, 동물이든 간에 무고한 자에게 고통을 가하는 것에 반대할 때에는 항상 이러한 고려사항이 따른다.

요약하면, 우리의 도덕적 관심분야에서 동물을 몰아내야 한다는 생각에서 벗어나, 동물이 무고하고 방어능력이 없다는 데에서 우리는 특별히 관심을 가지고 철저하게 주의를 기울여야 한다. 과학연구의 동물 이용에 대해 전반적으로 어떤 견해를 취하든 간에, 특허는 동물에 대한 고통을 영구화하고 제도화하며 상업화하려는 시도이다. 이는 인간에게 돌아가는 혜택이 얼마나 간접적인지와 무관하게 동물에게 고통을 가하는 것이 정당화될 수 있다는 가정에 기반하는 것 같다.

'온코 마우스'는 결국 생쥐일 뿐이라는 이의가 제기될 수도 있다. 기독교인을 비롯하여 수많은 사람이 인간과 비교할 때 생쥐는 아무런 가치가 없다고 생각한다.

대중의 동정심을 크게 자극하지 않는 종(種)을 선택한 점에서 특허 지지자들은 확실히 영리하다. 생쥐는 인간에게 불이익을 주는 방법으로 인간 환경과 상호작용하여 주로 유해 종으로 분류되며 비인도적으로 살육될 때가 많다. 그러나 이 종이 불러일으킨 제한된 동정은 그 도덕적 지위와 무관하며, 따라서 원칙의 문제와도 무관하다. 생쥐는 영리하고 지각력이 있는 온혈 생물이다. 우리가 도덕적 고려에서 다른 종을 배제하면서 일부 지각력 있는 종을 포함할 수 있는 합리적 근거가 없다.

'온코 마우스'에 대한 특허가 시범 사례란 점을 기억할 필요가 있다. 틀림없이 종양(腫瘍) 토끼, 종양 소, 종양 돼지, 그리고 종양 침팬지가 그 뒤를 이을 것이다. 특허를 받을 수 있는 종이나 수에 대한 제한은 어디에도 없다. '온코 마우스'에 대한 특허를 찬성하는 논변이 승리한다면 다른 종에서도 허용하지 않을 합리적 이유가 사라지게 된다.

우리는 그동안 헤아릴 수 없이 많은 동물종이, 실험실의 필요에 따라 맞춤-제작되고 법으로 보호받지 못할 수 있는, 인간 발명품의 항목으로 격하되었다는 사실을 상기해야 한다. 만약 동물 특허가 성공한다면 이는 기독교 신학의 제약(설령 그것이 과거에 실행으로 옮겨지지 않았다 하더라도)에 대해 공리주의가 거둔 단기적 승리를 의미하게 될 것이다. 지금 우리가 다른 생물들과 완전히 새로운 관계를 형성하기 직전의 상태라고 말하는 것은 전혀 과장이 아니다. 우리는 이제 더는 동료 생물들의 수호자가 아니며, 다만 신상품 판매상일 뿐이다.

내가 이 장의 제목을 '불신 받는 유전공학의 신학(神學)'이라고 붙이려 하자, 유전공학이 신학을 '가졌던' 것처럼 가정하는 느낌을 줄 수 있다고 항의하는 사람들이 있었다. 앞에서 살펴보았듯이 유전공학은 신학을, 그것도 강력하고 힘 있는 신학을 가지고 있다. 강력한 아리스토텔레스의 개념을 흡수한 기독교 전통은 그 전파에 대한 책임이 크다.

수세기 동안 기독교인들은 성경을 '누구를 위해 존재하고, 누구에게 속하는'이라는 아리스토텔레스의 언명을 정당화하는 것으로 읽었다. 창세기에 나오는 '지배' 개념은 세계에 대한, 특히 동물에 대한 면허를 받은 독재로 해석되었다. 신은 창조물 중에서 인간만을 돌보고 그 나머지는 단지 인간의 '특별한 음식'을 위해 존재하는 것으로 가정했다. 이 견해에 따르면, 신성한 권리에 의해 세계 전체가 인간에게 속하고, 동물의 이용과 관련된 유일한 도덕적 제한은 동물의 잔혹성이 인간을 야만화하지 않는지, 그 동물이 다른 사람의 재산일 경우 어떻게 처리해야 하는지 등으로 국한되었다.[20]

본질적으로 남성적이고 독재적이며 불로 세계를 다스리는, 그가 만든 인간도 똑같이 행동하기를 기대하는 이 신은 — '마초 신'으로 묘사되어도 그리 부당하지 않을 — 기독교 역사 내내 군림했지만, 이제는 그 영향력이 기울고 있다. 여기에는 여러 가지 이유가 있지

---

20) 동물이 인간의 재산과 같은 도덕적 지위를 갖는다는 로마 가톨릭의 견해는 다음 문헌을 보라. Henry Davis, *Moral and Pastoral Theology*, 2: 258.

만, 특히 두 가지를 꼽을 수 있다.

첫째, 대부분의 기독교인은 더는 그런 신을 믿지 않는다. 신이 전제적 권력자이고 인간 피조물도 그와 똑같이 행동하기를 원한다는 견해를 옹호하는 신학자를 발견하려면 세상 모든 곳을 샅샅이 뒤져야 할 것이다. 둘째, 앞서 살펴보았듯이 성경을 재검토한 신학자들 대부분은 우리가 단순히 지배라는 말로 지배권(支配權)을 생각한다면 이는 잘못 이해하는 것이라는 결론을 내렸다. 이들 학자의 말에 따르면 지배권이 의미하는 것은 인간이 세계를 돌보고 그 창조물을 보살필 신성한 책임이 있다는 뜻이다.[21] 아직도 신성(神性)을 '마초 신'으로 이해하는 사람들에게 나쁜 소식이 있다. 그것은 신학자들(기본적 본성에서 시대를 앞서거나 뒤떨어지는 경향이 있는) 뿐 아니라 교인들, 심지어 교회 지도자들까지 이 낡은 신성을 버렸다는 것이다.

> 그 유혹은 우리가 창조주로서의 신의 지위를 빼앗아 창조에 대해 '독재적' 지배권을 행사하고 싶은 것이다. … 우리가 우주 만물의 전체성과 상호 연관성에 대해 평가하기 시작한 현재, 인간성에 집착하는 것이 편협해 보일 것이다. … 우리의 창조 신학은 너무 자주, 특히 이른바 '선진' 세계인 이곳에서 지나치게 인간 중심으로 왜곡되었다.
>
> 우리는 비인간의 귀중함과 함께 긍정을 통해 인간의 가치와 귀중함을 유지할 필요가 있다. 그 이유는 우리의 신에 대한 개념이 '저급한'(*cheap*) 창조 개념, 즉 인간을 제외한 모든 것이 소비된다는 일회용 우주의 개념을 금지하기 때문이다. 전 우주는 사랑의 작품이다. 사랑으로 만들어진

21) John Rogerson, *Genesis*, pp. 1-11.

것이 아니라면 저급하다. 자연물의 가치와 소중함은 인간 자신의 관점에서 발견되는 것이 아니라, 신의 시각에서 만물을 선하고 귀중하게 만드는 신의 선함에서 발견되는 것이다. … 바버라 워드(Barbara Ward)가 말했듯이 "우리는 단 하나의 지구를 가지고 있다. 지구가 우리의 사랑을 받을 가치가 없단 말인가?"[22]

이 글은 1988년에 캔터베리 대주교 로버트 런시의 강연에서 발췌한 것이다. 이 글에서 그보다 앞선 시기의 전통이 어떻게 비교되고 수정되었지 주목하자. 신은 사랑의 신이다. 신의 세계는 값비싼 자기희생적 사랑의 발현이다. 우리 인간은 자신에게 위임된 세계를 사랑하고 공경해야 한다. 그리고 여러분이 이것을, 때때로 시류를 좇는 경향이 좀 있는, '영국 국교회'의 신학일 뿐이라고 생각하지 않도록, 시류와 무관하고 분명 보수적인 교황, 요한 바오로 2세의 회칙을 언급해 둘 필요가 있을 것이다. 그는 특별히 창조 안에 있는 '각 존재의 본질'을 존중할 필요성에 대해 언급하며, '인간에게 부여된 지배권'은 절대적 권한이 아니며 '사용과 오용'할 자유나 마음대로 사물을 폐기할 자유라고 어느 누구도 말할 수 없다는 현대의 관점을 강조한다.[23]

그러나 우리는 아직 가장 첨예한 지점까지 주장을 제기하지 않았다. 그것은 다음과 같다.

---

22) Robert Runcie, "Address at the Global Forum of Parliamentary and Spiritual Leaders on Human Survival", pp. 13-14.

23) Pope John Paul II. *Sollicitudo Rei Socialis*, par. 34.

신만이 창조를 소유한다는 단순한 이유로 동물에 대한 절대적 소유권을 주장한다면 그 어떤 사람도 정당화될 수 없다. 동물은 단지 우리를 위해 존재하는 것이 아니며 우리에게 속하지도 않는다. 그들은 본디 신을 위해 존재하고 신에게 속한다. 인간의 동물 특허는 우상숭배(偶像崇拜)에 지나지 않는다.

유전공학의 관행에는 우리 마음대로 다루고, 그 본질을 바꾸기 위해 동물은 우리 것이라는 주장이 암암리에 포함되어 있다. 인간을 노예로 사용하는 것이 나쁘다는 이유는 동물에 대한 생명공학의 모든 시도를 신학적으로 잘못된 행동으로 반대해야 하는 이유이기도 하다. 우리에게는 신의 소유물을 착복할 권리가 없다.

4가지 반론

간략히 고찰할 결론에 대해, 나는 4가지 반론이 제기될 것으로 예상한다.

첫 번째 반론은 다음과 같다. 우리는 항상 동물을 우리의 노예로 삼았다. 우리 문화는 동물 이용에 기초하고 있다. 따라서 우리가 우리 방식을 바꿀 수 있다고 생각하는 것은 터무니없는 일이다.

나는 이 반론의 첫 부분에 동의한다. 인간 문화가 동물 노예제에 기초하고 있는 것은 사실이다. 나는, 개인적으로, 철저한 문화적 변화를 보고 싶다. 기독교인들은 우리가 어디까지 동물을 이용할 수 있고 이용해야 하는지에 대해 의견을 달리 할 수 있으며, 그것은 정당하다.

그러나 한 가지는 명백하다. 우리는 동물을 소유할 수 없으며 동물을 재산으로 취급해서도 안 되고 오직 인간의 소비를 위해 그 본질을 왜곡해서도 안 된다. 이러한 문화적 동물 오용에 일익을 담당하는 유전공학 또한 그 최고점이나 최저점을 대표한다. 우리가 과거에 동물을 착취하였고 현재도 그렇다는 사실이 동물 노예화를 강화하며 항구적으로 노예화된 종을 창조하고 영속시키기 위하여, 현대기술의 무기고를 활용하는 데 진력할 충분한 근거가 되지 않기 때문이다.

두 번째 반론은, 비(非)인간과 관련된 기독교의 역사적 기록이 너무도 끔찍해 우리는 동물을 옹호하려는 모든 신학적 노력을 포기해야 한다는 것이다.

나는 이 반론의 첫 부분에 동의한다. 기독교는 동물에 대해 끔찍한 역사를 갖고 있다. 그러나 동물뿐 아니라 노예, 동성애자, 여성, 정신지체아, 여타 상당수의 도덕적 문제에 대해서도 마찬가지다. 나는 "모든 지각 있는 사람들 그리고 모든 고귀한 사람들은 기독교 종파를 공포에 떨게 만들어야 한다"[24]는 볼테르의 도덕적 항변에 완전히 동의하지는 않지만, 기독교의 형편없는 기록을 가장하려는 시도는 아무런 의미가 없다고 생각한다. 종교적이든 세속적이든 모든 전통에는 나름의 장점과 단점이 있다.

그러면 한 가지 주제를 예로 들어보자. 앞에서 지적했듯이 대략 200년 전으로 거슬러 올라가면, 지적이고 명망 있는 기독교인들이 노예제를 하나의 제도로 옹호했다는 사실을 발견하게 된다는 점을

24) Davis, p. 130.

상기하자. 그런데 막상 인정하기에 주저할 만큼 당황스런 사실은, 몇 가지 측면에서 노예제 옹호에 주된 이념적 추진력을 제공했던 바로 그 공동체가 역사적으로 짧은 기간인 100년 또는 불과 50년 만에 마음을 바꾸었다는 점이다. 노예제를 유지하는 데 도움을 준 동일한 전통이 100년이나 50년 뒤에 이를 종결시키는 데 협조한 셈이다. 이 변화는 대단히 성공적이어서, 나는 오늘날 기독교인 중에서 단 한 명의 노예무역상, 심지어는 노예무역을 기독교 신앙의 도덕적 요구에 배치되지 않는다고 생각하는 단 한 사람의 기독교인도 찾아볼 수 없을 것이라고 생각한다.

기독교 교회가 동물이라는 주제에 대해 끔찍한 역사를 가졌고, 지금도 종종 그렇지만, 앞으로 50년이나 100년쯤 지나면, 그에 못지않게 복잡하고 논란의 여지가 있는 여타 도덕적 문제에 대해 우리가 목격하였듯이, 이 공동체 내에서 양심의 변화를 목격하는 것이 가능하며, 그럴 가능성이 높을 것 같다. 요약하면, 기독교 교회는 노예제의 대리인이었지만 — 나는 그 점을 의심치 않는다 — 동시에 노예해방세력이었고 지금도 그럴 수 있다.

세 번째 반론은, 유전공학자들이 오로지 인류를 위해 최선을 다하려고 노력하는, 참으로 선하고 정직하며 사랑이 넘치고 관대하며 선의를 가진 사람들로, 적어도 우리보다 더 무서운 존재는 아니라는 것이다. 사실상 '모든 사람이' 어느 정도의 차이는 있지만 도덕적 위태로움이라는 곤란한 상황에 빠진 시점에서, 왜 그들이 하는 일을 비판하는가?[25]

---

25) 특히 다음 문헌을 보라. Davis, *Slavery and Human Progress*, pp. 129-153.

이번에도 나는 이 반론의 첫 부분에 동의한다. 생명공학 연구에 적극적으로 종사하는 사람들의 성실성과 동기, 도덕적 성격을 의심할 이유는 없다. 노예무역폐지 캠페인에서 참으로 안타까운 양상 중 하나는 폐지론자들이 자신들이 우세한 때에는 적들을 모든 악의 근원으로 간주하며 비방하려 했다는 점이다. 나는 똑같은 짓을 하고 싶지 않다. 사실, 내가 주장하려는 바는 유전공학자들이 자신들이 하고 있다고 말하는 것을 실제로 하고 있다는 점, 즉 자신들의 관점에 따라 인류의 대의를 추구하고 있다는 점이다.

그러나 내가 묻고 싶은 것은 단순 공리주의 휴머니스트의 기준이 엄청난 잘못을 막기에 충분한가이다. 노예무역상의 관점에서, 주인을 위해 노예를 사용하는 것은 정당하고 선한 것이었다. 유전공학자의 관점에서 보면, 인간종(種)을 이롭게 하기 위해 동물을 실용품으로 취급하는 것은 정당하고 선한 것이다. 나는 우리 '자신의' 계급이나 인종, 혹은 종의 이해에 기반을 둔 단순 공리주의자의 계산이 '다른' 계급이나 인종, 혹은 종에 손해를 입히지 않을 수 있을지 의심스럽다. 일단 우리가 이 사고의 틀을 채택하면, 최소한 원칙적으로는, 이른바 '더 높은' 이익을 추구하면서 모든 권리, 선, 가치를 헐값에 팔아넘길 수 있을 것이다.

네 번째 반론은, 인간과 동물 노예제의 유추가 너무 동떨어졌다는 것이다. 다시 말해, 동물은 단지 동물일 뿐이라는 주장이다. 동물은 인간이 아니라는 것이다.

동물과 인간 간의 명백한 경계 설정을 강조한 이 주장은, 다른 영역에서 그 장점이 무엇이든 간에, 유전공학에 적용했을 때에는 너무 많은 문제를 초래한다. 결국 유전공학자들은 '인간' 유전자를 비인간인 동물에게 주입하는 데 관여하지 않는가?

최근 보고에 따르면, 벨츠빌 소재 미국 농무부 소속의 연구 과학자 버넌 퍼셀(Vernon G. Pursel)이 유전공학에 반대하는 여러 인도적 단체와 교회들의 최근 동향에 대해 이렇게 대응했다고 한다.

"그들이 종의 온전성에 대해 말할 때 무엇을 뜻하는지 모르겠다."

퍼셀은 계속해서 의미심장한 발언을 했다.

"모든 유전물질 중 상당 부분이 벌레에서 인간까지 동일하다."[26]

이 발언은 형질전환 절차가 암묵적으로 인정하는 것, 즉 인간과 동물 사이에 완벽한 구별이 존재하지 않다고 가정하고 있으므로 의미심장하다. 이 논변은 동물을 더욱 인도적인 방법으로 또는 당연히 그래야 하는 방식으로 다루어야 한다는 것으로 이해할 사람도 있겠지만, 이 논변은 비인간 창조물에게 실질적인 해를 입히는 데 이용된다. 나 같은 국외자들을 불안에 사로잡히게 만드는 호기심을 자극할 만한 증거가 여기 있다. 여기에서 제기해야 할 물음은 다음과 같다.

벌레에서 인간까지 유전물질의 상당 부분이 동일하다면, 동물실험을 합법적으로 용인할 경우, 인간에 대한 실험을 막을 논리가 있는가? 사실, 인간에 대한 유전실험이 새로운 것은 아니다. 그리고 인간에 대한 우생학 프로그램이 있어야 한다는 견해도 마찬가지다. 이런 견해는 오랫동안 기독교인들로부터 열렬한 지지를 받았다. 1918년에 한 기독교인은 다음과 같이 분명히 주장했다.

---

26) Vernon Pursel, 다음 문헌에서 인용 "Gene Splicing".

> 아이를 갖기에 매우 적합하지만 안락함에 대한 사랑이나 감정탐닉으로, 결혼을 꺼리는 사람은 자신과 국가뿐 아니라 인간 사회와 그 통치자를 속이는 것이다. … 그러나 건강한 아이를 가지기에 자신이 부적합하다는 사실을 알면서 결혼한 남성이나 여성은 훨씬 심각한 범죄를 지은 것이 분명하다.[27]

이 글을 쓴 사람은 이러한 도덕적 의무를 개인적 지표로서 지지하였을 뿐 아니라 법으로 명문화하기 위해 노력했다.

> 법제화할 '시기가 무르익은' 것처럼 보이는 두 가지 사항이 있다. 첫 번째는 정신적으로 장애가 있거나 유전질환을 앓는 사람의 경우, 결혼을 금해야 한다는 것이다. 두 번째는 시골의 작은 별장이나 소도시의 잘 정비된 주거단지를 제공하거나 건강한 아이의 생산을 모든 방면에서 장려하는 식으로 훨씬 많은 조치를 취해야 한다는 것이다.[28]

퍼시 가드너의 이 글은 《기독교 윤리의 진화》(*Evolution in Christian Ethics*)라는 책에 들어 있다. 그의 관점은 직설적이다. 적합한 사람만이 종을 번식할 권리가 있다는 것이다. 그는 '약하고, 특히 생명유지에 필수적인 기관이 건강하지 못한 사람들만이 집에 남아 인간종을 이어나갔기' 때문에 제 1차 세계대전으로 종의 안녕이 위협을 받았다고 보았다.[29]

---

27) John Rogerson, *Genesis*, pp. 1-11.

28) Percy Gardiner, *Evolution in Christian Ethics*, pp. 188-189.

29) Gardiner, *Evolution*, p. 190.

가드너의 관점은, 엄청난 영향력을 발휘한 정치철학자인 다른 저자의 글에서 가장 완벽하고 설득력 있는 표현이 되기까지 15년을 기다려야 했다.

> (국가는) 건강한 사람만이 아이를 가지도록 조치해야 한다. 하지만 치욕스러운 일이 한 가지 있다. 자신이 허약하고 장애가 있는데도 아이를 낳는다는 것이다. 그 행위를 단념시키는 것은 가장 명예로운 일이다. … (국가는) 이러한 지식에 봉사하기 위해 최신 의료수단을 배치해야 한다. 국가는 눈에 띄게 아프거나 질병을 유전 받은 사람은 번식에 적합하지 않다고 선언해야 한다.
>
> 그리고 이 관점에 따르면, 생명에 대한 (국가의 철학은) 더 고귀한 시대를 가져오는 데 성공해야 한다. 이 시대는 개나 말, 고양이를 사육하는 데 더는 관여하지 않고 자신을 고양하는 데에만 관여하며, 일부는 의식적으로 조용히 단념하고, 나머지는 희생하고 바치는 시대인 것이다.[30]

이 견해는 그 유명한 저서 《나의 투쟁》(*Mein Kampf*)에서 발췌한 것이며 저자는 물론 아돌프 히틀러(Adolf Hitler)이다.

어떤 사람들은 이 유추가 이 지점에서 성립하지 않는다고 반대할지도 모른다. 즉, 히틀러는 아리아인의 피가 동물의 유전자로 감염되는 것, 더 정확히 말하면 아리아인의 유전자가 동물에게 낭비되는 것을 용인하지 않았을 것이다. 히틀러는 '잡종 인간'(*hybrid human*)

30) Adolf Hitler, *Mein Kampf*, pp. 367-369.

에 — 그는 다른 인종 간의 결혼으로 낳은 아이들을 이렇게 불렀다 — 찬성하지 않았으므로 형질전환 동물이라는 개념 자체를 경멸했을지도 모른다.

그러나 히틀러는 자신의 관점에서 '최상의 인류 보존'을 목표로 하는 의학을 발전시키기 위해 분명히 많은 일을 했고, 그것을 대중화했다는 점을 간과할 수는 없다. 그리고 그가 힘, 강압, 그리고 입법을 통해 행사한 유전적 억제의 관념이 결코 사라지지 않았다는 사실을 잊어서는 안 된다. 실제로, '슈퍼 동물'을 창조하려는 관념은 '최우수' 인종을 만들겠다는 히틀러의 교조주의(敎條主義)를 어렴풋이 연상시킨다.

아직도 인간 우생학과 동물에 대한 유전공학이 전혀 별개의 것이라고 생각할지 모른다. 어떤 사람들은 내가 단지 걱정이 지나치다고 생각할지도 모른다. 그러나 내 생각에, 《나의 투쟁》은 그 비방자들이 생각하는 것보다 훨씬 더 중요한 정치철학서이다. 하지만 이것이 핵심은 아니다. 정작 핵심은 동물에 대한 유전자 실험은 허용하면서 사람에 대해서는 그러한 실험(유전 프로그램)을 똑같이 정당화하지 않는 훌륭한 논변을 찾을 수 없다는 점이다.

나는 동물실험이 종종 인간에 대한 실험의 예고임을 우리가 인식하지 못한다는 사실에 놀라지 않을 수 없다. 이미 수립된 실행에서조차, 흔히 인간 피험자에 대한 임상실험에 앞서 동물실험이 이루어진다. 우리는 과학연구에서 가장 무자비한 동물 이용을 목격했던 세기가 유대인, 흑인, 배아, 전쟁 포로 등 다양한 인간 피실험자들에 대한 실험을 목격한 세기와 일치한다는 사실을 잊지 말아야 한다.

퍼셀 박사가 주장하듯이 '벌레에서 인간까지 유전물질의 대부분이 같다'면, 피험자가 동물이든 인간이든 실제로 무슨 차이가 있겠는가?

이런 주장 중 일부가 여전히 기우에 불과한 것으로 비친다면, 생체실험 반대의 주요 근거 중 하나가, 도덕적으로 타당하더라도, 그 실험방법이 논리적으로 인간에게까지 확장되어야 한다는 것임을 강조해 둘 필요가 있을 것이다. C. S. 루이스(C. S. Lewis)*는 비판의 근거를 바로 이런 발상에 두었다. 그의 글은 상세히 읽을 만한 가치가 있다.

현대 생체실험에서 가장 사악한 일은 이것이다. 단지 정서가 잔혹함을 정당화한다면, 왜 그 정당화는 전 인류에 대한 정서에서 멈추는가? 흑인에 대한 백인의 반감, 비(非) 아리아인에 대한 '지배 민족'(*herrenvolk*)**의 반감, '야만적'이거나 '후진적'인 사람들에 대한 '문명화'되거나 '선진화된' 사람들의 반감도 있다. 그리고 마지막으로, 다른 나라, 당이나 계급에 대한 우리나라, 우리 당, 혹은 우리 계급의 반감이 있다.

인간과 짐승은 전혀 다른 종류라는 기독교의 오랜 생각을 버리기만 한다면 동물실험을 찬성하는 주장도 열등 인간에 대한 실험을 찬성하는 주장도 더는 나오지 않을 것이다. 그들이 우리를 막을 수 없다는 이유로, 그리고 생존투쟁에서 우리가 우리 편을 지지한다는 이유만으로 짐승들을 난도질한다면, 정신지체아, 죄인, 적, 혹은

---

* 〔역주〕《나니아 연대기》(*The Chronicles of Narnia*)로 잘 알려진 영국의 소설가로, 루이스는 동물을 사랑했고, 초기 작품들에서 동물이 겪는 고통을 기독교의 중요한 문제로 인식했다.

** 〔역주〕 나치에 의한 독일 민족의 자칭.

자본가들을 같은 이유로 난도질하는 것도 논리적이다. 사실, 인간에 대한 실험은 이미 시작되었다. 우리 모두는 나치 과학자들이 이런 실험을 했다는 이야기를 들어서 알고 있다. 우리 모두는 우리들의 과학자들이 언제든지 비밀리에 이런 실험을 시작하지 않을까 하고 의심한다.[31]

루이스는 이 글을 1947년에 썼다. 어쩌면 사후약방문(死後藥方文)이라고 비난 받을 수도 있다. 그러나 옥스퍼드대학에서 생체실험이 시작되기 직전에, 72세였던 루이스 캐럴(Lewis Carroll)*이 정확히 똑같은 근거로 훨씬 더 격렬한 주장을 제기한 데 대해서는 그러한 비난이 제기될 수 없었다. '생체실험에 대한 대중의 오해' 13가지 중 마지막 13번째가 '생체실험을 확대하여 인간까지 그 대상으로 절대 포함하지 않을 것이라는' 생각이다. 그리고 루이스는 바로 이 생각을 가장 크게 비웃었다.

> 다시 말하면, 과학이 인간에 이르기까지 모든 지각 있는 생물을 마음대로 고문할 권리를 사칭하는 동안, 불가해한 경계선이 그곳에 생겨 과학이 그 선을 통과하려고 위험을 무릅쓰지 않을 것이란 생각이다. … 그리고 그 날이 왔을 때, 당신 자신과 나에게 — 인간을 닮은 유인원에서 원시 식충류까지 우리의 계보를 추적해서 — 그리도 자랑스러운 선조라고 주

---

31) C. S. Lewis, *Vivisection*, pp. 9-10.

* 〔역주〕《이상한 나라의 앨리스》(*Alice's Adventures in Wonderland*)의 작가로 잘 알려졌지만 동물권에 대해서도 중요한 기여를 했다. 그는 1875년에 '생체실험에 대한 대중의 오해'를 발표, 생체해부에 강력히 반대했는데, 동물연구 자체를 반대하거나 동물을 죽이는 것에 대해서는 반대하지 않았고, 동물에게 의도적으로 가하는 고통에 반대한 것으로 알려졌다.

장하는 당신, 오 나의 인간 형제여, 공동 운명에서 예외가 되기 위해 '당신은' 어떤 강력한 주문을 준비해 두었는가?

메스를 손에 쥔 채 흡족해하며 당신을 바라보는 그 무시무시한 망령에게 당신은 양도할 수 없는 인간의 권리를 설명하겠는가? 그 망령은 당신에게 그런 논리는 단지 방편에 불과하다고 말할 것이다 — 즉, 그 연약한 체격에도 불구하고, 자연선택이 그렇게 오랫동안 당신을 남겨둔 데 대해 감사해야 한다고 말할 것이다.

당신은 당신에게 가하려는 쓸데없는 고문에 대해 그를 비난할 것인가? 그러면 그는 웃으면서 그가 유발하고 싶어 하는 '과민증' 자체가 매우 흥미로운 현상이며, 많은 환자를 대상으로 연구할 만한 충분한 가치가 있다고 생각할 것이다. 그러면 당신은 마지막의 필사적인 노력으로 온 힘을 모아 동료 인간으로서 그에게 탄원하고 "자비!"를 부르짖으며 그의 얼어붙은 가슴 속에 잠자고 있는 동정의 불꽃을 일깨우려 할 것인가? 차라리 맷돌에 애원하라.[32]

그러나 퍼셀이 옳았던 한 가지 중요한 의미가 있다. 그것은 각 개별 종(種) 고유의 본성 외에 모든 인간과 비인간인 동물에게 공통된 본성이 있다는 것이다. 이러한 자각만이 우리를 유전공학에 대해 다시금 고찰하게 만들 것이다. 흔히 사람들은 동물이 '저 너머', 즉 자연 그 자체처럼 우리의 외부에 있다고 가정한다. 마찬가지로, 우리가 동물에게 하는 것이 실제로 '우리'에게는 영향을 미치지 않는다고 생각한다. 그러나 실제로, 인간은 단지 자연과 연결되어 있을 뿐 아니라 '자연의 일부'이며, 자연과 절대로 분리될 수 없다. 그 때문에, 거기에는 우리가 우리 자신을 오용하지 않고서는 자연을 오용

32) Lewis Carroll, *Some Popular Fallacies about Vivisection*, pp. 14-16.

할 수 없다는 깊은 뜻이 담겨 있다.[33]

동물 본성의 유전자 조작은 단지 우리가 동물종(種)의 일부를 어떻게 다루어야 하는가라는 작은 복지의 문제에 그치지 않으며, 대관절 '우리는 자신이 누구라고 생각하느냐'에 대한, 그리고 동물은 물론이고 우리 자신의 종에 대해서도 우리의 가공할 만한 힘을 도덕적으로 제한하는 것을 인정할 수 있는지에 대한 매우 복잡한 신학적 문제인 것이다.

이 글 첫머리에서 나는 여러분에게 메이저 영감이 동료인 동물들에게 연설하면서 자신들의 처지가 '비참한 노예'나 다를 바 없다고 불평하는 모습을 상상해 보라고 요청했다. 여러분은 메이저 영감이, 조금 도발적으로, 내렸던 '인간'의 폐기라는 답을 기억할 것이다. 어떤 의미에서는 메이저 영감이 옳다.

우리는 사도바울이 '옛 자아'(*old man*)라고 지칭한 것,* 즉 죄를 짓도록 도덕적으로 예속되거나 속박된 인간성을 폐기해야 한다.[34] 신화적 요소를 조금 제거하면 사도바울이 말한 것은, 우리가 더는 신의 아름다운 세계를 무제한으로 집어삼키고, 소비하며, 조작해도 되는 무엇으로 생각해서는 안 된다는 뜻이다. 나 자신과 다른 사람들 모두 — 사도바울이 말한 — '옛 자아'가 최종적인 죽음을 맞이

33) 이 점을 강조한 자연에 대한 신학적 토론은 다음 문헌을 참고하라. Paulos Mar Gregorios, *The Human Presence: Ecological Spirituality and the Age of the Spirit*.

* 〔역주〕 사도바울은 이렇게 말했다. "우리의 옛 자아가 그리스도와 함께 십자가에 못 박힌 것은 죄에 매인 육체를 죽여 다시는 죄의 종이 되지 않게 하려는 것인 줄 압니다."(《로마서》, 6장 6절)

34) *Romans* 6:6.

할 것을 고대한다. 그리고 신의 훌륭한 피조물에 대한 전제적이고 우상숭배적인 힘을 우리가 포기할 때에만, 우리는 신이 우리에게 약속한 모든 것에 대해 도덕적 지배권을 가질 자격이 생길 것이다.

제 22 장

이종이식의 불확실성•

개인적 혜택 대 집단적 위험

F. H. 바흐 · J. A. 피시먼 · N. 다니엘스 · J. 프로이모스
B. 앤더슨 · C. B. 카펜터 · L. 포로우 · H. V. 파인버그*

임상적 이종(異種) 이식, 쉽게 말해, 비인간 생명체들의 세포나 조직 혹은 장기를 인간에게 이식하는 기술은 수백만 년 동안 진화해온 종(種) 사이의 벽을 허물고 있다. 한편으로 이 새로운 기술은 특정 환자에게 엄청난 혜택을 주지만, 다른 한편으로는 인류에게 새로운 질병의 가능성을 주고 있다. 이 기술로 개별 환자가 누릴 혜택과 그

• *Nature Medicine* (4: 141-144) 의 허락으로 재수록하였다.

* 〔역주〕 Fritz H. Bach. 보스턴 하버드대학 의대 면역학 연구센터의 연구원.
J. A. Fishman. 매사추세츠 종합병원, 하버드 의대 교수
N. Daniels. 터프츠대학 철학과
J. Proimos. 하버드 공중보건대학
B. Anderson. 하버드 공중보건대학
C. B. Carpenter. 브리검 여성병원, 하버드 의대
L. Forrow. 하버드 의대
H. V. Fineberg. 하버드 공중보건대학

사회가 감수해야 할 위험 사이의 극적인 대비 혹은 균형 문제로 야기되는 윤리적 문제가 이 글의 주제이다.

우리가 여기서 다루어야 할 윤리적 문제들은 여태껏 새로운 의학기술이 출현할 때마다 일반적으로 취해온 입장과는 상당히 다른 접근법을 요구하고 있다. 우리는 하나의 교육과정을 주창하고 있으며, 그 속에서 공식적인 토론과 지속적인 평가를 통해 임상적 이종(異種)이식이 사회적 차원에서 담지하고 있는 윤리적 우려와 잠재적 혜택 및 위험을 정의하고자 한다.

이종이식에 대한 의학적 관심은 동종이식(*allotransplantation*)* 에 필요한 장기를 사람들의 자발적인 기증으로 충당하기에 턱없이 부족하다는 사실에서 비롯되었다. 만일 이종이식이 성공한다면 환자들에게 필요한 장기를 무제한으로 공급할 수 있을 것이며, 따라서 많은 환자가 이식기술을 이용할 수 있게 될 것이다.

이 글 전체에서 우리는 돼지로부터의 이종(異種)이식에 초점을 맞출 것인데, 비인간 영장류와 같은 진화적으로 더 가까운 종으로부터의 이종이식은 돼지보다 더욱 큰 감염 위험을 야기할 수 있다는 점은 미리 지적해 두겠다.

영장류가 돼지의 기관을 이식받았을 때 일으키는 거부반응의 문제는 만만치 않다. 그러나 지난 10년간 이루어진 진전으로 이러한 거부반응의 일부를 극복하고 여타의 문제들에 대해서도 유망한 치료적 접근을 발전시킬 수 있었고, 그 결과 인간에 대한 돼지 장기이

* 〔역주〕 같은 종 사이에 장기를 적출하여 이식하는 것으로, 심장이식, 콩팥이식, 간이식을 들 수 있다.

식이 임상적 현실이 되리라는 전망까지 나오게 되었다.[1] 이미 돼지 세포가 신경질환을 앓고 있는 환자들의 뇌에 이식되고 있으며, 미국 식품의약품국도 간질환을 앓고 있는 환자들의 피를 돼지 간(肝)에 주입하는 '가교(架橋) 이식'* 규약을 승인했다.

여기에서 윤리적으로 고려해야 할 4가지 문제가 있다.

① 이종이식과 관련하여 대중에게 부과되는 위험으로 인해, 위험의 수용가능 정도와 위험에 대한 동의 방법을 결정하는 공공적 메커니즘이 필요하다.

② 대중이 떠맡아야 할 위험은 '일회성' 사건이 아니기 때문에 이 문제와 연관된 평가와 규제절차는 지속적이어야 한다.

---

1) F. H. Bach, M. Turman, G. M. Vercellotti, J. L. Platt, and A. P. Dalmasso, Accomadation: A Working Paradigm for Progressing toward Clinical Discordant Xenografting, *Transp. Proc.* 23(1991): 205-207; F. H. Bach et al., Delayed Xenograft Rejection, *Immunology Today* 17(1996): 379-384; F. H. Bach et al, Accommodation of Vascularized Xenografts, *Nat. Med.* 3(1997): 196-204; D. K. Cooper et al., Specific Intravenous Carbohydrate Therapy, *Transplantation* 56(1993): 769-777; A. P. Dalmasso et al, Inhibition of Complement Mediated Endothelial Cell Cytotoxicity by Decay Accelerating Factor, *Transplantation* 52(1991): 530-533; A. P. Dalmasso et al., Expression of Human Regulators of Complement Activation on Pig Endothelial Cells, *Xeno* 4(1996): 55-57; D. H. Sachs, Tolerance and Xenograft Survival, *Nat. Med.* 969(1995): 1; J. Platt, Xenotransplantation: Recent Progress and Current Perspectives, *Current Opinion in Immunology* 6(1996): 721-728; T. Deacon et al., Histological Evidence of Fetal Pig Neural Cell Survival After Transplantation into a Patient with Parkinson's Disease, *Nat. Med.* 3(1997): 350-353.

* 〔역주〕 이식할 수 있는 장기를 구할 때까지 임시로 돼지의 장기를 대용품으로 사용하는 것을 뜻한다.

③ 개별적 차원의 인지된 동의라는 의료개입에서의 표준 모형이 수정되어야 한다. 왜냐하면 연관된 위험에는 제삼자까지도 포함되며, 따라서 환자와 그 주위 사람들에 대한 주의 깊은 모니터링이 요구되기 때문이다.

④ 이종이식을 받은 환자의 몸속에서 병원성에서 변형된 새로운 감염원이 발생할 가능성은 돼지 집단에게 위험을 야기할 수 있다.

이 4가지 고려사항으로 인해 이종이식은 국가적 차원에서 새로운 평가과정이 필요하며, 여기에는 새로운 제도적 지침, 책임, 자원들이 수반되어야 한다.

이종이식을 다룬 장문의 보고서가 다수 출간되었지만,[2] 대중이 안고 있는 (새로운 질병에 대한) 감염 위험과 관련해서 정확한 평가와 정책 결정을 어떻게 일구어낼 것인가를 체계적으로 제시한 보고서는 아직 나오지 않았다. 미국 국립연구회의(National Research Council)의 최근 한 보고서는 이와 같은 위험을 안고 있는 상황을 관련 공무원, 과학자, 그리고 이에 관심 있고 영향을 받는 집단들이 한데 모여 지속적인 분석과 숙고를 통해 평가하고 해결해 나가는 접근법을 그려낸 바 있다.[3] 우리는 이종이식 문제에 대해 그러한 접근방식을 취할 것을 제안한다.

---

2) *Animal Tissue to Humans*(London, 1996); *Animal to Human Transplants: The Ethics of Xenotransplantation*(London, 1996); Draft Public Health Service Guideline in Infectious Disease Issues in Xenotransplantation, 1996; *Xenotransplantation: Science, Ethics, and Public Policy*(Washington, D. C.: Institute of Medicine, 1996).

3) P. C. Stern and H. V. Fineberg eds., *Understanding Risk*(Washington, D. C., 1996).

FDA는 이종이식의 문제점을 검토하기 위해 전문 과학자들과 시민 대표자들을 포괄하여 광범하게 구성된 자문위원회를 이미 만들었다. 그러나 이종이식과 연관된 공공에 대한 위험이 내포한 고유한 측면들 때문에 최초의 토론은 윤리적 측면에 초점을 맞추어야 한다. 위에서 언급한 윤리적 문제들이 보여 주듯이, 기술적 사항만을 고려하여 제도적 단속 장치를 발전시키기에 앞서, 그리고 그에 대한 확언을 내리기에 앞서, 우선적으로 대중의 관심이 더 적절하고 광범위하게 확산되고 발전하는 것이 핵심적인 일이다. 공개적으로 구성된 국가적 차원의 자문위원회는 이러한 광범위한 토론을 일구어낼 수 있는 하나의 수단이 될 것이다.

그러한 국가 자문위원회는 개방적이고 분별 있으며 폭넓은 관심사를 지닌 각계각층의 개별 시민들로 구성하여 폭넓은 철학적 배경과 분야를 반영할 수 있도록 해야 한다. 윤리학자들은 여기에 적극적으로 참여해야 한다. 아울러 문제의 기술적 측면에 밝은 의사와 과학자들의 참여는 필수적일 것이다. 자체적인 교육과정의 일환으로 위원회는 연관 분야의 전문가들을 초빙하여 질문을 제기하고 조언을 구하는 자리를 마련할 수도 있다. 초빙될 사람들은 이종이식 과학, 역학, 문제의 윤리적 측면, 동물의 복지와 권리, 의료 전문가, 이종이식의 상업화 노력 등과 함께 법학과 경제학에 연관된 사람들을 포함해야 할 것이다(그렇다고 이 분야들에 한정될 필요는 없다). 그리고 장기이식을 받았던 사람들에게 자문을 구해야 할 것이다. 또한 위원회가 FDA와 질병통제예방센터(Centers for Disease Control and Prevention)의 전문가들로부터 정보를 얻는 것도 중요할 것이다.

국가 자문위원회 위원들에 대한 교육은 이종이식의 미래에 대한 의사결정에 참여하기 전의 예비 단계에 불과하다. 가장 중요한 목표는 현재의 임상실험들로 인해 야기되는 위험성과 관련하여 이종이식기술이 폐기되어야 할 것인가 아니면 확장되어야 할 것인가, 그리고 확장된다면 어떤 조건에서 이루어져야 할 것인가에 대한 합의를 끌어내는 것이다. 미국 내에서의 이러한 노력들은 이종이식기술의 개발에 곧 가담하게 될 것으로 보이는 국가나 조직에서 이루어지고 있는 유사한 노력들과 — 영국의 이종이식규제기구(Interim Regulatory Authority)*에서 하고 있는 것과 같은 — 국제적 협력을 이루어야 한다. 모든 관련 국가는 인류에게 (새로운) 전염병이 확산되는 것을 막는 데 필요한 방어장치를, 그것이 무엇이든지 간에, 적극적으로 고수하고 구축해야 한다.

새로운 기술로 인해 대중이 감염 위험에 노출되는 위기상황의 문제들을 다루었던 역사적 선례들이 있는데, 이를테면 유전공학으로 만들어진 새로운 생물체(*agent*)들이 그것이다. '아실로마 선언'은 유전자 재조합 연구를 다루는 데 있어 표준을 설정했다.[4] 당시 상정했던 최악의 시나리오가 현실화되지 않았다고 해서, 이번 경우(이종이식 기술)에도 주의를 덜 기울여도 된다고 판단할 수는 없을 것이다.

---

* 〔역주〕 보건 관련 부처에 이종이식을 규제하는 데 필요한 조치를 자문하는 기구로, 과학전문가 50%, 비전문가 50%(윤리학자 1명, 동물복지 단체 1명 포함)로 구성된다.

4) P. Berg et al., Summary Statement of the Asilomar Conference, *Proceedings of the National Academy of Science* 72(1975): 1981-1984; P. Berg et al., Asilomar Conference on Recombinant DNA Molecules, *Science* 188(1975): 991-994.

제노시스

'제노시스'(*xenosis*) 라는 용어는 장기나 조직의 이종이식에 의한 감염 전파를 서술하기 위해 고안된 용어이다. 살아 있는 세포조직을 이식하는 일은 병원체, 그중에서도 바이러스를 효과적으로 전달하기 때문에, 제노시스 혹은 이종 동물원성 감염은 역학적으로 고유한 위험성을 가지고 있다. (장기나 조직의) 이식은 일반적으로 감염의 위험을 증가시키는데, 그 이유는 다음과 같이 다양하다: ① 이식 조직 자체가 병소(病巢) 혹은 '배양지'로 작용하여 그로부터 유기체들이 질병 감염을 위한 매개물 없이도 인간 숙주에서 퍼져 나갈 수 있다. ② 이식 조직으로부터 나온 세포가 숙주 전체에 퍼지면서 세포와 관계된 감염을 일으킬 수 있다. ③ 면역 억제제의 투여는 숙주가 감염에 대처할 수 있는 능력을 떨어뜨리고, 따라서 통상적인 염증의 발생 없이 감염이 퍼져 나가도록 하여 진단 자체를 늦어지게 만든다.

이종이식과 연관된 위험은 여러 가지 이유 때문에 동종이식의 경우보다 더 클 수 있다. 어떤 유형의 유기체도 면역이 억제된 인간 숙주 안에서 병원체가 될 수 있긴 하지만, 동종이식과 이종이식을 막론하고 주된 관심의 대상은 살아 있는 세포조직의 이식으로 전달된 바이러스들이었다. 최근의 분자단위 자료에 따르면 돼지에 고유하고, 유연관계에 가까운 내인성(內因性) 레트로바이러스 족이 있으며, 이들 중 일부는 시험관 실험에서 인간세포를 감염시키는 것으로 드러났다.[5]

물론 시험관에서의 감염이 늘 생체 내 감염을 일으키는 것은 아니니며, 또한 한 병인이 숙주 속에서 질병을 야기하는 것을 정확히 예고하는 것도 아니다. 그러나 돼지의 레트로바이러스는 이종향성일 수도 있고, 인간 숙주의 생물학적 작용을 변화시킬 수도 있으며, 혹은 (미생물 계통이나 외인성 감염을 통해) 숙주로부터 나온 유전자와 재조합될 수도 있으므로, 이는 새로운 질병이 창조될 위험을 제기한다. 그렇게 창조된 병원체들은 알지도 못하는 사이에 일반 대중에게로 확산될 수 있다.

이식 수술을 받은 환자가 겪게 될 감염 위험의 정도와 그러한 감염이 타인에게 확산될 가능성에 대해 현재 우리는 알지 못한다.

정책개발과 결정에 대한 3가지 층위의 접근

이종이식이 새로운 감염성 질병을 인류에게 줄 수 있는 위험은 바로 면역체계의 전복(顚覆)이다. 면역체계는 개체들이 종종 면역에 대한 거부반응을 경험하는 것을 감수하면서 개체군 전체를 보호하기 위한 것이다. 이종이식은 환자 개인에게 혜택을 가져다주지만 그와 동시에 인간종 전체를 위험에 빠뜨린다. 그 위험이 단지 개인적인 것이 아니라 사회 전체에 해당되는 것이기에, 그러한 기술을 받아들여야 할 것인지에 관한 결정은 외과의사와 이식 수술을 담당하는 사람들의 능력이나 해당 연구기관들의 역량 또는 환자의 자발적 의

5) C. Patience, Y. Takeuchi, and R. Weiss, Infection of Human Cells by an Endogenous Retrovirus of Pigs, *Nat. Med.* 3(1997) : 282-286.

지 등의 절차만으로 이루어질 수 없다. 위험이 전체 인류와 관계된 것이라면, 일반 대중이 그 위험에 대해서 알아야 할 뿐만 아니라 그 결정과정에도 참여할 수 있어야 한다.

따라서 결정으로 나아가는 첫 번째 단계는 사회정책 차원에서 이루어져야 하며, 두 번째 단계는 이종이식을 담당하는 기관의 차원에서, 그리고 세 번째 단계는 개별 환자와 의사들의 차원에서 — 특히 인지된 동의와 의료상의 비밀유지과정에 관해서 — 이루어져야 한다.

사회 전체적 차원

비록 우리가 여기서 이종이식이 안고 있는 가장 긴급한 윤리적 문제로서 전체 인간종에게 확산될 감염의 위험성에 초점을 맞추고 있다 하더라도, 유전자 변형된 장기 제공 동물들의 기관을 인간에게 이식하는 것과 연관된 윤리적 문제들, 그리고 돼지들에 대한 감염 위험성 등의 문제들이 간과되어서는 안 될 것이다. 현재까지 보고된 모든 주요 자료들은 제노시스의 위험 때문에 이종이식을 받은 환자들을 철저히 모니터하고 감시하도록 권고하고 있다.

하지만 그러한 감시활동을 해당 환자 혹은 그들의 배우자에게 부과하는 일은 법적이고 윤리적인 문제들을 수반한다. 그렇기 때문에 얼마나 오랫동안 혹은 평생 모니터해야 할 것인지, 그렇다면 모니터링의 횟수와 성격은 어떻게 해야 할 것인지는 상당한 토론을 요한다. 이식 수술을 받은 환자가 제노시스 증세들을 보일 경우에는 격리조치를 할 수도 있다. 다른 의학 영역에서처럼 환자 진료기록의 기밀성 유지는 여전히 중요한 문제로 남아 있으므로 환자를 적절히 모니터할 필요성은 아주 복잡한 문제가 된다.

제노시스를 제어할 수 있는 의학적 역량이나 그것이 내포한 위험의 정도에 대해서는 알려진 바가 없다. 그러므로 불확실한 위험의 존재를 인식하는 것이 핵심적이다. 일반적으로 위험에 대한 대중의 인식은 전문가들의 인식과는 꽤 상이하다. 대중들의 관점은 어떤 위험에 친숙한지 혹은 불가해한지, 그 위험이 제어 가능한지 혹은 그렇지 않은지, 그 위험이 두려움을 불러일으키거나 파국을 예고하는지는 않는지에 따라 상당히 영향을 받는다.

동물 조직을 활용할 수 있는 기술이 개발되었다는 보고가 빈번히 전해지고 있지만, 다수의 일반 대중은 장기를 길러낸다는 발상에 여전히 두려움을 느끼고 있으며, 동물과 인간이 신체의 일부를 교환하는 것을 아주 소름끼치는 일이거나 공포영화에서나 나올 법한 장면으로 간주한다. 두려움을 느끼는지 혹은 가치를 느끼는지는 인간이 위험을 바라보는 방식에 결정적인 역할을 한다.

전문가들은 이종이식이 실행될 경우 야기될 수 있는 사망률 증가치에 더 직접적으로 초점을 맞추는 경향이 있다. 장기이식 동물로부터 이식 받은 환자에게 감염이 전달될 수 있는 위험성에 대해 알려 주는 데이터는 전혀 없으며, 따라서 그 위험의 정도를 정확하게 산정할 수 있는 어떤 자료도 없다. 이러한 불확실성은 종을 뛰어넘는 감염이라는 끔찍한 가능성을 배경에 두고 있으므로 더욱 크게 느껴진다.

이러한 불확실성과 아울러, 그 위험성은 다른 이익집단에게 각기 다른 의미를 지닐 수 있으므로, 그 위험성을 어떤 식으로 진술할 것인지의 문제는 상당히 중요하다.

첫째, 이종이식이 성공적으로 실행되었을 때의 인명구조 잠재력과 의료 실행에 미칠 막대한 영향력이 분명하게 인식될 필요가 있다. 둘째, 대중들은 그것이 안고 있는 어떤 위험성에 대해서도, 그 위험의 범위와 통제가능 정도가 정확히 정의될 수 있는지와 무관하게, 반드시 고지 받을 필요가 있다. 마지막으로 대중들이 이와 같은 불확실한 상황에서 의사결정이 내려지는 과정에 대해 더 나은 이해를 갖고 있다면 도움이 될 것이다.

우리가 지금 다루는 이 문제는 마치 전문가들이 나타나 대중들의 무지를 계몽하고 설득하면 해소될 수 있는 교육의 문제로 치부된다고 해서 없어질 성질의 것이 아니다. 대중들은 그들 나름의 우려를 가지고 있으며, 이는 대단히 다양한 도덕적 믿음에 근거한 것이다. 여기에 우리가 고려해야 할 과제가 놓여 있다. 어떻게 우리가 상이한 윤리적 고려 및 사실적 고려들을 통괄할 수 있을 것인가?

대중적 숙고의 과정은 궁극적으로 대중에게 부여된 위험성 관리에 대한 통제권에서 핵심적인 부분이다. 이종이식이 나아가야 할 최선의 방향은 무엇인지 그리고 그것이 안고 있는 위험이 기술을 개발해 가는 여러 단계에서 어떻게 다루어져야 할지에 대한 결정들은 반드시 그와 같은 사회적 숙고와 토의를 통해 도출되어야만 한다.

가장 먼저, 2개의 대안, 즉 기본 입장 중 하나를 선택해야 한다. 앞으로 나아가는 것을 허용하는 결정을 하든지, 아니면 앞으로 나아가는 것 자체를 금하는 결정을 내려야만 한다. 만일 지속적인 연구를 허용한다는 결정이 내려진다면, 위험을 감수할 수 있는 아주 명확한 범위를 미리 정하여 그 범위 내에서만 제한된 일련의 실험들이 이루어져야 할 것이다. 따라서 자문위원회는 실험과정의 매 단계에서 지속적인 추후 평가과정을 설정하는 역할을 하게 될 것이다.

이종이식이 실행되기 이전에 그것이 안고 있는 위험성과 관련한 필요한 모든 증거를 확보하는 것은 불가능하기 때문에, 제한된 수의 환자들을 대상으로 통제된 초기 실험을 가지고 그 환자들에게 구체적 시행과정을 따라가도록 하는 것이 하나의 적절한 접근법이 될 것이다. 이 접근법은 미생물학적 테스트와 다른 요인들을 통한 접근법을 평가할 수 있는 법적이고 제도적인 장치들을 개선할 수 있는 여지를 준다는 점에서 장점을 가진다.

이러한 초기적 접근방식은 감염전달의 위험이 남아 있는 한 계속 유지되는 것이 이상적이며, 수년 이상의 시간을 요할 것이다. 이와 같은 관찰 기간을 얼마로 할 것이냐의 문제는 자문위원회가 토론하고 결정하는 것이 적절하다. 이들의 노력을 통해 일정한 결과들을 얻게 되면, 사회는 그 위험과 관련한 초기의 평가를 수정할 수 있게 되고, 이를 통해 추후의 실험에서 고려해야 할 안전성과 장점들을 재평가할 수 있게 된다. 다음 실험 단계로 나아갈 수 있으려면 모니터링 체계를 수정하거나 확장하는 일이 필수적일 것이다. 이와 같은 단계적 접근법은 계속적으로 반복될 수 있으며, 과정이 진척되면서 규제상의 통제를 확보하며 재평가 과정에서 고려해야 할 요점들을 우선적으로 세목화하는 것이 중요하다.

장기이식을 받지 못해 죽게 될 사람들, 즉 '식별된 희생자들'(*identified victims*)의 존재는 해당 자문위원회에 실질적인 압력으로 작용할 것이다. 위원회가 감당해야 할 가장 핵심적인 과제는 기관이나 장기의 장애로 말미암아 사망하는 사람들의 가시적 위험들과 불확실한 사회적 위험들 사이에서 균형을 유지하는 일이 될 것이다.

이에 덧붙여, 국가 자문위원회는 그 외 적어도 다음 두 가지 문제 영역에 관심을 기울여야 한다. ① 나중에 발생할 수 있는 제노시스까지 다룰 수 있을 만큼 충분히 긴 모니터링 기간에 소요될 재정 부담의 문제, ② (장기이식용으로 형질전환 동물이 사용되는 경우) 형질전환 동물을 이용하는 문제와 이종이식 때문에 돼지 종(種) 자체가 안게 될 감염 위험의 문제이다.

감염 증세를 관찰하기 위해 시술 환자들과 주변 사람들을 모니터하는 데 들어가는 경비는 상당히 많을 것으로 예상할 수 있으며, 따라서 이종이식에 착수하기에 앞서 확보되어야만 한다. 공공기금 관리기관, 보험회사, 이종이식에 관심을 갖고 있는 제약회사와 생명공학 회사들, 그리고 여타의 공공보건 재정지원기관들이 만나, 그 기간이 얼마나 걸리든, 모니터링 활동에 필요한 절차와 경비를 확보할 수 있어야만 한다.

이종이식은 과학연구에 동물들을 사용하는 문제에 대한 관심을 다시금 촉발시켰다. 이식용 장기를 제공하는 종(種)으로 돼지를 활용하는 것은 일반적으로 타당성이 있다고 인정되었다. 그러나 이종이식에 활용하기 위해 돼지 무리를 기르기 시작하면서 일단의 추가적인 우려들이 나타나기 시작했다. 먼저, 감염전달을 최소화하기 위한 검역절차를 거친 돼지들은 (돼지 무리 속에서) 적절한 사회적 상호작용을 해야만 한다. 이는 돼지들의 일반적인 건강과 발달에 중요한 역할을 한다.[6]

---

6) J. A. Fishman, Miniature Swine as Organ Donors for Man, *Xenotrans-*

둘째, 이종이식은 이전에는 존재하지 않던 새로운 감염 유기체가 인간 신체 내에 생겨 돼지들에게 치명적인 영향을 줄 가능성을 제기한다. 돼지의 레트로바이러스가 돼지 자체에 어떤 질병도 야기하지 않더라도 그것을 인간에게 이식할 경우 재결합이나 돌연변이를 통해 그 바이러스의 핵산 배열을 수정하는 결과를 야기할 수도 있다. 그와 같은 새로운 변종 바이러스는 돼지 종(種) 내에 새로운 질병을 야기할 수 있으며, 돼지 사육농에게 치명적인 결과를 초래할 수도 있다.

국가적 차원의 자문위원회 보고서는 기관 차원 및 환자-의사 관계 차원에서 이루어져야만 하는 결정을 위한 지침을 제공할 것이다. 이를 위해 이종이식의 규제와 관리를 책임질 초(超)제도적인 공공기구가 필요할 것이다. 이 기구는 어떤 연구기관이 어떤 조건에서 이종이식 연구를 진행할 것인지를 규정할 것이며, 또한 이종이식이 이루어지기 전에 환자 및 그 주위 사람들이 맺어야 할 약정서의 내용을 적합하게 규정할 것이다. 규제 조치는 환자, 사회 전체, 그리고 동물에 대해 일관된 보호 조처를 제공하는 것을 목표로 할 것이다.

기관 및 개인 차원에서 이루어지는 결정들은 사회 전체 차원의 숙고를 통해 방향이 제시되어야 하며, 따라서 사회 전체 차원의 과정

---

plantation 1(1994): 47-57; J. A. Fishman, Xenosis and Xenotransplantation: Addressing the Infectious Risks Posed by an Emerging Technology, *Kidney International-Supplement* 58(1997): S41-S45; L. E. Chapman et al., Xenotransplantation and Xenogenic Infections, *NEJM* 333(1995): 1498-1501.

보다 앞서 착수되어서는 안 될 것이다. 사회적 차원에서 이루어지는 결정들은 통상 일정한 시간을 요하기 때문에, 긴급한 환자들에 대한 치료가 불필요하게 지연되는 사태를 막기 위해 가능한 빨리 시작되는 것이 중요하다. 우리는 (결정을 하는 데 소요되는) 시간적 지체로 이식이 필요한 환자의 생명을 잃을 수 있다는 사실에도 불구하고, 그 위험이 충분히 크기 때문에 이종이식이 안고 있는 윤리적 문제들에 대한 토론이 이루어지기 전까지는 인간 대상 이종이식을 삼가야 한다고 믿는다. 이종이식이 안고 있는 잠재적 위험들을 정의하기 위한 연구들을 포함하여, 관련 연구는 장려되어야 할 것이다.

기관 차원의 정책

연구센터나 병원과 같은 수준의 기관들은 치료의 질적 수준에 대한 표준을 만들어 시행하고, 위험을 관리하며, 환자들과 그 주변 사람들을 모니터하고, 공식 지침과 규제에 부합하는 범위 내에서 절차들의 효율성을 평가하는 것 등을 책임져야 한다. 기관들은 적절한 안전장치가 마련되기도 전에 개인이 이종이식을 진행하는 상황을 피해야 할 것이며, 아울러 사회적 지침이 수립되기까지 임상적 시험도 자제해야 할 것이다.

환자 의사 간 상호작용: 동의 및 비밀유지

이종이식 문제에서 인지된 동의에 대한 새로운 접근방식이 요구되고 있다. 이종이식에 참여하려는 환자의 동의는 극단적 실험절차를 거칠 때, 환자 개인이 안게 될 위험뿐만 아니라 가족이나 친구들 혹은 주변 사람, 더 나아가 사회 전체가 새로운 질병 감염의 위험에 노출된다는 사실을 환자 스스로가 인식하고 있다는 전제로 이루어져야 한다. 감염 징후들을 관찰해야 할 필요성 때문에 환자와 주변 사람들은 일반적으로 감염이 외적 증상으로 나타나는 데 걸린다고 판단되는 잠복기보다 더 긴 기간 그와 같은 관찰을 받아야 할 것이다.

환자는 이식 수술 절차에 동반되는 위험들에 동의해야 할 뿐만 아니라, 환자와 주변 사람들이 지속적으로 준수해야 할 의무사항들을 명시한 약정서에 동의해야만 할 것이다. 그 약정서는 환자가 지속적으로 검역을 받아야 한다는 내용뿐만 아니라, 기밀 보장사항의 수정과 연구에서 '제외될' 권리의 포기 등을 포함할 것이다.[7] 이와 같은 계약이 강제될 수 있는지도 자문위원회에서 논의해야 하는 쟁점 중 하나이다.

이론적으로 이종이식은 환자와 가족들 그리고 그 환자의 배우자가 관찰의 대상이 되면서 수반되는 성가신 조건들에 동의하지 않는 한 이루어질 수 없다. 예를 들어, 주변 인물들이 환자가 이종이식을 받았다는 사실을 고지받아야 한다는 요구조항이 반드시 있어야 한다. 따라서 이종이식을 받은 환자는 밀착된 감시와 빈번한 추적조사를 받아야 하는 사회적 책무를 떠맡게 되며, 이는 곧 이종이식에 참여하여 잠재적 혜택을 얻기 위해서는 특정한 자유를 포기해야만 한다는 것을 의미한다.

---

7) A. S. Daar, Ethic of Xenotransplantation-animal Issues Consent, and Likely Transformation of Transplant Ethics, *World J. Surgery* 21, no. 9(1997) : 975-982.

결론적 언급

우리는 이종이식이 임상적으로 유용한 절차가 될 수 있다는 낙관적 견해와 현재 실행되는 과학에 대한 우리의 강력한 지지를 기반으로, 이종이식과 연관된 윤리적 쟁점들을 다루는 하나의 전략을 제공한다. 우리는 이종이식에 대한 일시중지를 제안한다. 단, 어떤 동종 기관을 찾을 수 있을 때까지 돼지의 기관을 잠정적인 '가교이식 기관'으로 사용한다거나 간의 이상으로 고통받는 환자들에게 보조기관으로 활용하는 경우에는 이종이식 절차를 항시라도 실행할 수 있도록 예외 조항을 둔다.

이종이식으로 혜택을 볼 환자들의 필요, 이미 줄지어 있는 상업적 이해관계 영역에 미칠 영향, 그리고 이종이식 절차들을 곧 활용하게 될 경우 질병의 감염이 확산될 가능성 등을 고려할 때, 우리는 국가적 차원에서 이 문제에 대한 고찰이 긴급하게 필요하다는 것을 느낀다. 대중들이 떠안게 될 불확실한 문제들은 실로 수량화하기 어렵다는 과거의 경험을 회고해 볼 때, 적절한 결정이 이루어지고 효과적이고 책임 있는 정책들이 만들어지려면, 다양한 이해관계와 관심사를 가진 개인과 집단이 모여 상호방식으로 공조해야만 할 것이다.

의료 혁신의 역사는, 비록 미지의 위험들에 부딪힌 상황이더라도, 당장 눈앞에 있는 개인적 차원의 혜택에 저항하기란 실로 쉽지 않다는 것을 우리에게 보여 준다. 우리에게는 장기의 이종이식을 시작하는 결정이 거의 불가항력이 될 날을 지금 당장 대비해야 할 의무가 있는 것이다.

제23장

이종이식의 임상실험을 둘러싼 중요한 윤리적 문제들•

해롤드 Y. 밴더풀*

이종(異種)이식은 사람 공여자로부터 얻을 수 있는 이식 가능한 장기의 심각한 부족 사태를 경감시킬 수 있는 가장 예측 가능한 수단으로 널리 인식되고 있다. 새롭게 시작된 임상 시도에 대한 기대로 영국과 미국의 각종 위원회는 이종이식을 둘러싼 과학적·윤리적·사회적 주제들에 관해 탐구했다. 미국 공중위생국(Public Health Service: PHS)은 동물의 세포, 조직, 그리고 기관을 사람에게 이식하는 데 따른 가이드라인 초안을 발표했으며, 식품의약품국과 국립보건원은 위원회 회합과 학술회의를 지원했다.

• 저자의 허락을 얻어 재수록하였다. 이 글의 출전은 다음과 같다. *Lancet*, May 2, 1998, pp. 1347-1350.

* 〔역주〕 Harold Y. Vanderpool. 텍사스 주립대학 의대 의사학 및 의철학 교수.

폭넓게 토론된 주제들

모든 장기 이종이식에 대한 임상실험의 윤리는 흥미롭고 진지한 주제들을 포함하고 있다. 폭넓게 토론된 4가지 주제에는 ① 동물에서 사람으로의 이식이 자연 법칙을 위배하는가?, ② 사람을 위한 장기 제공원으로 동물에게 부당한 희생을 요구하는 것은 아닌가?, ③ 이종이식이 다수에 대한 기본적 배려를 희생하고 소수의 사람들에게 의학적 자원을 낭비함으로써 사회적 불공평을 야기하지는 않는가?, ④ 공중보건을 위협하지는 않는가? 등이 그것이다.

우선 두 가지 주제는 다음과 같은 몇 가지 물음을 제기하기 때문에 논쟁의 여지가 있으며, 철학적으로도 흥미를 유발한다. 인간은 어떻게 자연계와 관계를 맺어야 하는가? 길든 동물이나 그보다 고등한 영장류와 비교해서 사람의 지위는 어떠한가? 동물에게 도덕적 권리를 부여해야 하는가? 이러한 쟁점들이 제기되었다고 해서 이종이식연구가 중단되거나 이 연구의 의학적 전망에 대한 희망이 손상되지는 않았다.[1] 그러나 이 토론은 유대교, 이슬람교, 그리고 그 밖

---

1) Nuffield Council on Bioethics UK, *Animal-to-human Transplants* (London: Nuffield Council on Bioethics, 1966); UK Advisory Group on the Ethics of Xenotransplantation, *The Government Response to "Animal Tissue into Humans"* (London: Department of Health, 1997); US Institute of Medicine Committee on Xenograft Transplantation, *Xenotransplantation: Science, Ethics, and Public Policy* (Washington, D. C.: National Academy Press, 1996); R. M. Veatch, The Ethics of Xenografts, *Transplant Proc.* 18 (1986): 93-97; 6. J. L. Nelson, Moral Sensibilities and Moral Standing: Caplan on Xenograft Donors, *Bioethics* 7 (1993): 314-322; T. L. Beauchamp, The Moral Standing of

의 종교에 대한 현대적 해석이 이종이식과 상반되지 않는다는 것을 밝혀냈고,[2] 인간 수용자에게 미치는 동물 장기의 해로운 심리적 영향에 대한 초기의 두려움을 가라앉혔다. 또한 이 토론은, 감염성 질환의 가능성을 고려에서 배제했지만, 장기 원천으로의 영장류 이용이 왜 제한되어야 하는지를 명확히 밝혀냈다.[3]

세 번째 주제는 — 이종이식이 사회적 불평등을 초래할 것이라는[4] — 이러한 이종이식이 의학 자원의 많은 부분을 흡수하는 데 비해 그 혜택은 극소수의 사람들에게만 돌아갈 것이라는 가정에서 비롯되었다. 그러나 이종이식과 그로 인해 이루어진 과학적 발견은 미래에 많은 사람들에게 이익을 줄 가능성이 높다.

이종이식이 사회적 불평등을 초래할 것이라는 관점은 정의가 모

Animals in Medical Research, *Law, Med. Health Care* 20(1992): 7-16; S. G. Post, Baboon Livers and the Human Good, *Arch. Surg.* 12S (1993): 131-133; Al Caplan, Is Xenografting Morally Wrong? *Transplant Proc.* 24(1992): 722-727; C. R. McCarthy, Ethical Aspects of Animal-to-human Xenografts, *Institute of Laboratory Animal Resources* 37(1995): 3-9.

2) R. M. Veatch, The Ethics of Xenografts, *Transplant Proc.* 18(1986): 93-97.

3) Nuffield Council on Bioethics UK, *Animal-to-human Transplants* (London: Nuffield Council on Bioethics, 1966); UK Advisory Group on the Ethics of Xenotransplantation, *The Government Response to "Animal Tissue into Humans"* (London: Department of Health, 1997); US Institute of Medicine Committee on Xenograft Transplantation, *Xenotransplantation: Science, Ethics, and Public Policy* (Washington, D. C.: National Academy Press, 1996).

4) R. C. Fox and J. P. Swazdy, Leaving the Field, *Hastings Cent. Rep.* 22(1992): 9-15.

든 사람에게 똑같은 혜택을 주어야 한다고 가정한다. 그러나 이 가정은, 특수한 혜택은 특수한 요구를 가진 사람들에게 주어져야 한다는 주장을 비롯해서, 정의의 다른 개념들을 무시하고 있다.[5]

네 번째 주제는 — 이종이식이 공중보건을 위협한다 — AIDS 전염병 초기 요인과[6] 관련된 발견, 시험관에서 사람의 세포를 감염시키는 돼지 조직 내의 내인성 레트로바이러스의 능력에 대한 발견들[7]로 인해 관심의 초점이 되었다. 이종이식으로 나타날 수 있는 감염 질환에 대한 우려로 인해 일부 집단과 개인들은 사람에 대한 이종이식을 연기하거나 심지어 일시중지를 요구하기에 이르렀다.[8] 다른 집단과 개인들은[9] 이러한 공포가 지나치다고 보았고, 전문적인 검토, 조직검사와 중앙화된 등록 및 기록 보관 등에 의해 관찰된다면 임상실험을 기꺼이 승인하겠다는 관점이었다.

이 주제에 대한 폭넓은 토론이 이루어진 것은 이해함직하다. 처

---

5) The Belmont Report, *Federal Register* 44(1979): 23192-23197.

6) L. E. Chapman, T. M. Folks, D. R. Salomon, A. P Panenon, T. E. Eggennan, and P. D. Noguchi, Xenotransplantation and Xenogenic Infections, *New Engl. Jour. Med.* 333(1995): 1498-1501.

7) C. Patience, Y. Takeuchi, and R. A. Weis, Infection of Human Cells by an Endogenous Retrovirus of Pigs, *Nat. Med.* 3(1997): 282-286; P. Le Tissier, J. P Stove, Y. Takeuchi, C. Patience, and R. A. Weis, Two Sets of Human-tropic Pig Retrovirus, *Nature* 389(1997): 681-682.

8) F. H. Bach, J. A. Fishman, N. Daniels et al., Uncertainty in Xenotransplantation: Individual Benefit Versus Collective Risk, *Nat. Med.* 4(1998): 141-144.

9) J. W. Ebert, L. E. Chapman, A. P Patterson, Xenotransplantation and Public Health, *Current Issues in Public Health* 2(1996): 215-219.

음 두 주제는 철학적으로 흥미롭고, 문화적으로 중요하며, 이종이식에 국한된 것이다. 세 번째 주제는 사회 윤리에 초점을 맞추고 있으며, 새로운 의학기술이 개발되고 사용될 때면 늘 논쟁이 일어났던 — 일어나야 하는 — 연구비 배분 문제를 제기했다.[10] 공중보건에 초점을 맞추는 네 번째 주제 역시 집단과 사회에 대한 문제이다.

불행히도 이러한 공동의 우려에 사로잡히면서 — 특히 마지막 주제 — 중요하고 급박한 4가지 부가적인 윤리적 주제들이 빛을 잃었다. 그것은 모든 장기와 혈관조직 이종이식의 임상실험에 대한 윤리적 선행조건이다. 이런 조치는 이미 세포와 조직을 사람에게 이식하는 시도가 진행 중이고[11] 장기이식의 속행이 예상됨에도 불구하고 무시되고 있다.

임상실험을 시작하기 위한 위험-이익 경계

이 주제들 중 첫 번째는 이종이식의 임상실험을 위해 허용 가능한 위해(危害)-이익(利益)의 경계를 밝혀내는 것이다. 이러한 시도를 정

10) R. E. Bulger, E. M. Bobby, H. V Fineberg eds., *Society's Choices: Social and Ethical Decision Making in Biomedicine* (Washington, D. C.: National Academy Press, 1995).

11) T. Deacon, J. Schumacher, J. Dinimore et al., Histological Evidence of Fetal Pig Neural Cell Survival after Transplantation into a Patient with Parkinson's Disease, *Nat. Med.* 3(1997): 350-353; R. P. Lanza, J. L. Hayes, and W. L. Click, Encapsulated Cell Technology, *Nat. Biotechnology* 14(1996): 1107-1111.

당화하기 위해 우리는 예상되는 위해와 이익 간의 어느 지점에서 균형을 이루어야 할 것인가?

오늘날 위험-이익 경계에 대한 가정은 매우 다양하고 불확실하다. 다음과 같은 예들을 살펴보자. 1992년에 폴란드의 외과의사는 사람 환자에 대한 돼지 심장 이식을 정당화하기 위해, 동종이식 장기가 없는 상황에서 그것이 환자의 생명을 연장하는 유일한 방법이라고 주장했다. 그들은 환자가 HAR을 극복할 수 있을 것으로 추측했지만,[12] 그는 고작 23시간 생존하는 데 그쳤다.

1993년에 피어슨과 그의 동료들은 심장이나 그 밖의 이종이식을 시도하기 전에 성공에 대한 임상적 정의를 내릴 필요가 있다고 주장했다. 그들은 수주일에서 수개월 가량의 '평균 생존 시간'을 '목표로 설정해야 한다'고 — 이 정도 시간이 임상적 효율성에서 합리적인 가능성을 획득한 것으로 간주된다고 — 주장했다.[13] 플랫은 오늘날 HAR은 막을 수 있게 되었지만, 공여자의 항원에 대한 급성 혈관 반응과 세포 및 세포질 반응이라는 장벽을 이해하고 극복할 때까지 이종이식은 연기되어야 한다고 주장했다.[14]

---

12) J. Cxaplicki, B. Blonska, Z. Riga, The Lack of Hyperacute Xenogenic Heart Transplant Refection in a Human, *J. Heart Lung Transplant* 11 (1992) : 393-397.

13) R. N. Pierson Jr., D. J. White, J. Wallwork, Ethical Considerations in Clinical Cardiac Xenografting, *J. Heart Lung Transplant* 12 (1993) : 876-878.

14) J. L. Platt, Xenotransplantation: The Need, the Immunologic Hurdles, and the Prospects for Success, *Institute for Laboratory Animal Resources* 37 (1995) : 22-31.

바흐와 동료 연구자들은 사람에게 돼지의 장기를 이식하는 것은 비인간 영장류를 대상으로 '문서를 통한 장기적인 기능 기록'이 이루어질 때까지 실시되어서는 안 된다는 입장을 표명했다.[15] 스틸과 오친클로스는 환자의 증세가 위중해서 동종이식 후보는 될 수 없고, 이종이식이 그가 받았을 수도 있을 동종이식과 '최소한 같은 정도의 성공 가능성'을 가질 경우에만 이종이식이 허용되어야 한다고 주장했다.[16]

이처럼 다양한 제안은 사람에 대한 동물 장기이식의 임상실험에서 윤리적으로 바람직한 위험-이익 경계에 대한 체계적인 사고가 결여되었음을 보여 준다. 2명의 연구자만이 구체적으로 '성공적인' 이종장기 이식을 어떻게 정의할 것인지에 대한 물음을 제기했다.[17] 위험-이익 경계에 대한 대부분의 간략한 논의는 이종이식의 '과학적 근거'에 초점을 맞추는 윤리 분야에서 표면화되었다. 이 분야의 저자들은 자신들이 일차적으로 과학적·통계적 관점에서 보는 주제의 윤리적 토대를 종종 인식하지 못하는 경우가 있다.[18]

---

15) F. H. Bach, C. Ferran, M. Scares et al., Modification of Vascular Responses in Xenotransplantation: Inflammation and Apoptosis, *Nat. Med.* 3(1997): 944-948.

16) D. J. R. Steele, H. Auchincloss Jr., The Application of Xenotransplantation in Humans: Reasons to Delay, *Institute of Laboratory Animal Resources* 37(1995): 13-15.

17) A. Hasollo, M. L. Hess, Heart Xenografting: A Route Not yet Trod, *J. Heart Lung Trans.* 12(1993): 3-4; R. E. Michler, Xenotransplantation: Risks, Clinical Potential, and Future Prospects *Emerg. Infect. Dis.* 2(1996): 64-70.

18) D. J. R. Steele, H. Auchincloss Jr., The Application of Xenotrans-

과학적·의학적·윤리적 문제들이 떼려야 뗄 수 없을 정도로 결합되어 있는 이 주제는 처음 생각한 것보다 훨씬 복잡하고 매력적이다. 이 주제는 3가지 요소를 모두 포괄하며, 그 요소들은 서로를 견제해야 한다. ① 과학 의학적 실행가능성, ② 임상적 긴급성(즉, 대안적 처치가 없는 환자의 위급한 의학적 상황),[19] ③ 과학적 발견의 전망이 그 요소들이다. 이종이식이, 시행착오를 거쳐 결국 성공을 거둔 동종이식의 경우와 비슷하게, 임상실험으로 나아가야 하는가?[20] 이것은 사람에 대한 실험적 이종이식을 비롯한 그럴듯한 시나리오들과 관련하여 보다 높은 일관성과 동의를 얻기 위해 연구에 반드시 제기되어야 할 물음이다.

가상과 실제의 여러 시나리오들을 숙고하지 않으면, 지방 윤리위원회들이 윤리적으로 수용가능한 임상실험에 관한 예견에서 예측가능한 위험과 위해를 체계적으로 분석하기 위해 결정적으로 중요한 선행조건들을 간과할 가능성이 높다. 이 시나리오들에 대한 숙의는 임상실험을 정당화하기 위해 사용되는 근거와 이유들, 그리고 이에 포함된 윤리적 가정들에 대한 비판적 고찰을 고무할 것이다.[21]

---

plantation in Humans: Reasons to Delay, *Institute of Laboratory Animal Resources* 37(1995): 13-15.

19) D. J. R. Steele, H. Auchincloss Jr., The Application of Xenotransplantation in Humans: Reasons to Delay, *Institute of Laboratory Animal Resources* 37(1995): 13-15; R. E. Michler, Xenotransplantation: Risks, Clinical Potential, and Future Prospects *Emerg. Infect. Dis.* 2(1996): 64-70.

20) R. E. Michler, Xenotransplantation: Risks, Clinical Potential, and Future Prospects *Emerg. Infect. Dis.* 2(1996): 64-70.

21) H. Y. Vanderpool, Introduction and Overview: Ethics, Historical Case

제삼자에게 받는 고지된 동의

두 번째 주제는 고지된 동의가 제삼자로부터 — 특히 환자와 가까운 접촉상대와 의료진으로부터 — 확보되어야 하는지에 대한 물음을 제기한다. 이 주제는 인지는 되었지만, 거의 연구되지 않았다. 미국 공중위생국의 가이드라인 초안은 제삼자에 대한 동의 교육을 선택했다. 이 가이드라인은 연구 참여 환자가 '이종이식 감염의 위급 상황 가능성에 대해 자신의 가까운 접촉상대를 교육할' 수 있는[22] 상세한 계획을 따라야 한다고 정하고 있다. 의료진도 감염 위험과 반드시 취해야 하는 사전예방조치에 대해 교육을 받아야 한다.

교육을 강조한다고 해서 제삼자에 대한 고지된 동의에 관한 주장을 부정하는 것은 아니다. 3가지 주장을 살펴보자.

첫째, 이종이식 임상실험은, 연구의 성공과 안정을 보장하는 역할을 해야 하는, 환자의 가까운 접촉상대의 생명에 직접적 영향을 준다. 이러한 역할에는 감염 질환을 전염시킬 수 있는 성행위의 자제, 혈청검사 동의, 그리고 설명되지 않은 발병이 일어날 경우 의료진에게 보고하는 것 등이 있다. 고지된 동의는, 우리가 존중받기를 바라듯, 다른 사람의 선택과 관점을 존중하는 윤리 원리를 기반으로

Studies, and the Research Enterprise, in *The Ethics of Research Involving Human Subjects: Facing the 21st Century* (Frederick, Md.: University Publishing Group, 1996), pp. 1-11.

22) US Public Health Service, Draft Public Health Service Guidelines on Infectious Disease: Issues in Xenotransplantation, *Federal Register* 1996: 6149920-6149932.

하고 있으므로, 이들 당사자에게 개인적으로 접근하고 그들에게 기대되는 부분에 대한 동의를 확보해야 할 도덕적 의무가 있지 않은가?

둘째, 고지된 동의는 연구자와 의료기관들을 법적 소송으로부터 보호한다. 가령 의료진이나 가까운 접촉상대가 자신들이 당할 수 있는 위험에 대해 한 번도 들은 적이 없다는 내용으로 소송을 제기할 수 있다.

셋째, 의료진의 개인적 프라이버시를 반드시 고려해야 한다. 공중위생국 가이드라인은, 기준 혈청 견본은 연구 참여 환자를 담당하는 모든 의료진과 이종이식과 관련된 조직, 세포, 기관 중 — 사람과 동물 모두 — 어느 것에라도 접촉한 모든 사람에게서 추출해야 한다고 규정하고 있다.[23] 이러한 기준 혈청 견본은 2개의 연방기관에 저장되고 감시를 받는다. 의료진에게 그들에 대한 검사결과를 접하게 될 것이라는 사실을 알리고, 검사결과가 힘들고 당혹스러운 감염 사실을 알리는 것일 수도 있다는 점에 대해 그들의 동의를 받아야 하지 않겠는가?

제삼자에 대한 고지된 동의를 지지하는 주장과 반대하는 주장은 이런 물음을 기반으로 검토되어야 하며, 벨몬트 보고서(Belmont Report)[24]를 비롯한 그 밖의 보고서에서 설정된 윤리 원칙들과 연관해 고찰되어야 할 것이다.

---

23) US Public Health Service, Draft Public Health Service Guidelines on Infectious Disease: Issues in Xenotransplantation, *Federal Register* 1996: 6149920-6149932.

24) He Belmont Report, *Federal Register* 44(1979): 23192-23197.

연구 환자에게서 받는 고지된 동의

이종이식의 임상실험을 받는 환자의 고지된 동의는 철저히 검토되어야 한다. 이러한 시험에서 충분히 고지된 동의를 받아야 할 필요성은 지금까지 알려진 어떤 연구의 경우보다, 가령 암 치료를 위한 화학요법의 1상 실험*보다도 크기 때문이다. 이종이식연구에 참여할 사람들은 환자이거나 위중한 환자 또는 필사적으로 자신의 삶을 연장하려는 사람일 가능성이 높다. 그럼에도 불구하고, 이들의 자율성이 존중받으려면, 여러 복잡한 우려 사항들에 대해 그들이 듣고 평가한 다음, 결정을 내려야 한다.[25] 여기에 포함되는 우려는 다음과 같은 내용이다. ① 이종이식 연구의 단계(과거에 이루어진 실험에서 나온 데이터에 대해 도덕성과 삶의 질의 측면에서 이루어지는 토론을 포함해서), ② 언론의 관심과 비밀유지 가능성,[26] ③ 우연한 감염으로 인한 위험과 불쾌감, ④ 동물로부터 매개되거나 이종 유전자에 의한 감염이 발생할 위험에 대한 정보, ⑤ 빈번하고 장기적이거나 평생 지속되는 의학적 모니터링의 일정을 지켜야 한다는 사항, ⑥ 사적인 의학기록을 공중보건기관이 조사하도록 허용하는 승인, ⑦ 가까운 접촉자에게 감염의 위험과 그 통제에 대해 교육해야

---

* 〔역주〕 '1상 시험'은 인체의 약물독성을 결정하기 위해 시행된다. 적격자가 되려면 환자는 유용한 치료에 반응하지 않는 암을 가지고 있어야 한다. 초기용량은 동물실험을 기초로 선택된다.

25) C. R. McCarthy, Ethical Aspects of Animal-to-human Xenografts, *Institute of Laboratory Animal Resources* 37(1995): 3-9.

26) K. Reentsma, Ethical Aspects of Xenotransplantation, *Transplant Proc.* 22(1990): 1042-1043.

할 책임, ⑧ 면역억제제의 괴롭고, 때로는 정신적 외상을 주는 부작용에 대한 상세한 정보[27] 등이 해당한다.

이러한 일부 복잡한 사항들에 대한 우려와 지나치게 열정적인 의사들이 이종이식의 위험을 과소평가할 — 이익을 과대평가할 — 가능성에 대한 우려로, 영국의 너필드 위원회(Nuffield Council)는 실험 참가자들의 동의가 '이종이식 연구팀과 독립된 전문가들'에 의해 확보될 것을 권고했다. 그러나 이처럼 불신에 기초한 정책은 의료팀과 그들의 환자들이 공개적으로 그리고 상호적으로 이종이식의 다양한 인간적 측면을 다루는 것을 저해할 수 있다.

환자와 그들의 대리 의사결정자들을 위한 고지된 동의의 내용과 과정에 필수적인 특징들은 도덕적 자율성, 수혜자가 될 수 있는 사람의 정황, 연구자의 자기 이익, 이익에 대한 경제적 압력, 그리고 다양한 접근의 이익과 불이익의 철저한 이해에 근거해 가이드라인으로 수립돼야 한다. 미국 공중위생국의 가이드라인 초안에 규정돼 있는 전문가 외에도,[28] 모든 이식팀에는 심리상담가가 포함돼야 한다. 그리고 동의 과정은 승인된 규약에 따라 문서로 명기돼야 한다.

---

27) J. L. Craven, Cyclosporine-associated Organic Mental Disorders in Liver Transplant Recipients, *Psychosomatics* 32(1991): 94-102; P. De Groen and J. Craven, Organic Brain Syndromes in Transplant Patients, in *Psychiatric Aspects of Organ Transplantation*, J. Craven and G. M. Rodin ed. (Oxford: Oxford University Press, 1992), 67-88; J. Soos, Psychotherapy and Counselling with Transplant Patients, in *Psychiatric Aspects*, pp. 89-107.

28) US Public Health Service, Draft Public Health Service Guidelines on Infectious Disease: Issues in Xenotransplantation, *Federal Register* 1996: 6149920-6149932.

임상실험의 감시와 승인

네 번째의 중요하고 시급한 주제에는 최소한 3가지 질문이 포함된다. 첫 번째는 다른 저자들에 의해 충분히 다루어졌다.

첫째, 임상실험의 감시와 승인 책임은 누가 맡아야 하는가? 이종이식연구에 대한 통제를 지역 윤리위원회, 국가위원회 또는 둘의 조합 중 어디에 맡겨야 하는가?[29]

이 물음에 대한 해법에는 권력과 통제를 둘러싼 영역 싸움이 포함되겠지만, 반드시 다음과 같은 윤리적 물음에 대한 신중한 답을 반영해야 한다. 어떤 집단 혹은 집단들이 환자에 대한 우려, 보호, 그리고 존중을 강화하고, 공중에게 미칠 수 있는 위해와 이식이 절실하게 필요한 사람들이 얻는 이익의 균형을 이룰 수 있겠는가? 전국적인 기구가 조직, 자원, 승인 기준, 그리고 자체적으로 이종이식 규정에 대한 재검토를 진두지휘할 지역 윤리위원회에 대한 감시 등에 대해 권고 차원이 아닌 의무적인 가이드라인을 마련해야 한다는 견해는 그것을 뒷받침할 충분한 근거를 가지고 있다.

둘째, 좀더 진전된 가이드라인에 어떤 주제가 다루어져야 하는가?

이러한 가이드라인이 감염 질병의 위험을 다루어야 하지만, 그밖에도 앞에서 토론했던 중요한 주제들을 포괄해야 한다. 공중위생국은 초안 가이드라인에서 벨몬트 보고서를 사용할 것을 명시적으로 권고했다는 점에서 칭찬을 받을 만하다.[30] 그럼에도 불구하고, 이

---

29) US Institute of Medicine Committee on Xenograft Transplantation, *Xenotransplantation: Science, Ethics, and Public Policy*(Washington, D. C.: National Academy Press, 1996).

종이식을 포함하는 임상실험과 벨몬트 보고서에 있는 윤리적 원칙과 그 원칙의 적용 사이의 상호관계는 여전히 불분명하며, 결코 우연에 맡겨서는 안 된다.

셋째, 이종이식 임상실험을 위한 가이드라인이 감시 위원회의 구성원과 관련해 무엇을 요구해야 하는가?

이 위원회의 결정이 참여자가 될 수 있는 사람들의 복잡한 인지적·감정적 요구를 얼마나 잘 이해하는지에 달려 있으므로, 구성원에는 반드시 정신건강 전문가가 포함되어야 한다. 나아가 이종이식이 수용자에게 줄 수 있는 위험과 이익을 합리적으로 판단하고 규정할 수 있도록 하기 위해서, 모든 감시 위원회는 출간된 연구결과가 환자의 관점에서 충분히 나올 때까지는 과거의 이식 환자들에게 자문을 받아 규약을 평가해야 한다. 따라서 과거에 이식을 받았던 환자들은 윤리위원회의 상임위원이 되어야 한다. 연구윤리와 종교 전통 분야의 자문위원을 포함할 수 있는지도 고려되어야 한다.

왜 평가위원회에 요구되는 위해와 이익 평가에 이식 환자의 개인적 경험, 사회과학(또는 양자 모두)에 기반을 둔 관점이 도입돼야 하는가? 그 이유는 이러한 평가가 특수한 준거틀, 즉 지식, 경험, 공감, 그리고 평가에 포함된 모든 사람의 개인적인 의제에 의존하는 타당함을 기반으로 이루어지기 때문이다. 나아가 감시 위원회의 평가는 환자들에게 고지되어야 한다. 왜냐하면 잠재적인 손실과 이득에 기반을 두고 있는 실험절차를 겪을 사람들은 다름 아닌 그들이기

---

30) US Public Health Service, Draft Public Health Service Guidelines on Infectious Disease: Issues in Xenotransplantation, *Federal Register* 1996: 6149920-6149932.

때문이다.[31] 최선의 대변인으로서, 과거 환자들은 위험과 이익에 대해 무엇이 고려되어야 하는지 그리고 양자 간에 어떻게 균형을 맞추는 것이 합리적인지에 관해 이야기해야 한다.

결 론

이종이식 장기에 대한 새로운 임상실험을 시작해야 한다는 압력이 높아지면서, 지금까지 논의한 4가지 주요 주제들은 철저한 검토를 거쳐 시행되어야 한다. 현재 이종이식으로 발생될 감염 질환의 가능성으로부터 공중보건을 보호해 줄 수 있는 수단에 관심이 집중되고 있다. 이러한 관심은 이종이식에 포괄되는 임상연구의 윤리적 온전성을 보호해야 할 필요성과 분리되어야 한다.

이 글에서 다루어진 4가지 주된 주제들을 제대로 다루지 않으면, 이종이식의 임상실험이 연구 환자의 권리를 보호하고 대중을 의학 연구에 참여시키려는 길고도 힘든 노력이 물거품이 될 수도 있다.

---

31) B. Freedman, The Ethical Analysis of Clinical Trials: New Lessons for and from Cancer Research, in *The Ethics of Research Involving Human Subjects: Facing the 21st Century*, H. Y Vanderpool ed. (Frederick, Md. : University Publishing Group, 1996), pp. 327-331.

찾아보기

국문

ㄱ

가교(架橋) 이식 ······················ 321
갇힌 상태 ······························ 256
공리주의 ······························· 110
과학의 이데올로기
(*ideology of science*) ················ 182
광역 제초제 ···························· 74
광우병(狂牛病) ························ 17
국제소비자기구 ························ 85
국제식품규격위원회
(CAC) ······························ 71, 84
귀류법(歸謬法) ························ 253
그레셤의 법칙 ························ 185
글리코알칼로이드 솔라닌
(*glycoalkaloid solanine*) 검사 ····· 52
급성 혈관성 거부반응 ············ 145
기관윤리위원회
(Institutional Review Board:
IRB) ···································· 250
《기독교 윤리의 진화》 ·········· 310
기셀린 ································· 268
길든 동물
(*domesticated animal*) ············ 255

ㄴ

《나의 투쟁》(Mein Kampf) ······ 311
낸캐로우(Nancarrow) ·············· 163
너필드 위원회 ······················· 348
노바티스 Bt콘 ························· 90
노예제 ································· 291
노예폐지협회 ························· 291
녹아웃(*knockout*) ··················· 138

논리 실증주의 ······ 182
농업 및 식품 연구위원회 (Agriculture and Food Research Council: AFRC) ······ 161
농장동물 ······ 159
〈뉴잉글랜드 저널 오브 메디신〉 (*New England Journal of Medicine*) ······ 88
뉴커크(Ingrid Newkirk) ······ 246
뉴트라수티컬 ······ 35
니사의 성 그레고리우스 ······ 293

ㄷ

다능줄기세포 ······ 135
데이비드 케슬러 ······ 47
데이비스(David Brion Davis) ·· 292
데카르트 ······ 183
돌리 ······ 140
동물 기형학(*teratology*) ······ 178
동물권 ······ 152
《동물권과 인간의 도덕》 (*Animal Rights and Human Morality*) ······ 202
《동물 농장》 ······ 288
동물복지 ······ 160
동물원성 감염증(*zoonosis*) ······ 146
동물을 윤리적으로 대우하는 사람들(People for the Ethical Treatment of Animals: PETA) ······ 246
동물해방운동가 ······ 211
동종이식 (*allotransplantation*) ······ 320
듀언 크레이머 (Duane Kramer) ······ 168
드실바 ······ 148
디에틸스틸베스트롤 ······ 195
딜레이니 수정조항 (Delaney Clause) ······ 104

ㄹ

레트로바이러스 (*endogenous retrovirus*) ······ 147
렉스로드(Rexroad) ······ 162
로니 커민스 ······ 65
로버트 런시 ······ 304
로빈 마더(Robin Mather) ······ 113
로빈 바이스(Robin Weiss) ······ 142
로웨트 연구소 ······ 68, 262
로저 섕크(Roger Schank) ······ 295
로저 스트론 (Roger Straughn) ······ 121
루이스 캐럴(Lewis Carroll) ····· 314
리처드 백스터 ······ 293
린다 S. 칼 ······ 47
린제이 ······ 155

ㅁ

마르부르크 바이러스 ······ 197
마이어 ······ 268
마이코톡신 ······ 14

마이클 R. 테일러 ························ 47
마이클 루즈 ······························ 188
마이클 폭스(Michael Fox) ······ 265
마이클 한센 ······························ 81
매너 농장 ································ 286
매수자 위험부담원칙 ·············· 110
메리 더글러스
(Mary Douglas) ······················ 103
메리 셸리 ································ 116
메리언 네슬 ······························ 88
면역 글로불린 E(IgE) ·············· 87
모나크 나비 ······························ 75
목적인(*final cause*) ·················· 267
목적인(*telos*) ··························· 204
미국 공중위생국
(Public Health Service:
PHS) ······································ 337
미국 국립연구회의
(National Research Council) ··· 322
미드 ·· 237
미량 성분 ································ 49
미세주입법 ······························ 133

ㅂ

바바라 워드(Barbara Ward) ···· 304
바흐 ·· 343
반더풀 ···································· 157
밥 스터빙스(Bob Stubbings) ··· 173
배아 줄기세포
(*embryonic stem cell*) ··············· 134
버나드 롤린
(Bernard Rollin) ············ 150, 174
버나드 쇤베르크 ······················ 179
버넌 퍼셀
(Vernon G. Pursel) ······· 164, 309
베이비 페(Baby Fae) ············· 180
벨몬트 보고서
(Belmont Report) ·················· 346
보체 단백질 ···························· 144
보통량 성분 ····························· 49
볼트(Bolt) ······························ 163
분자 제약
(*molecular pharming*) ············· 169
브람벨 위원회
(Brambell Committee) ············ 261
브래들리 ·································· 237
브루스 에임즈 ························· 106
브리지 ···································· 143
비임상적 안전검사 ···················· 62

ㅅ

사도바울 ·································· 316
삽입 돌연변이 ··························· 55
상동재조합
(*homologous recombination*) ···· 137
생명권 ···································· 238
생물 농노화(*bioserfdom*) ·········· 78
생체반응기 ······························ 172
샨베처
(Floyd Schanbacher) ······ 169, 170
섀프츠베리 ······························ 293
선행의 원칙 ····························· 240

설터(Donald Salter) ……………… 168
《성찰》(*Meditations*) ……………… 183
성 토마스 아퀴나스 ……………… 175
소 성장호르몬(BGH) ……………… 18
소크라테스 ……………… 101
솔 크립키(Saul Kripke) ……………… 279
쇼와덴코 ……………… 68, 85
수돗물 불소화 ……………… 116
숙주식물 ……………… 54
슈퍼 닭 ……………… 168
슈퍼 동물 ……………… 295
스크래피(*scrapie*) ……………… 146
스티븐 보스톡
(Stephen Bostock) ……………… 257
스틸 ……………… 343
〈시에라 매거진〉
(*Sierra Magazine*) ……………… 116
식별된 희생자들
(*identified victims*) ……………… 330
식품 알레르기 ……………… 71
식품생명공학 ……………… 99
실질적 동등성 ……………… 17
실험실 동물 ……………… 217

ㅇ

아돌프 히틀러 ……………… 311
아리스토텔레스 ……………… 183
아우구스티누스 ……………… 237
아퀴나스 ……………… 237, 290
악행 금지 원칙 ……………… 240
안토니오우
(Michael Antoniou) ……………… 67
안티센스 RNA ……………… 12
알레르기 유발물질 ……………… 60
암피실린(*ampicillin*)
저항성 유전자 ……………… 90
앤드류 린지 ……………… 285
앨런 홀랜드 ……………… 255
앳필드 ……………… 273
업튼 싱클레어
(Upton Sinclair) ……………… 103
에든버러 학술대회 ……………… 27
에릭 플램 ……………… 47
연방 식품 의약품
화장품 법안 ……………… 52
영국 동물 생산학회
(British Society for Animal
Production) ……………… 165
영장류 ……………… 143
오친클로스 ……………… 343
온코 마우스 ……………… 297
요한 바오로 2세 ……………… 304
울리히 벡(Ulrich Beck) ……………… 117
워드(Ward) ……………… 163
웩 요인(*yuk factor*) ……………… 24, 115
웰드(Theodore Weld) ……………… 293
웹스터 ……………… 261
위험기반 최적화 ……………… 107
《위험 사회》(*Risk Society*) ……………… 117
윌버포스 ……………… 293
유나바머(Unabomber) ……………… 116
유전자 오염
(*genetic pollution*) ……………… 74, 93

유전적 부동 ········· 74
의도적인 도입 ········· 106
의무표시제 ········· 35, 120
이안 길리스피 ········· 27
이종이식(*xenotransplantation, xenografting*) ········· 142, 319
이종이식규제기구(Interim Regulatory Authority) ········· 324
인공생명 ········· 255
일시중지(*moratorium*) ········· 155
임마누엘 칸트 ········· 237

ㅈ

재조합 DNA 자문위원회 ········· 192
〈저널 오브 메디컬 푸드〉(*Journal of Medicinal Food*) ········· 72
전기충격법 ········· 136
전능줄기세포 ········· 135
점 돌연변이 ········· 55
《정글》(*Jungle*) ········· 104
정화(*purification*) ········· 103
제노시스(*xenosis*) ········· 325
제러미 벤담 ········· 110
제임스 H. 마리안스키 ········· 47
조 템플턴(Joe Templeton) ········· 168
조이스 드실바 ········· 159
조지 오웰 ········· 288
존 스튜어트 밀 ········· 110, 256
존 오웬 ········· 174
존 클락(John Clark) ········· 165
종(種) 차별 ········· 222
종(種) 차별주의 ········· 150, 224
진 핼로런 ········· 81
질병통제예방센터 ········· 323

ㅊ · ㅋ

청지기 의식(*stewardship*) ········· 223
초급성 거부반응(*hyperacute rejection*: HAR) ········· 144
최적화 ········· 105
카렌 앤 퀸란 ········· 179
칸트 ········· 151
칸트의 원리 ········· 264
칼 코헨 ········· 235
코헨 ········· 151
콜리지 ········· 187
콜웰 ········· 270
크로이츠펠트 야곱병 ········· 146
〈킹콩〉(*King Kong*) ········· 198

ㅌ · ㅍ

터스키기(Tuskegee) ········· 117
텔로스 ········· 265
토마스 클라크슨 ········· 293
톰슨 ········· 23
트립토판 ········· 85
파이오니어 하이브레드 인터내셔널 ········· 88
퍼셀(Pursel) ········· 163
퍼스트(X. N. L. First) ········· 166
퍼시 가드너 ········· 310

페어후그(Verhoog) ·················· 271
폭스-리프킨(Fox-Rifkin)
소송 ·· 185
폴 톰프슨 ·································· 99
폴리갈락투로나아제 효소 ·········· 12
표시제 ····································· 22
표지 유전자 ····························· 90
푸스타이(Arpad Pusztai) ··········· 69
프란츠 드 발
(Franz de Waal) ····················· 152
《프랑켄슈타인》
(*Frankenstein*) ························ 116
프랑켄슈타인 괴물
(Frankenstein thing) ················ 177
《프랑켄슈타인 목록》 ············· 177
프랑켄푸드 ······························· 66
프리슬란트 젖소 ······················ 261
프리온 ····································· 104
프리차드 ·································· 237
플레이버 세이버 토마토 ··········· 12
피어슨 ····································· 342
피타고라스 교단 ······················ 101
피터 스트리트 ·························· 166
피터 싱어(Peter Singer) ·········· 244
피터 틴데만스 ·························· 27
피토에스트로겐
(*phytoestrogen*) ························ 72

ㅎ

한센 ··· 22
한타바이러스(*hantavirus*) ········ 146
항생제 저항성 표지 유전자
(*antibiotic resistance marker gene*:
ARM) ·· 73
해롤드 Y. 밴더풀 ··················· 337
해리 저먼(Harry German) ······ 202
핼러론 ······································ 22
헤겔 ··· 237
형질전환 동물 ·························· 133
홀콤
(William Henry Holcombe) ····· 292

영 문

B. E. 롤린 ······························ 177
Bt 내독소 ································· 92
C. S. 루이스(C. S. Lewis) ··· 313
DNX 프로젝트 ························· 171
GRAS ································ 53, 105
L-트립토판 ······························· 68
R. G. 프레이 ·················· 149, 211

리처드 셔록(Richard Sherlock)

리처드 셔록은 유타 주립대학 철학 교수이다. 유타 주립대학으로 오기 이전에 그는 테네시 의과대학과 맥길대학에서 의료윤리를 가르쳤고, 뉴욕에 있는 포드햄대학에서 도덕 신학을 강의하기도 했다. 그의 주된 관심분야는 의료윤리, 초기 근대 철학, 철학적 신학, 생명공학의 윤리 등을 두루 포괄한다. 논문 및 저서로 "Preserving Life: Public Policy and the Life Not Worth Living"(1987), *Families and the Gravely Ill: Roles, Rules, and Rights*(1988) 등이 있다.

존 모레이(John D. Morrey)

존 모레이 역시 유타 주립대학에 재직하는 교수이자 연구과학자이다. 그의 주된 관심분야는 바이러스 감염을 치료하기 위한 약품 개발, 사람의 바이러스 감염의 모델이 되는 실험실 동물 유전공학, 젖을 통해 사람에게 유용한 단백질을 생산할 수 있는 낙농 동물 유전공학, 그리고 동물 복제 등이다. 또한 그는 새로운 생물학과 생명공학의 윤리에 대해서도 여러 강좌와 워크숍 등을 통해 강의했다. 1996년에 처음 시작된 1회 형식의 강좌는 유전공학을 대상으로 한 것이었고 상당한 성공을 거두었다. 성공에 힘입어 이 강좌는 유타 주립대학에서 여름 워크숍과 심화 강좌로까지 이어졌다. 유타 주립대학에 오기 전에는 NIH(National Institutes of Health)의 연구원으로 근무했다. 그는 바이러스학, 약품개발, 동물 유전공학, 그리고 윤리학 등의 분야에서 45편 이상의 논문을 발표했다.

김동광

고려대 독문학과를 졸업하고 동 대학 대학원 과학기술학 협동과정에서 과학기술사회학을 공부했다. 과학기술의 인문학, 과학기술과 사회, 과학커뮤니케이션 등을 주제로 연구하고 글을 쓰고 번역하고 있다. 한국과학기술학회 회장을 지냈고 현재 고려대학교 과학기술학연구소 연구원이다. 고려대, 가톨릭대 생명대학원을 비롯하여 여러 대학에서 강의하고 있다. 지은 책으로는《사회 생물학 대논쟁》(공저), 《과학에 대한 새로운 관점-과학혁명의 구조》 등이 있고, 옮긴 책으로《인간에 대한 오해》, 《부정한 동맹》, 《급진과학으로 본 유전자, 세포, 뇌》(공역) 등이 있다.